2024 年版全国一级建造师执业资格考试专项突破

市政公用工程管理与实务案例分析专项突破

全国一级建造师执业资格考试专项突破编写委员会　编写

中国建筑工业出版社

图书在版编目（CIP）数据

市政公用工程管理与实务案例分析专项突破/全国
一级建造师执业资格考试专项突破编写委员会编写. —
北京：中国建筑工业出版社，2024.5
2024年版全国一级建造师执业资格考试专项突破
ISBN 978-7-112-29868-6

Ⅰ.①市… Ⅱ.①全… Ⅲ.①市政工程－工程管理－
资格考试－自学参考资料 Ⅳ.①TU99

中国国家版本馆CIP数据核字（2024）第101474号

本书根据考试大纲的要求，以历年实务科目实务操作和案例分析真题的考试命题规律及所涉及的重要考点为主线，收录了2014—2023年度全国一级建造师执业资格考试实务操作和案例分析真题，并针对历年实务操作和案例分析真题中的各个难点进行了细致的讲解，从而有效地帮助考生突破固定思维，启发解题思路。

同时以历年真题为基础编排了大量的典型实务操作和案例分析习题，注重关联知识点、题型、方法的再巩固与再提高，着力培养考生对"能力型、开放型、应用型和综合型"试题的解答能力，使考生在面对实务操作和案例分析考题时做到融会贯通、触类旁通，顺利通过考试。

本书可供参加全国一级建造师执业资格考试的考生作为复习指导书，也可供工程施工管理人员参考。

责任编辑：余 帆
责任校对：姜小莲

2024年版全国一级建造师执业资格考试专项突破
市政公用工程管理与实务案例分析专项突破
全国一级建造师执业资格考试专项突破编写委员会 编写
*
中国建筑工业出版社出版、发行（北京海淀三里河路9号）
各地新华书店、建筑书店经销
北京建筑工业印刷有限公司制版
北京圣夫亚美印刷有限公司印刷
*
开本：787毫米×1092毫米 1/16 印张：18¾ 字数：453千字
2024年6月第一版 2024年6月第一次印刷
定价：**45.00**元
ISBN 978-7-112-29868-6
（42967）

前　言

为了帮助广大考生在短时间内掌握考试重点和难点，迅速提高应试能力和答题技巧，更好地适应考试，我们组织了一批一级建造师考试培训领域的权威专家，根据考试大纲要求，以历年考试命题规律及所涉及的重要考点为主线，精心编写了这套《2024年版全国一级建造师执业资格考试专项突破》系列丛书。

本套丛书共分8册，涵盖了一级建造师执业资格考试的3个公共科目和5个专业科目，分别是：《建设工程经济重点难点专项突破》《建设工程项目管理重点难点专项突破》《建设工程法规及相关知识重点难点专项突破》《建筑工程管理与实务案例分析专项突破》《机电工程管理与实务案例分析专项突破》《市政公用工程管理与实务案例分析专项突破》《公路工程管理与实务案例分析专项突破》和《水利水电工程管理与实务案例分析专项突破》。

3个公共科目丛书具有以下优势：

一题敌多题——采用专项突破形式将重点难点知识点进行归纳总结，将考核要点的关联性充分地体现在"同一道题目"当中，该类题型的设置有利于考生对比区分记忆，该方式大大节省了考生的复习时间和精力。众多易混选项的加入，有助于考生更全面地、多角度地精准记忆，从而提高考生的复习效率。以往考生学习后未必全部掌握考试用书考点，造成在考场上答题时觉得见到过，但不会解答的情况，本书一个题目可以代替其他辅导书中的3~8个题目，可以有效地解决这个问题。

真题全标记——将2014—2023年度一级建造师执业资格考试考核知识点全部标记，为考生总结命题规律提供依据，帮助考生在有限的时间里快速地掌握考核的侧重点，明确复习方向。

图表精总结——对知识点采用图表方式进行总结，易于理解，降低了考生的学习难度，并配有经典试题，用例题展现考查角度，巩固记忆知识点。

5个专业科目丛书具有以下优势：

要点突出——对每一章的要点进行归纳总结，帮助考生快速抓住重点，节约学习时间，更加有效地掌握基础知识。

布局清晰——分别从施工技术、进度、质量、安全、成本、合同、现场、实操等方面，将历年真题进行合理划分，并配以典型习题。有助于考生抓住考核重点，各个击破。

真题全面——收录了2014—2023年度一级建造师执业资格考试案例分析真题，便于考生掌握考试的命题规律和趋势，做到运筹帷幄。

一击即破——针对历年案例分析题中的各个难点，进行细致地讲解，从而有效地帮助考生突破固态思维，启发解题思路。

触类旁通——以历年真题为基础编排的典型习题，着力加强"能力型、开放型、应用型和综合型"试题的开发与研究，注重关联知识点、题型、方法的再巩固与再提高，帮助考生对知识点的进一步巩固，做到融会贯通、触类旁通。

由于编写时间仓促，书中难免存在疏漏之处，望广大读者不吝赐教。

读者如果对图书中的内容有疑问或问题，可关注微信公众号【建造师应试与执业】，与图书编辑团队直接交流。

建造师应试与执业

目　　录

全国一级建造师执业资格考试答题方法及评分说明

全国一级建造师执业资格考试设《建设工程经济》《建设工程项目管理》《建设工程法规及相关知识》三个公共必考科目和《专业工程管理与实务》十个专业选考科目（专业科目包括建筑工程、公路工程、铁路工程、民航机场工程、港口与航道工程、水利水电工程、矿业工程、机电工程、市政公用工程和通信与广电工程）。

《建设工程经济》《建设工程项目管理》《建设工程法规及相关知识》三个科目的考试试题为客观题。《专业工程管理与实务》科目的考试试题包括客观题和主观题。

一、客观题答题方法及评分说明

1. 客观题答题方法

客观题题型包括单项选择题和多项选择题。对于单项选择题来说，备选项有4个，选对得分，选错不得分也不扣分，建议考生宁可错选，不可不选。对于多项选择题来说，备选项有5个，在没有把握的情况下，建议考生宁可少选，不可多选。

在答题时，可采取下列方法：

（1）直接法。这是解常规的客观题所采用的方法，就是考生选择认为一定正确的选项。

（2）排除法。如果正确选项不能直接选出，应首先排除明显不全面、不完整或不正确的选项，正确的选项几乎是直接来自于考试用书或者法律法规，其余的干扰选项要靠命题者自己去设计，考生要尽可能多排除一些干扰选项，这样就可以提高选择出正确答案的概率。

（3）比较法。直接把各个备选项加以比较，并分析它们之间的不同点，集中考虑正确答案和错误答案关键所在。仔细考虑各个备选项之间的关系。不要盲目选择那些看起来、读起来很有吸引力的错误选项，要去误求正、去伪存真。

（4）推测法。利用上下文推测词义。有些试题要从句子中的结构及语法知识推测入手，配合考生平时积累的常识来判断其义，推测出逻辑的条件和结论，以期将正确的选项准确地选出。

2. 客观题评分说明

客观题部分采用机读评卷，必须使用2B铅笔在答题卡上作答，考生在答题时要严格按照要求，在有效区域内作答，超出区域作答无效。每个单项选择题只有1个备选项最符合题意，就是4选1。每个多项选择题有2个或2个以上备选项符合题意，至少有1个错项，就是5选2~4，并且错选本题不得分，少选，所选的每个选项得0.5分。考生在涂卡时应注意答题卡上的选项是横排还是竖排，不要涂错位置。涂卡应清晰、厚实、完整，保持答题卡干净整洁，涂卡时应完整覆盖且不超出涂卡区域。修改答案时要先用橡皮擦将原涂卡处擦干净，再涂新答案，避免在机读评卷时产生干扰。

二、主观题答题方法及评分说明

1. 主观题答题方法

主观题题型是实务操作和案例分析题。实务操作和案例分析题是通过背景资料阐述一个项目在实施过程中所开展的相应工作，根据这些具体的工作提出若干小问题。

实务操作和案例分析题的提问方式及作答方法如下：

（1）补充内容型。一般应按照考试用书将背景资料中未给出的内容都回答出来。

（2）判断改错型。首先应在背景资料中找出问题并判断是否正确，然后结合考试用书、相关规范进行改正。需要注意的是，考生在答题时，有时不能按照工作中的实际做法来回答问题，因为根据实际做法作为答题依据得出的答案和标准答案之间存在很大差距，即使答了很多，得分也很低。

（3）判断分析型。这类型题不仅要求考生答出分析的结果，还需要通过分析背景资料来找出问题的突破口。需要注意的是，考生在答题时要针对问题作答。

（4）图表表达型。结合工程图及相关资料表回答图中构造名称、资料表中缺项内容。需要注意的是，关键词表述要准确，避免画蛇添足。

（5）分析计算型。充分利用相关公式、图表和考点的内容，计算题目要求的数据或结果。最好能写出关键的计算步骤，并注意计算结果是否有保留小数点的要求。

（6）简单论答型。这类型题主要考查考生记忆能力，一般情节简单、内容覆盖面较小。考生在回答这类型题时要直截了当，有什么答什么，不必展开论述。

（7）综合分析型。这类型题比较复杂，内容往往涉及不同的知识点，要求回答的问题较多，难度很大，也是考生容易失分的地方。要求考生具有一定的理论水平和实际经验，对考试用书知识点要熟练掌握。

2. 主观题评分说明

主观题部分评分是采取网上评分的方法进行，为了防止出现评卷人的评分宽严度差异对不同考生产生的影响，每个评卷人员只评一道题的分数。每份试卷的每道题均由2位评卷人员分别独立评分，如果2人的评分结果相同或很相近（这种情况比例很大）就按2人的平均分为准。如果2人的评分差异较大，超过4～5分（出现这种情况的概率很小），就由评分专家再独立评分一次，然后用专家所评的分数和与专家评分接近的那个分数的平均分数为准。

主观题部分评分标准一般以准确性、完整性、分析步骤、计算过程、关键问题的判别方法、概念原理的运用等为判别核心。评分标准一般按要点给分，只要答出要点基本含义一般就会给分，不恰当的错误语句和文字一般不扣分，要点分值最小一般为1分。

主观题部分作答时必须使用黑色墨水笔书写作答，不得使用其他颜色的钢笔、铅笔、签字笔和圆珠笔。作答时字迹要工整、版面要清晰。因此书写不能离密封线太近，密封后评卷人不容易看到；书写的字不能太粗、太密、太乱，最好买支极细笔，字体稍微书写大点、工整点，这样看起来工整、清晰，评卷人也愿意多给分。

主观题部分作答应避免答非所问，因此考生在考试时要答对得分点，答出一个得分点就给分，说得不完全一致，也会给分，多答不会给分，只会按点给分。不明确用到什么规范的情况就用"强制性条文"或者"有关法规"代替，在回答问题时，只要有可能，就在答题的内容前加上这样一句话：根据有关法规或根据强制性条文，通常这些是得分点之一。

主观题部分作答应言简意赅，并多使用背景资料中给出的专业术语。考生在考试时应相信第一感觉，考生在涂改答案过程中，"把原来对的改成错的"这种情形有很多。在确定完全答对时，就不要展开论述，也不要写多余的话，能用尽量少的文字表达出正确意思就好，这样评卷人看着舒服，考生自己也能省时间。如果答题时发现错误，不得使用涂改液等修改，应用笔画个框圈起来，打个"×"即可，然后再找一块干净的地方重新书写。

本科目常考的标准、规范

1. 《城镇道路工程施工与质量验收规范》CJJ 1—2008
2. 《城市桥梁工程施工与质量验收规范》CJJ 2—2008
3. 《城镇燃气输配工程施工及验收标准》GB/T 51455—2023
4. 《城镇供热管网工程施工及验收规范》CJJ 28—2014
5. 《公路沥青路面施工技术规范》JTG F40—2004
6. 《建设工程工程量清单计价规范》GB 50500—2013
7. 《地铁设计规范》GB 50157—2013
8. 《建筑与市政工程地下水控制技术规范》JGJ 111—2016
9. 《建筑基坑支护技术规程》JGJ 120—2012
10. 《钢管满堂支架预压技术规程》JGJ/T 194—2009
11. 《混凝土强度检验评定标准》GB/T 50107—2010
12. 《危险性较大的分部分项工程安全管理规定》（中华人民共和国住房和城乡建设部令第37号，经中华人民共和国住房和城乡建设部令第47号修正）
13. 《住房城乡建设部办公厅关于实施〈危险性较大的分部分项工程安全管理规定〉有关问题的通知》（建办质〔2018〕31号）
14. 《城镇燃气设计规范（2020年版）》GB 50028—2006
15. 《建筑地基基础工程施工质量验收标准》GB 50202—2018
16. 《给水排水管道工程施工及验收规范》GB 50268—2008

第一章 市政公用工程技术案例分析专项突破

2014—2023 年度实务操作和案例分析题考点分布

考点	年份									
	2014年	2015年	2016年	2017年	2018年	2019年	2020年	2021年	2022年	2023年
沥青路面结构组成特点								●		
水泥混凝土路面构造特点										●
不同形式挡土墙的结构特点								●	●	
城镇道路路基施工技术						●		●	●	
城镇道路基层施工技术								●		
土工合成材料的应用								●		
沥青混合料面层施工技术	●				●	●	●			
城镇道路大修维护技术要点				●		●			●	●
路面改造施工技术										●
城市桥梁结构组成与类型					●	●				
模板、支架和拱架的设计、制作、安装与拆除						●		●	●	●
钢筋施工技术					●			●		●
混凝土施工技术								●		
预应力混凝土施工技术								●		
各类围堰施工要求		●				●				
桩基础施工方法与设备选择				●			●	●		
现浇预应力（钢筋）混凝土连续梁施工技术						●			●	
钢梁制作与安装要求					●					
钢—混凝土结合梁施工技术										●
箱涵顶进施工技术								●		
地铁车站结构与施工方法										●
地铁区间隧道结构与施工方法									●	
地下水控制	●	●					●		●	●
深基坑支护结构与边坡防护	●	●			●	●	●			●
地基加固处理方法								●		

考点	年份									
	2014年	2015年	2016年	2017年	2018年	2019年	2020年	2021年	2022年	2023年
现浇（预应力）混凝土水池施工技术				●	●		●	●		
构筑物满水试验的规定		●		●			●			
沉井施工技术						●			●	
水池施工中的抗浮措施					●					
不开槽管道施工技术	●									
管道功能性试验	●									●
燃气管道的分类						●				
燃气管道施工与安装要求			●			●			●	
燃气管道功能性试验的规定		●								
综合管廊工程结构类型和特点									●	
综合管廊工程施工技术										●
生活垃圾填埋场填埋区导排系统施工技术	●									
监测方法										●

【专家指导】

本章内容在案例分析题中分值占比越来越高，涉及城市道路、桥梁、轨道交通、给水排水、管道、垃圾处理、施工监测等专业方向。

本章篇幅内容为考试用书之最，但是考核重点集中在：城市道路、桥梁、轨道交通、给水排水、管道这几部分内容，考生在学习备考时，可根据上表内容进行有侧重点的复习，最好是在理解的基础上记忆。

近几年市政实务科目的案例分析题中，涉及本章内容的案例考核形式灵活，内容兼顾现场和考试用书。本章内容在考核案例分析时，题目类型主要有：技术要点辨析（施工要点判断对错）、责任主体（各种方案审批）、技术要点补充题（案例补充）、案例识图、案例计算、超纲题目，因此，考生在答题时最好是结合施工现场经验去回答。

历 年 真 题

实务操作和案例分析题一［2023年真题］

【背景资料】

某公司承建了城市主干路改扩建项目，全长5km，宽60m，现状道路机动车道为22cm厚水泥混凝土路面＋36cm厚水泥稳定碎石基层＋15cm厚级配碎石垫层，在土基及基层承载状况良好路段，保留现有路面结构直接在上面加铺6cm厚AC-20C＋4cm厚SMA-13沥青混凝土面层，拓宽部分结构层与既有道路结构层保持一致。

拓宽段施工过程中，项目部重点对新旧搭接处进行了处理，以减少新旧路面差异沉降。浇筑混凝土前，对新旧路面接缝处凿毛、清洁、涂刷界面剂，并做了控制不均匀沉降变形的构造措施，如图1-1所示。

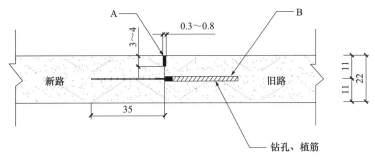

图1-1 不均匀沉降变形的构造措施（单位：cm）

根据旧水泥混凝土路面评定结果，项目部对现状道路面层及基础病害进行了修复处理。

沥青摊铺前，项目部对全线路缘石、检查井、雨水口标高进行了调整，完成路面清洁及整平工作，随后对新旧缝及原水泥混凝土路面做了裂缝控制处治措施，随即封闭交通开展全线沥青摊铺施工。

沥青摊铺施工正值雨期，将全线分为两段施工，并对沥青混合料运输车增加防雨措施，保证雨期沥青摊铺的施工质量。

【问题】

1. 指出图1-1中A、B的名称。

2. 根据水泥混凝土路面板不同的弯沉值范围，分别给出0.2～1.0mm及1.0mm以上的维修方案；基础脱空处理后，相邻板间弯沉差宜控制在多少以内？

3. 补充沥青下面层摊铺前应完成的裂缝控制处治措施具体工作内容。

4. 补充雨期沥青摊铺施工质量控制措施。

【参考答案与分析思路】

1. A的名称：填缝料；B的名称：拉杆。

本题考查的是水泥混凝土路面纵向缩缝构造。一次铺筑宽度大于面板宽度时，需要设置纵向缩缝。

纵向缩缝采用设拉杆的假缝形式，拉杆的作用是保证纵缝两侧路面层板在纵缝位置的紧密联系，以免沿路拱横坡向两侧滑动。纵向缩缝构造如图1-2所示。

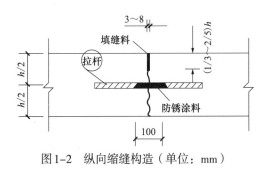

图1-2 纵向缩缝构造（单位：mm）

2.（1）当板边实测弯沉值在0.20～1.00mm时，应钻孔注浆处理。

（2）当板边实测弯沉值大于1.00mm时，应拆除后铺筑混凝土面板。

（3）基础脱空处理后，相邻板间弯沉差宜控制在0.06mm以内。

> 本题考查的是水泥混凝土路面改造施工技术。《城镇道路养护技术规范》CJJ 36—2016第6.3.7条规定，可采用弯沉仪或探地雷达等设备检测水泥混凝土路面板的脱空，并应根据检测结果确定修补方案，修补方案应符合下列规定：
>
> （1）当板边实测弯沉值在0.20～1.00mm时，应钻孔注浆处理，注浆后两相邻板间弯沉差宜控制在0.06mm以内。
>
> （2）当板边实测弯沉值大于1.00mm或整块水泥混凝土板面板破碎时，应拆除后铺筑混凝土面板，并应符合《城镇道路养护技术规范》CJJ 36—2016第6.4.1条的规定。

3. 沥青下面层摊铺前应完成的裂缝控制处治措施具体工作内容：凿除裂缝和破碎边缘，清理干净后填充沥青密封膏，然后洒布粘层油和铺设土工织物应力消减层抑制反射裂缝，最后铺新沥青料。

> 本题考查的是旧水泥路面裂缝处理及加铺新沥青料之前的准备。
>
> 旧路改造 {
>   水平变形反射裂缝预防措施：应力消减层、土工织物夹层
>   面层垂直变形破坏预防措施：沥青密封膏处理（切、吹、灌、涂、填）
>   局部脱空 {
>   开挖时基底处理：换填基底材料——对交通影响较大
>   非开挖式基底处理：使用比较广泛和成功
>   }
>   错台或网状开裂——整个板块全部凿除，重新夯实道路路基
> }

4. 雨期沥青摊铺施工质量控制措施：

（1）料场、搅拌站搭雨棚，施工现场搭罩棚。

（2）掌握天气预报，安排在不下雨时施工。

（3）摊铺时基面应干燥；现场建立奖惩制度，分段集中力量分段施工。

（4）建排水系统，及时疏通。

（5）如有损坏，及时修复。

（6）缩短施工长度。

（7）加强与拌合站联系、适时调整供料计划，材料运至现场后快卸、快铺、快平，及时摊铺及时完成碾压，留好路拱横坡。

（8）覆盖保温快速运输。

> 本题考查的是道路雨期施工质量保证措施。道路雨期施工的解题思路应按照施工流程分析，流程中各道工序按照季节性因素＋快速施工展开分析，再结合管理因素进行分析。

实务操作和案例分析题二［2023年真题］

【背景资料】

今夏某公司承建一座城市桥梁二期匝道工程，为缩短建设周期，设计采用钢—混凝土结合梁结构，跨径组合为3×（3×20）m，桥面宽度7m，横断面路幅划分0.5m（护栏）＋

6m（车行道）＋0.5m（护栏）。上部结构横断面上布置5片纵向H型钢梁，每跨间设置6根横向连系钢梁，形成钢梁骨架体系，桥面板采用现浇C50钢筋混凝土板；下部结构为盖梁及$\phi130cm$桩柱式墩，基础采用$\phi130cm$钢筋混凝土钻孔灌注桩（一期已完成）；重力式U形桥台；桥面铺装采用6cm厚SMA-13沥青混凝土。横断面图如图1-3所示。

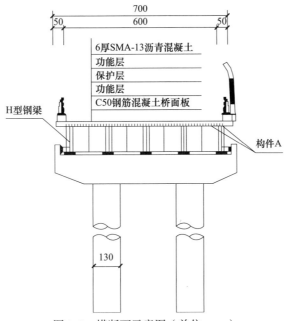

图1-3 横断面示意图（单位：cm）

项目部编制的施工组织设计有如下内容：

（1）将上部结构的施工工序划分为：① 钢梁制作、② 桥面板混凝土浇筑、③ 组合吊模拆除、④ 钢梁安装、⑤ 组合吊模搭设、⑥ 养护、⑦ 构件A焊接、⑧ 桥面板钢筋制安，施工工艺流程为：① 钢梁制作→B→C→⑤ 组合吊模搭设→⑧ 桥面板钢筋制安→② 桥面板混凝土浇筑→D→E。

（2）根据桥梁结构特点及季节对混凝土拌合物的凝结时间、强度形成和收缩性能等方面的需求，设计给出了符合现浇桥面板混凝土的配合比。

（3）桥面板混凝土浇筑施工按上部结构分联进行，浇筑的原则和顺序严格执行规范的相关规定。

【问题】

1. 写出图1-3中构件A的名称，并说明其作用。

2. 施工组织设计（1）中，指出施工工序B～E的名称（用背景资料中的序号①～⑧作答）。

3. 施工组织设计（2）中，指出本项目桥面板混凝土配合比须考虑的基本要求。

4. 施工组织设计（3）中，指出桥面板混凝土浇筑施工的原则和顺序。

【参考答案与分析思路】

1. A的名称：传剪器。

作用：将钢梁和混凝土板形成一个整体结构，主要起连接作用，增强结构的整体刚度和稳定性。

> 本道题考查传剪器的作用。在钢梁与钢筋混凝土板之间设传剪器，二者共同工作。传剪器是桥面混凝土通过传剪器与钢梁形成一体，主要起连接作用，就是一种钢构件。

2. B的名称：⑦；C的名称：④；D的名称：⑥；E的名称：③。

> 本题考查的是钢—混凝土结合梁施工基本工艺流程。钢—混凝土结合梁施工基本工艺流程：钢梁预制并焊接传剪器→架设钢梁→安装横梁（横隔梁）及小纵梁（有时不设小纵梁）→安装预制混凝土板并浇筑接缝混凝土或支搭现浇混凝土桥面板的模板并铺设钢筋→现浇混凝土→养护→张拉预应力束→拆除临时支架或设施。施工工法排序问题需要找突破点，突破点是混凝土面板浇筑时养护和拆模。

3. 本项目桥面板混凝土配合比须考虑的基本要求：缓凝、早强、补偿收缩。

> 本题考查的是钢—混凝土结合梁施工技术要点。考查的是考试用书原文内容，没有分析直接考知识点。现浇混凝土结构宜采用缓凝、早强、补偿收缩性混凝土。

4. 桥面板混凝土浇筑施工的原则：全断面连续浇筑。

浇筑顺序：顺桥向应自跨中开始向支点处交汇，或由一端开始浇筑；横桥向应先由中间开始向两侧扩展。

> 本题考查的是桥面板混凝土浇筑施工的原则和顺序。本题也是直接考查考试用书原文内容。混凝土桥面结构应全断面连续浇筑。浇筑顺序：顺桥向应自跨中开始向支点处交汇，或由一端开始浇筑；横桥向应先由中间开始向两侧扩展。

实务操作和案例分析题三 ［2023年真题］

【背景资料】

某公司承建一项城市综合管廊项目，为现浇钢筋混凝土结构，结构外形尺寸3.7m×8.0m，标准段横断面布置有3个舱室。明挖法施工，基坑支护结构采用SMW工法桩＋冠梁及第一道钢筋混凝土支撑＋第二道钢管撑，基坑支护结构横断面如图1-4所示。

项目部编制了基坑支护及开挖专项施工方案，施工工艺流程如下：施工准备→平整场地→测量放线→SMW工法桩施工→冠梁及混凝土支撑施工→第一阶段土方开挖→钢围檩及钢管撑施工→第二阶段土方开挖→清理槽底并验收。专项方案组织专家论证时，专家针对方案提出如下建议：补充钢围檩与支护结构连接细部构造；明确钢管撑拆撑实施条件。

问题一：项目部补充了钢围檩与支护结构连接节点图，如图1-5所示，明确了钢管撑架设及拆除条件，并依据修改后的方案进行基坑开挖施工，在第一阶段土方开挖至钢围檩底下方500mm时，开始架设钢管撑并施加预应力，在监测到支撑轴力有损失时，及时采取相应措施。

问题二：项目部按以下施工工艺流程进行管廊结构施工：

施工准备→垫层施工→底板模板施工→底板钢筋绑扎→底板混凝土浇筑→拆除底板侧模→传力带施工→拆除钢管撑→侧墙及中隔墙钢筋绑扎→侧墙内模及中隔墙模板安装→满堂支架搭设→B→侧墙外模安装→顶板钢筋绑扎→侧墙、中隔墙及顶板混凝土浇筑→模板支架拆除→C→D→土方回填至混凝土支撑以下500mm→拆除混凝土支撑→回填完毕。

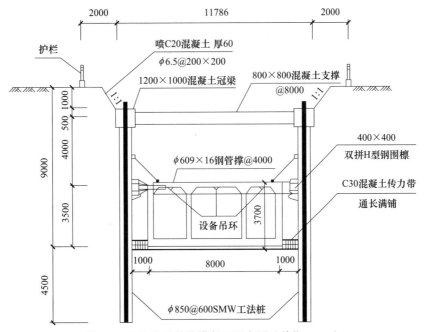

图1-4 基坑支护结构横断面示意图（单位：mm）

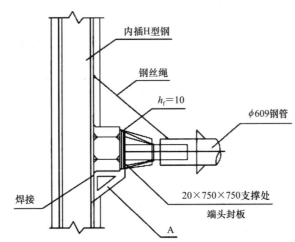

图1-5 钢围檩与支护结构连接节点图（单位：mm）

问题三：满堂支架采用（$\phi 48 \times 3.5$）mm盘扣式支架，立杆纵、横间距均为900mm，步距1200mm，顶托安装完成后，报请监理工程师组织建设、勘察、设计及施工单位技术负责人、项目技术负责人、专项施工方案编制人员及相关人员验收，专业监理工程师指出支架搭设不完整，需补充杆件并整改后复检。

问题四：侧墙、中隔墙及顶板混凝土浇筑前，项目部质检人员对管廊钢筋、保护层垫块、预埋件、预留孔洞等进行检查，发现预埋件被绑丝固定在钢筋上，预留孔洞按其形状现场割断钢筋后安装了孔洞模板，吊环采用螺纹钢筋变曲并做好了预埋，检查后要求现场施工人员按规定进行整改。

【问题】

1. 问题一中，图1-5中构件A的名称是什么；施加预应力应在钢管撑的哪个部位；支撑轴力有损失时，应如何处理；附着在H型钢上的钢丝绳起什么作用？

2. 问题二中，补充缺少的工序B、C、D的名称；现场需要满足什么条件方可拆除钢管撑？

3. 问题三中，顶托在满堂支架中起什么作用，如何操作；支架验收时项目部还应有哪些人员需要参加？

4. 专业监理指出支架不完整，补充缺少的部分。

5. 问题四中，预埋件应该如何固定才能避免混凝土浇筑时不覆盖、不移位；补写孔洞钢筋正确处理办法。设备吊环应采用何种材料制作？

【参考答案与分析思路】

1. （1）构件A的名称：钢支托（牛腿）。

（2）施加预应力应在钢支撑的活络头（活动端）。

（3）支撑轴力有损失时，应重新施加预应力到设计值。

（4）附着在H型钢上的钢丝绳起的作用：连接支撑与围护结构使整个支护体系更加稳定并且防止钢管撑向下变形。

> 本题考查的是识图及明挖法施工。明挖法施工时，土方应分层、分段、分块开挖，开挖后要及时施加支撑。常用的钢管支撑一端为活络头，采用千斤顶在该侧施加预应力。支撑施加预应力时应考虑操作时的应力损失，故施加的预应力值应比设计轴力增加10%并对预应力值做好记录。在支撑预支力加设前后的各12h内应加密监测频率，发现预应力损失或围护结构变形速率无明显收敛时应复加预应力至设计值。
>
> 明挖基坑钢支撑架设采用同层相邻的钢支撑活动端交错设置的方式，这样的架设方式不仅让相对薄弱的活动端平均分配到基坑两侧，并且钢支撑自身质量也得到平均分配。钢支撑挂板采用"下托上挂"的设计，并使用保护性钢丝绳将钢支撑两端与钢围檩（冠梁）连接，即使出现意外情况导致钢支撑脱落，也会及时被保护性钢丝绳拉住，避免了坠落伤人危险，下方施工人员有足够的时间撤离，并及时对支撑体系采取补救措施。

2. 工序B的名称：顶板模板安装；工序C的名称：外防水施工；工序D的名称：防水保护层施工。

现场需要满足下列条件方可拆除钢管撑：混凝土传力带施工完成且强度达到设计要求，顶板混凝土强度达到设计要求。

> 本题考查的是管廊结构施工流程、钢支撑（模板钢支撑）拆除。管廊结构施工流程需结合施工现场知识及背景材料去分析判断。
>
> 钢支撑（模板钢支撑）拆除：按设计图纸要求，在底板及传力带混凝土强度达到设计强度后，方可拆除支撑。

3. 顶托作用：调整标高。

操作方法：旋转。

验收人员：项目负责人、施工单位项目负责人、项目经理、施工员、专职安全员、质量员、施工班组长。

> 本题考查了满堂支架的微调和项目部人员组成。本题考查了三个小问：
>
> （1）第一小问考查支架顶托作用：通过调节顶托能够保证满堂支架所有的顶托处于同一水平面（标高），使方木或方钢和顶板模板均匀受力。
>
> （2）第二小问考查如何调整满堂支架支托架。如何调整满堂支架支托架：旋转。
>
> （3）第三小问考查了满堂支架验收时项目部还应需参加人员。支撑架未经验收合格严禁进入下道工序（浇筑混凝土、网架安装等），参与支撑架验收人员：项目经理、项目技术负责人、施工员、安全员、质量员、施工班组长及其他相关人员。

4. 缺少的部分：横撑立柱、可调顶托、可调底座、斜撑、抛撑、双向剪刀撑、扫地杆。

> 本题以补充题的形式考查了满堂支架的组成。需考生具备施工现场知识结合案例背景去回答。

5. （1）预埋件应用螺栓固定在模板上，这样才能避免混凝土浇筑时不覆盖、不移位。

（2）预留孔洞口钢筋处理方法：按图配筋。

（3）设备吊环应采用光圆钢筋制作。

> 本题考查了三个小问：
>
> （1）第一小问可以参考预应力筋的固定筋去回答。
>
> （2）第二小问考查了孔洞钢筋处理。板上开洞时钢筋处理方式：按图配筋。
>
> （3）第三小问考查了吊环基础知识。吊环必须采用未经冷拉的热轧光圆钢筋制作。

实务操作和案例分析题四〔2023年真题〕

【背景资料】

某公司中标城市轨道交通工程，项目部编制了基坑明挖法、结构主体现浇的施工方案，根据设计要求，本工程须先降方至两侧基坑支护顶标高后再进行支护施工，降方深度为6m，黏性土层，1∶0.375放坡，坡面挂网喷浆。横断面如图1-6所示。施工前对基坑开挖专项方案进行了专家论证。

基坑支护结构分别由地下连续墙及钻孔灌注桩两种形式组成，两侧地下连续墙厚度均为1.2m，深度为36m；两侧围护桩均为$\phi1.2m$钻孔灌注桩，桩长36m，间距1.4m。围护桩及桩间土采用网喷C20混凝土。中隔土体采用管井降水，基坑开挖部分采用明排疏干。基坑两端末接邻标段封堵墙。

基坑采用三道钢筋混凝土支撑＋两道（$\phi609\times16$）mm钢支撑，隧道内净高12.3m，汽车式起重机配合各工序吊装作业。

施工期间对基坑监测的项目有：围护桩及降水层边坡顶部水平位移、支撑轴力及深层水平位移，随时分析监测数据。地下水分布情况见横断面示意图。

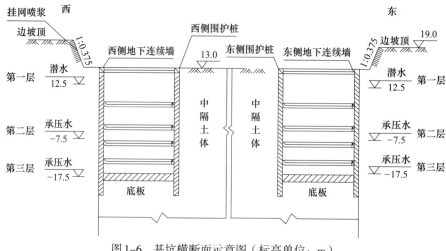

图1-6 基坑横断面示意图（标高单位：m）

【问题】

1. 本工程涉及超过一定规模的危险性较大的分部分项工程较多，除降方和基坑开挖支护方案外，依据背景资料，另补充三项需专家论证的专项施工方案。

2. 分析两种不同支护方式的优点及两种降、排水措施产生的效果。

3. 本工程施工方案只考虑采用先降方后挂网喷浆护面措施，还可以使用哪些常用的坡脚及护面措施。

4. 降方工作坡面喷浆不及时发生边坡失稳迹象可采取的措施有哪些？

5. 在不考虑环境因素的前提下，补充基坑监测应监测的项目。

【参考答案与分析思路】

1. 补充三项需专家论证的专项施工方案：隧道混凝土模板支撑体系（混凝土模板支撑工程）专项施工方案；地下连续墙钢筋笼吊装施工方案；降水工程专项施工方案。

> 本题考查的是需要专家论证的专项施工方案。需要专家论证的工程范围也是一个高频考点，基本每年都会考到，一定要记住。考生需牢记《住房城乡建设部办公厅关于实施〈危险性较大的分部分项工程安全管理规定〉有关问题的通知》（建办质〔2018〕31号）的内容。

2.（1）外侧选择地下连续墙起止水帷幕作用（隔离地下水）；

（2）内侧选择围护桩，降低工程造价；

（3）两种降、排水措施产生的效果：无水的作业环境。

> 本题考查的是不同类型围护结构的特点、地下水控制。不同类型围护结构的特点在以往考试中，一般考查的是选择题，但在今年考试中考查了案例简答题，考查难度一般，记住即可得分。地下水控制中，重点掌握截水、降水、回灌的内容。

3. 还可以使用的常用坡脚及护面措施：叠放砂包或土袋；水泥砂浆或细石混凝土抹面；锚杆喷射混凝土护面；塑料膜或土工织物覆盖坡面。

> 本题考查的是边坡防护措施。放坡开挖时应及时做好坡脚、坡面的保护措施。常用

的保护措施有：叠放砂包或土袋、水泥砂浆或细石混凝土抹面、挂网喷浆或混凝土、锚杆喷射混凝土护面、塑料膜或土工织物覆盖坡等。

4. 降方工作坡面喷浆不及时发生边坡失稳迹象可采取的措施有：

削坡、坡顶卸载、坡脚压载，加强降、排水和地基加固，失稳无法控制时进行土方回填。

> 本题考查的是基坑边坡稳定控制措施。当边坡有失稳迹象时，应及时采取削坡、坡顶卸荷、坡脚压载或其他有效措施。

5. 补充基坑监测应监测的项目：围护桩及边坡顶部竖向位移、地下连续墙顶部水平位移及竖向位移、立柱竖向位移、地下水位、周边地表竖向位移、周边建筑物竖向位移及倾斜、建筑裂缝、地表裂缝、周边管线竖向沉降等。

> 本题考查的是基坑监测应监测的项目。本题首先需要判断基坑等级，再写出一级土质基坑应测项目即可。符合下列情况之一，为一级基坑：
> （1）重要工程或支护结构做主体结构的一部分。
> （2）开挖深度大于10m。
> （3）与邻近建筑物，重要设施的距离在开挖深度以内的基坑。
> （4）基坑范围内有历史文物、近代优秀建筑、重要管线等需严加保护的基坑。
> 本案例中，基坑深度36.5m，因此为一级基坑。
> 一级基坑工程应测项目包括：围护墙（边坡）顶部水平位移，围护墙（边坡）顶部竖向位移，深层水平位移，立柱竖向位移，支撑轴力，锚杆轴力，地下水位，周边地表竖向位移，周边建筑竖向位移，周边建筑倾斜，周边建筑裂缝、地表裂缝，周边管线竖向位移，周边道路竖向位移。背景资料已告知部分应测项目，写出剩余部分即可。

实务操作和案例分析题五［2022年真题］

【背景资料】

某项目部在10月中旬中标南方某城市道路改造二期工程，合同工期3个月，合同工程量为：道路改造部分长300m、宽45m，既有水泥混凝土路面加铺沥青混凝土面层与一期路面顺接。新建污水系统DN500mm、埋深4.8m，旧路部分开槽埋管施工，穿越一期平交道口部分采用不开槽施工，该段长90m，接入一期预留的污水接收井，如图1-7所示。

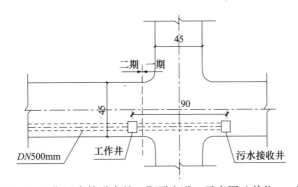

图1-7　二期污水管道穿越一期平交道口示意图（单位：m）

项目部根据现场情况编制了相应的施工方案：

（1）道路改造部分：对既有水泥混凝土路面进行充分调查后，作出以下结论：① 对有破损、脱空的既有水泥混凝土路面，全部挖除，重新浇筑；② 新建污水管线采用开挖埋管。

（2）不开槽污水管道施工部分：设一座工作井，工作井采用明挖法施工，将一期预留的接收井打开做好接收准备工作。

该方案报监理工程师审批没能通过被退回，要求进行修改后再上报，项目部认真研究后发现以下问题：

（1）既有水泥混凝土路面的破损、脱空部位不应全部挖除，应先进行维修。

（2）施工方案中缺少既有水泥混凝土路面作为道路基层加铺沥青混凝土的具体做法。

（3）施工方案中缺少工作井位置选址及专项方案。

【问题】

1. 对已确定的破损、脱空部位进行基底处理的方法有几种，分别是什么方法？

2. 对旧水泥混凝土路面进行调查时，采用何种手段查明路基的相关情况？

3. 既有水泥混凝土路面作为道路基层加铺沥青混凝土前，哪些构筑物的高程需做调整？

4. 工作井位置应按什么要求选定？

【参考答案与分析思路】

1. 对已确定的破损、脱空部位进行基底处理的方法有两种。

分别是：开挖式基底处理（挖除破损位置后换填基底材料）、非开挖式基底处理（在脱空部位进行钻孔注浆填充孔洞）。

> 本题考查的是城镇道路加铺沥青面层的基底处理方法。本题属于送分题，考查的是考试用书原文，具体要点不再说明。这里需要注意旧路维护维修的一般思路：当既有结构无问题时，采用微表处理工艺；当既有结构质量存在问题时，面层、基底可采用开挖换填混凝土或非开挖打孔注浆处理。

2. 对旧水泥混凝土路面进行调查时，采用地质雷达、弯沉或取芯检测等手段查明路基的相关情况。

> 本题考查的是路面改造施工技术。路基在水泥面层和基层的下面，通过设备扫描、现场取样或观察路面破损反应路基情况。

3. 既有水泥混凝土路面作为道路基层加铺沥青混凝土前，下列构筑物的高程需做调整：检查井、雨水口、平侧石高程调整。

> 本题考查的是路面改造施工中加铺沥青混凝土面层的处理。与新沥青料接触的结构都需要抬高，再结合案例背景信息进行作答。

4. 工作井位置应按下列要求选定：

有设计按设计要求、环境要求，无设计应满足施工安全要求。

> 本题考查的是工作井位置选择。工作井位置选择要考虑不影响地面社会交通，对附近居民的噪声和振动影响较少，且能满足施工生产组织的需要。工作井应根据地质条件和环境条件，选择安全经济和对周边影响小的施工方法，通常采用明挖法施工。工作井的选定要结合案例背景，具体工况具体分析。

实务操作和案例分析题六［2022年真题］

【背景资料】

某公司承建一项城市主干道改扩建工程，全长3.9km，建设内容包括：道路工程、排水工程、杆线入地工程等。道路工程将既有28m的路幅主干道向两侧各拓宽13.5m，建成55m路幅的城市中心大道，路幅分配情况如图1-8所示。排水工程将既有车行道下 $D1200mm$ 的合流管作为雨水管，西侧非机动车道下新建一条 $D1200mm$ 的雨水管，两侧非机动车道下各新建一条 $D400mm$ 的污水管，并新建接户支管及接户井，将周边原接入既有合流管的污水就近接入，实现雨污分流。杆线入地工程将既有架空电力线缆及通信电缆进行杆线入地，敷设在地下相应的管位。

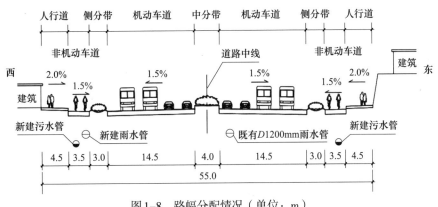

图1-8 路幅分配情况（单位：m）

工程进行中发生了以下一系列事件：

事件1：道路开挖时在桩号K1＋350路面下深-0.5m处发现一处横穿道路的燃气管道，项目部施工时对燃气管采取了保护措施。

事件2：将用户支管接入到新建接户井时，项目部安排的作业人员缺少施工经验，打开既有污水井的井盖稍作散味处理就下井作业，致使下井的一名工人在井内当场昏倒，被救上时已无呼吸。

事件3：桩号K0＋500～K0＋950东侧为路堑，由于坡上部分房屋拆迁难度大，设计采用重力式挡墙进行边坡垂直支护，以减少征地拆迁。

【问题】

1. 写出市政工程改扩建时设计单位通常将电力线缆、通信电缆指定的安全敷设位置。明确西侧雨水管线、污水管线施工须遵循的原则。

2. 写出事件1中燃气管道的最小覆土厚度；写出开挖及回填碾压时对燃气管道采取的保护措施。

3. 写出事件2中下井作业前需办理的相关手续及应采取的安全措施。

4. 事件3中重力式挡墙的结构特点有哪些？

【参考答案与分析思路】

1. 市政工程改扩建时设计单位一般会将电力线缆、通信电缆敷设位置设在人行道下方。

西侧雨水管线、污水管线施工遵循原则：先深后浅。

本题考查了两个小问：一是综合管廊的敷设位置；二是新建地下管线的施工原则。

对于综合管廊的敷设位置，考试用书上有明确的叙述：缆线综合管廊宜设置在人行道下。这部分分值很容易拿到。

对于新建地下管线施工原则，考试用书上有明确的叙述：新建的地下管线施工必须遵循"先地下，后地上""先深后浅"的原则。本题不涉及"先地下，后地上"的原则。

2. 事件1中燃气管道的最小覆土厚度：0.9m。

开挖时对燃气管道采取的保护措施：悬吊或支撑保护。

回填碾压时对燃气管道采取的保护措施：包封或套管。

本题考查了燃气管道最小覆土厚度，开挖、回填及碾压时对燃气管道采取的保护措施。

（1）对于燃气管道最小覆土厚度：车行道下≥0.9m、非车行道（含人行道）下≥0.6m，水田下≥0.8m，机动车不能到达地方≥0.3m，燃气管道横穿道路选择标准最严；

（2）对于开挖、回填及碾压时对燃气管道采取的保护措施，结合管线调查和沟槽回填作答。

3. 事件2中下井作业前需：办理有限空间安全作业审批手续。

下井作业前应采取的安全措施：

（1）检查井的井盖打开后应通风一段时间，再使用气体监测装置检测有毒气体及氧气含量，井周边设反光锥桶。

（2）工人培训上岗。

（3）井上安排专人看护。

本题考查的是有限空间作业的办理手续、污水井作业的安全措施。

（1）对于有限空间作业的办理手续，需作业人员持证上岗。

（2）污水井作业的安全措施按照施工流程分析即可。

4. 事件3中重力式挡土墙的结构特点有：

（1）依靠墙体自重抵挡土压力作用。

（2）形式简单，就地取材，施工简便。

本题考查的是常见挡土墙的结构特点。考试用书对不同形式挡土墙的结构特点做了详细的说明，我们对比着理解。

实务操作和案例分析题七 ［2022年真题］

【背景资料】

某公司承建一项市政管沟工程，其中穿越城镇既有道路的长度为75m，采用φ2000mm泥水平衡机械顶管施工。道路两侧设顶管工作井、接收井各一座，结构尺寸如图1-9所示，两座井均采用沉井法施工，开挖前采用管井降水。设计要求沉井分节制作、分次下沉，每节高度不超过6m。

项目部编制的沉井施工方案如下：

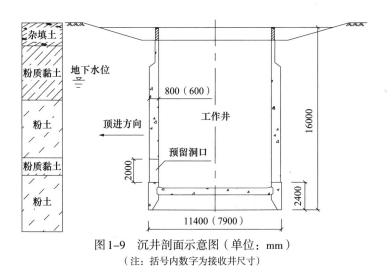

图1-9 沉井剖面示意图（单位：mm）

（注：括号内数字为接收井尺寸）

（1）测量定位后，在刃脚部位铺设砂垫层，铺垫木后进行刃脚部位钢筋绑扎、模板安装、浇筑混凝土。

（2）刃脚部位施工完成后，每节沉井按照 满堂支架 → 钢筋制安 → A → B → C → 内外支架加固 → 浇筑混凝土 的工艺流程进行施工。

（3）每节沉井混凝土强度达到设计要求后，拆除模板，挖土下沉。沉井分次下沉至设计标高后进行干封底作业。

【问题】

1. 沉井分几次制作（含刃脚部分）？写出施工方案（2）中A、B、C代表的工序名称。

2. 写出沉井混凝土浇筑原则及应该重点振捣的部位。

3. 施工方案（3）中，封底前对刃脚部位如何处理；底板浇筑完成后，混凝土强度应满足什么条件方可封堵泄水井？

4. 写出支架搭设需配备的工程机械名称；支架搭设人员应具备什么条件方可作业？

【参考答案与分析思路】

1. 该沉井工程需分4次施工。

A的名称：内模安装；B的名称：穿对拉螺栓；C的名称：外模安装。

> 本题考查的是沉井工程施工。根据背景信息结合现场施工经验去作答。

2. 混凝土浇筑的顺序：对称、均匀、水平连续、分层浇筑。

混凝土浇筑重点振捣的部位：加强预留洞口、施工缝、预埋件部位振捣。

> 本题考查的是沉井预制施工。混凝土应对称、均匀、水平连续、分层浇筑，并应防止沉井偏斜。钢筋密集部位和预留孔底部应辅以人工振捣，保证结构密实。

3. 沉井下沉到标高后，刃脚处应做的处理：在沉井封底前使用大块石将刃脚下垫实，防止继续下沉。

干封底板混凝土强度达到设计强度并且满足抗浮要求方可填封泄水孔。

> 本题考查的是沉井封底施工。本题需将考试用书基础知识结合背景中所列信息回答。

4. 支架搭设需要的工程机械：汽车式起重机、洒水车。

支架搭设人员应具备下列条件方可作业：

（1）有特殊工种操作证。

（2）进行安全技术交底。

> 本题考查的是支架搭设所需机械、架子工的要求。支架搭设需要的工程机械的分析思路按照支架地基、支架两方面分析，架子工的要求是具备资质、劳动保护。

实务操作和案例分析题八〔2022年真题〕

【背景资料】

某公司承建一项污水处理厂工程，水处理构筑物为地下结构，底板最大埋深12m，富水地层设计要求管井降水并严格控制基坑内外水位标高变化。基坑周边有需要保护的建筑物和管线。项目部进场开始了水泥土搅拌桩止水帷幕和钻孔灌注桩围护结构的施工。主体结构部分按方案要求对沉淀池、生物反应池、清水池采用单元组合式混凝土结构分块浇筑工法，块间留设后浇带。主体部分混凝土设计强度为C30，抗渗等级P8。

受拆迁滞后影响，项目实施进度计划延迟约1个月，为保障项目按时投入使用，项目部提出在后浇带部位采用新的工艺以缩短工期，该工艺获得了业主、监理和设计方批准并取得设计变更文件。

底板倒角壁板施工缝止水钢板安装质量是影响构筑物防渗性能的关键，项目施工员要求施工班组按图纸进行施工，质量检查时发现止水钢板安装如图1-10所示。

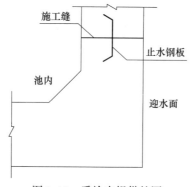

图1-10 质检中提供的图

混凝土浇筑正处于夏季高温，为保证混凝土浇筑质量，项目部提前与商品混凝土搅拌站进行了沟通，对混凝土配合比、外加剂进行了优化调整。项目部针对高温时现场混凝土浇筑也制定了相应措施。

在项目部编制的降水施工方案中，将降水抽排的地下水回收利用，做了如下安排：一是用于现场扬尘控制，进行路面洒水降尘；二是用于场内绿化浇灌和卫生间冲洗。另有富余水量做了溢流措施排入市政雨水管网。

【问题】

1. 写出能够保证工期且保证质量的后浇带部位工艺名称和混凝土强度。

2. 指出图1-10中的错误之处；写出可与止水钢板组合应用的提高施工缝防水质量的

止水措施。

    3. 写出高温时混凝土浇筑应采取的措施。

    4. 该项目降水后基坑外是否需要回灌？说明理由。

    5. 补充项目部降水回收利用的用途。

    6. 完善降水排放的手续和措施。

【参考答案与分析思路】

    1. 连续式膨胀加强带满足后浇带要求的同时与两侧混凝土同时浇筑以缩短工期。

    高出后浇带两侧（主体结构）混凝土一个强度等级，主体结构混凝土为C30，则膨胀加强带混凝土为C35。

>   本题考查的是后浇带变更后工艺施工。后浇带变更后的工艺名称属于考试用书原话，后浇带混凝土高出主体结构混凝土强度一个等级也是考试用书知识点。连续式膨胀加强带是指膨胀加强带部位的混凝土与两侧相邻混凝土同时浇筑。当采用连续式膨胀加强带工艺时，可大大缩短工期。用于后浇带、膨胀加强带部位的补偿收缩混凝土的设计强度等级应比两侧混凝土提高一个等级，其限制膨胀率不小于0.025%。

    2. 图1-10中的错误之处：止水钢板安装方向错误，止水钢板开口应朝向迎水方向设置。

    可与止水钢板组合应用的提高施工缝防水质量的止水措施：加设遇水膨胀止水条、预埋注浆管。

>   本题考查的是止水带安装。本题考查了两个小问：一是识图改错，二是案例简答。第一小问需根据背景中图1-10结合施工现场经验去分析判断，可以看出止水钢板安装方向错误，止水钢板开口应朝向迎水方向设置。第二小问，要求回答可与止水钢板组合应用的提高施工缝防水质量的止水措施，这是考试用书原文内容，考生只要复习过此处内容，回答此题不难。混凝土结构中，止水带、遇水膨胀止水条和预埋注浆管可组合应用，以提高施工缝的防水质量。

    3. 高温时混凝土浇筑应采取的措施：

    （1）控制好混凝土入模温度。

    （2）地基、模板和泵送管洒水降温。

    （3）在当天温度较低时进行浇筑施工或采用夜间施工。

>   本题考查的是城市道路高温期施工要求。补充题整体分析，混凝土季节性施工质量保证措施按照施工流程分析：混凝土生产→运输→浇筑振捣→养护，混凝土高温施工控制措施主要保证混凝土温度、凝结时间，所以要快速施工降低温度。

    4. 该项目降水后基坑外需要回灌。

    理由：（1）基坑周边有需要保护的建筑物，且地下水位降幅较大。

    （2）回灌防止沉降过大。

>   本题考查的是地下水控制方法中回灌的内容。结合案例背景资料分析需要回灌的理由。

    5. 补充项目部降水回收利用的用途：混凝土洒水养护、洗车池用水、消防、水池抗浮备用水等。

> 本题考查的是降水回收利用的用途，属于开放性问题，可以从生产用水、生活用水、职业健康与环保这些方面回答。

6.完善降水排放的手续：施工降水需通过城市排水管网排放前经排水主管部门批准。

完善降水排放措施：设置沉淀池和计量表。

> 本题考查的是降水排放的手续、降水排放的措施。本题考查了两个小问：
> 一是完善降水排放的手续。根据背景提供信息结合施工现场经验去完善降水排放的手续。
> 二是降水排放的措施。需设置沉淀池和计量表，还有就是水质要达到排放标准。

实务操作和案例分析题九［2021年真题］

【背景资料】

某公司承接一项城镇主干道新建工程，全长1.8km，勘察报告显示K0＋680～K0＋920为暗塘，其他路段为杂填土且地下水丰富。设计单位对暗塘段采用水泥土搅拌桩方式进行处理，杂填土段采用改良土换填的方式进行处理。全路段土路基与基层之间设置一层200mm厚级配碎石垫层，部分路段垫层顶面铺设一层土工格栅，K0＋680、K0＋920处地基处理横断面示意图如图1-11所示。

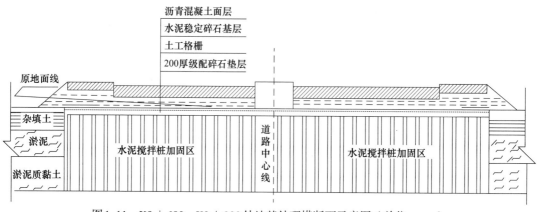

图1-11　K0＋680、K0＋920处地基处理横断面示意图（单位：mm）

项目部确定水泥掺量等各项施工参数后进行水泥搅拌桩施工，质检部门在施工完成后进行了单桩承载力、水泥用量等项目的质量检验。

垫层验收完成，项目部铺设固定土工格栅和摊铺水泥稳定碎石基层，采用重型压路机进行碾压，养护3d后进行下一道工序时施工。

项目部按照制定的扬尘防控方案，对土方平衡后多余的土方进行了外弃。

【问题】

1. 土工格栅应设置在哪些路段的垫层顶面？说明其作用。

2. 水泥搅拌桩在施工前采用何种方式确定水泥掺量？

3. 补充水泥搅拌桩地基质量检验的主控项目。

4. 改正水泥稳定碎石基层施工中的错误之处。

5. 项目部在土方外弃时应采取哪些扬尘防控措施?

【参考答案与分析思路】

1. 土工格栅应设置在下列路段的垫层顶面:

水泥土搅拌桩处理段与改良换填段交接处(或K0+680处和K0+920处)。

作用:

(1)提高路堤的稳定性。

(2)减小连接处的不均匀沉降。

> 本题考查的是土工合成材料的应用。本题属于实操题,考生要根据施工现场结合背景资料去答题。本题包括两个小问,第1小问是土工格栅应设置在哪些路段的垫层顶面,由背景资料可知,该路段包括水泥土搅拌桩处理段与改良换填段交接处(或K0+680处和K0+920处)。第2小问要求说明土工格栅设置在这些路段垫层顶面的作用,作用有:(1)提高路堤的稳定性;(2)减小路基与构造物之间的不均匀沉降。

2. 水泥搅拌桩在施工前采用试桩(或成桩试验)方式确定水泥掺量。

> 本题考查的是水泥土搅拌法。水泥土搅拌法利用水泥作为固化剂通过特制的搅拌机械,就地将软土和固化剂(浆液或粉体)强制搅拌,应根据室内试验确定需加入地基土的固化剂和外加剂的掺量,如果有成熟经验时,也可根据工程经验确定。对于水泥土的强度评定通常采用无侧限抗压强度指标。

3. 需补充的水泥搅拌桩地基质量检验的主控项目:复合地基承载力、搅拌叶回转半径、桩长、桩身强度。

> 本题考查的是水泥搅拌桩地基质量检验的主控项目。本题以补充题的形式考核了水泥搅拌桩地基质量检验的主控项目,解答本题需结合背景资料及《建筑地基基础工程施工质量验收标准》GB 50202—2018中第4.11.4的规定去回答。

4. 水泥稳定碎石基层施工中的错误之处及改正如下:

错误之处一:采用重型压路机进行碾压;

改正:先轻型后重型压路机进行碾压。

错误之处二:养护3d后进行下一道工序是施工;

改正:常温下养护不小于7d,养护完毕检验合格后方可下一道工序施工。

> 本题考查的是水泥稳定碎石基层施工要求。本题属于实操题,考生要根据施工现场结合背景资料去答题。解答本题时,最好是先把错误之处写出,然后再写出改正方法。水泥稳定碎石基层施工中的错误做法是:采用重型压路机进行碾压、养护3d,再针对前述错误一一写出需要怎么改正即可。

5. 项目部在土方外弃时应采用下列扬尘防控措施:

遮盖、冲洗车辆、清扫、洒水。

> 本题考查的是水泥稳定碎石基层运输、施工要点,属于防治施工固体废弃物污染。考生最好是把自己记住的要点都写出来,因为案例分析题是按关键点给分,写错不扣分。

实务操作和案例分析题十〔2021年真题〕

【背景资料】

某项目部承接一项河道整治项目，其中一段景观挡土墙，长为50m，连接既有景观挡土墙。该项目平均分5个施工段施工，端缝为20mm。第一施工段临河侧需沉6根基础方桩，基础方桩按"梅花形"布置（如图1-12所示）。围堰与沉桩工程同时开工，依次再进行挡土墙施工，最后完成新建路面施工与栏杆安装。

项目部根据方案使用柴油锤沉桩，遭附近居民投诉，监理随即叫停，要求更换沉桩方式，完工后，进行挡土墙施工，挡土墙施工工序有：机械挖土、A、碎石垫层、基础模板、B、浇筑混凝土、立墙身模板、浇筑墙体、压顶采用一次性施工。

【问题】

1. 根据图1-12所示，该挡土墙结构形式属于哪种类型，端缝属于哪种类型？

2. 计算 a 的数值与第一段挡土墙基础方桩的根数。

3. 监理叫停施工是否合理；柴油锤沉桩有哪些原因会影响居民；可以更换哪几种沉桩方式？

4. 根据背景资料，正确写出A、B工序名称。

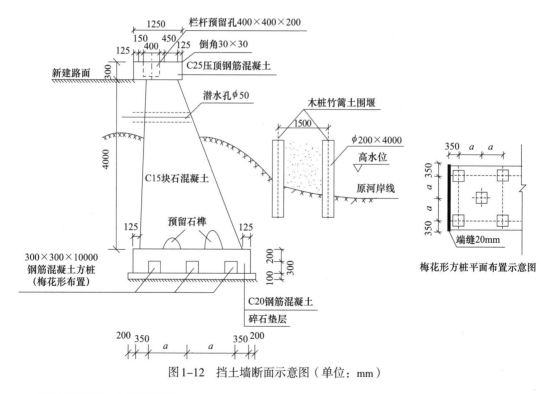

图1-12　挡土墙断面示意图（单位：mm）

【参考答案与分析思路】

1. 根据图1-12所示，该挡土墙结构形式属重力式挡土墙，端缝属于结构沉降缝（变形缝）。

本题考查的是挡土墙结构形式、端缝类型。本题属于看图分析题型，考生根据掌握的知识再结合背景资料的信息，可以知道图1-12所示的挡土墙结构形式为重力式挡土墙，端缝属于结构沉降缝（变形缝）。

2. 第一段挡土墙长度为50÷5＝10m，即10000mm。

　　a的数值：（10000－40－350×2）/10＝926mm。

　　第一段挡土墙基础方桩的根数：6＋6＋5＝17根。

　　本题考查的是施工现场挡土墙相关知识。本题属于实操题，考生需结合施工现场进行解答。a的数值根据图1-12中的"钢筋混凝土方桩平面（梅花形布置）"计算。把"梅花形方桩平面布置示意图"补充全面，如图1-13所示。

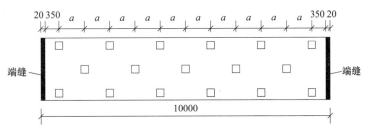

图1-13　补充全面的梅花形方桩平面布置示意图（单位：mm）

　　第一段挡土墙长度为50÷5＝10m，即10000mm。

　　因端缝属于结构沉降缝及梅花形方桩平面示意图，因此两边端缝长度是包括在10m之内的，根据梅花形方桩平面示意图看，20＋350＋2a×5＋350＋20＝10000mm。

　　a＝（10000－20×2－350×2）÷10＝926mm。

　　背景资料提示"第一施工段临河侧需沉6根基础方桩"，由图1-13中的"梅花形方桩平面布置示意图"可知，中间一排有5根基础方桩、邻近道路一侧有6根基础方桩。因此第一段挡土墙基础方桩的根数：6＋6＋5＝17根。

3. 监理叫停施工是合理的。

　　柴油锤沉桩时噪声大、振动大、柴油燃烧污染大气会影响居民。

　　可以更换的沉桩方式包括：振动锤沉桩和静（液）压锤沉桩。

　　本题考查的是环境保护管理的要点、沉桩方式选择。柴油锤沉桩施工时，噪声大、振动大、柴油燃烧污染大气会影响居民。可以更换的沉桩方式包括：振动锤沉桩和静（液）压锤沉桩。

4. A——破桩头，B——绑扎基础钢筋。

　　本题考查的是挡土墙施工工序。本题属于实操题，考生需结合施工现场进行解答。A——破桩头，B——绑扎基础钢筋。

实务操作和案例分析题十一〔2021年真题〕

【背景资料】

　　某公司承建一座城市桥梁工程，双向四车道，桥跨布置为4联×（5×20m），上部结构为预应力混凝土空心板，横断面布置空心板共24片，桥墩构造横断面如图1-14所示。空心板中板的预应力钢绞线设计有N1、N2两种形式，均由同规格的单根钢绞线索组成，空心板中板构造及钢绞线索布置如图1-15所示。

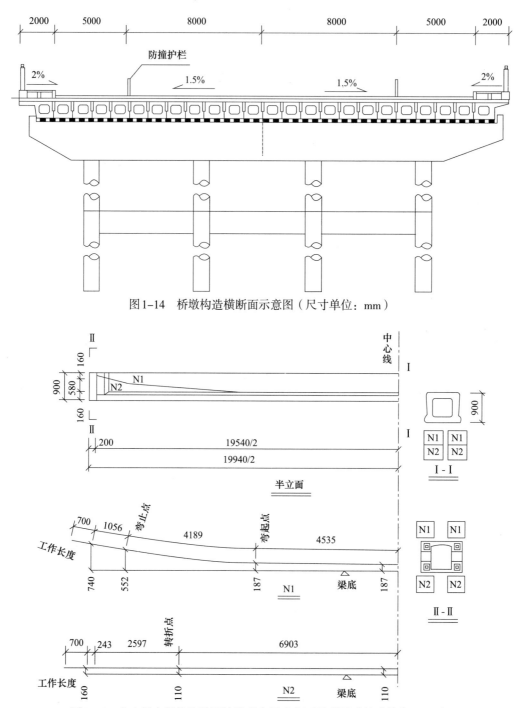

图1-14　桥墩构造横断面示意图（尺寸单位：mm）

图1-15　空心板中板构造及钢绞线索布置半立面示意图（尺寸单位：mm）

项目部编制的空心板专项施工方案有如下内容：

（1）钢绞线采购进场时，材料员对钢绞线的包装、标志等资料进行查验，合格后入库存放。随后项目部组织开展钢绞线见证取样送检工作，检测项目包括表面质量等。

（2）计算汇总空心板预应力钢绞线用量。

（3）空心板预制侧模和芯模均采用定型钢模板。混凝土施工完成后及时组织对侧模及芯模进行拆除，以便最大限度地满足空心板预制进度。

（4）空心板浇筑混凝土施工时，项目部对混凝土拌合物进行质量控制，分别在混凝土拌合站和预制厂浇筑地点随机取样检测混凝土拌合物的坍落度，其值分别为A和B，并对坍落度测值进行评定。

【问题】

1. 结合图1-15，分别指出空心板预应力体系属于先张法和后张法、有粘结和无粘结预应力体系中的哪种体系？

2. 指出钢绞线存放的仓库需具备的条件。

3. 补充施工方案（1）中钢绞线入库时材料员还需查验的资料；指出钢绞线见证取样还需检测的项目。

4. 列式计算全桥空心板中板的钢绞线用量（单位为m，计算结果保留3位小数）。

5. 分别指出施工方案（3）中空心板预制时侧模和芯模拆除所需满足的条件。

6. 指出施工方案（4）中坍落度值A、B的大小关系；混凝土质量评定时应使用哪个数值？

【参考答案与分析思路】

1. 结合图1-15，空心板预应力体系属于后张法、有粘结预应力体系。

> 本题考查的是预应力张拉施工、无粘结预应力施工。本题属于看图分析题型，考生根据掌握的知识再结合背景资料的信息去答题。本题第1小问，由图1-15"钢绞线索布置半立面示意图"中的"弯起点"可知N1为曲线预应力筋，系采用后张法预应力施工。本题第2小问，这里要求判断空心板预应力体系是有粘结还是无粘结预应力体系，根据背景资料及相关知识去分析判断。先张法和有管道的后张法都属于有粘结；无粘结没有管道所以不存在压浆，无粘结类似有护套的电缆，浇筑时外护套和混凝土接触，后张拉时只张拉里面的预应力钢绞线，有管道的后张法后期都需要压浆保证构件密实。

> 2. 钢绞线存放的仓库需具备的条件：干燥、防潮、通风良好、无腐蚀气体和介质。

> 本题考查的是预应力筋的存放。考查了考试用书中预应力筋的内容，即使考生没复习到相应内容，也可以凭施工工程常识想到"防潮""干燥"等。

> 3. 施工方案（1）中钢绞线入库时材料员还需查验的资料：出厂质量证明文件、规格。
>
> 钢绞线见证取样还需检测的项目：直径偏差、力学性能试验。

> 本题考查的是预应力筋的进场验收。本题考查了两个小问，第1小问以补充题的形式考查了预应力筋进场验收文件，预应力筋进场时，应对其质量证明文件、包装、标志和规格进行检验，因此考生只要写出背景资料中没有提到的验收文件即可。还需查验的资料：质量证明文件、规格。

第2小问要求写出见证取样还需检测的项目，考生只要熟悉这部分内容回答本题不难。钢绞线检验每批重量不得大于60t；逐盘检验表面质量和外形尺寸；再从每批钢绞线中任取3盘，并从每盘所选的钢绞线任一端截取一根试样，进行力学性能试验及其他试验。如每批少于3盘，应全数检验。检验结果如有一项不合格时，则不合格盘报废，并再从该批未试验过的钢绞线中取双倍数量的试样进行该不合格项的复验。如仍有一项不合格，则该批钢绞线应实施逐盘检验，合格者接收。见证取样还需检测的项目：外形、尺寸、力学性能试验。

4. 全桥空心板中板的钢绞线用量计算：

N1钢绞线单根长度：2×（4535＋4189＋1056＋700）＝20960mm；

N2钢绞线单根长度：2×（6903＋2597＋243＋700）＝20886mm；

一片空心板需要钢绞线长度：2×（20.96＋20.886）＝83.692m；

全桥空心板中板数量：22×4×5＝440片；

全桥空心板中板的钢绞线用量：440×83.692＝36824.480m。

本题考查的是全桥空心板中板的钢绞线用量计算。由图1-15可知，每片空心板中有2根N1钢绞线束、2根N2钢绞线束，可以计算出每片空心板中板的N1型钢绞线用量、N2型钢绞线用量。由背景资料"桥跨布置为4联×（5×20m）"可知全桥共4×5＝20跨，由背景资料"横断面布置空心板共24片"可知每跨横断面布置空心板边板2片、中板22片，故全桥空心板中板数量为4×5×（24－2）＝440片。

5. 施工方案（3）中：

（1）空心板预制时，侧模拆除所需要满足条件：混凝土强度应能保证结构棱角不损坏时方可拆除，混凝土强度宜2.5MPa及以上。

（2）空心板预制时，芯模拆除所需要满足条件：混凝土抗压强度能保证结构表面不发生塌陷和裂缝时，方可拔出。

本题考查的是模板、支架和拱架的拆除。模板、支架和拱架拆除应符合下列规定：

（1）非承正侧模应在混凝土强度能保证结构棱角不损坏时方可拆除。混凝土强度宜为2.5MPa及以上。

（2）芯模和预留孔道内模应在混凝土抗压强度能保证结构表面不发生塌陷和裂缝时，方可拔出。

6. 施工方案（4）中，坍落度A大于B，混凝土质量评定时应使用B。

本题考查的是混凝土搅拌。混凝土拌合物的坍落度应在搅拌地点和浇筑地点分别随机取样检测。每一工作班或每一单元结构物不应少于两次。评定时应以浇筑地点的测值为准。

实务操作和案例分析题十二 ［2021年真题］

【背景资料】

某公司承建一项城市主干路工程，长度2.4km，在桩号K1＋180～K1＋196位置与铁路斜交，采用四跨地道桥顶进下穿铁路的方案。为保证铁路正常通行，施工前由铁路管理部门对铁路线进行加固。顶进工作坑顶进面采用放坡加网喷混凝土方式支护，其余三面采用钻孔灌注桩加桩间网喷混凝土方式支护，施工平面及剖面图如图1-16、图1-17所示。

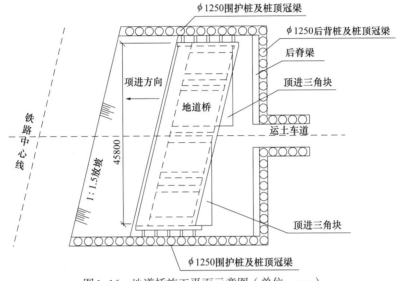

图1-16 地道桥施工平面示意图（单位：mm）

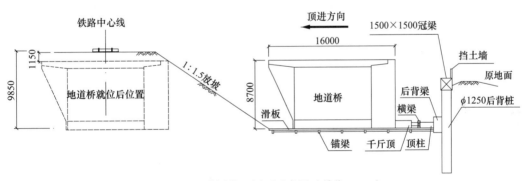

图1-17 地道桥施工剖面示意图（单位：mm）

项目部编制了地道桥基坑降水、支护、开挖、顶进方案并经过相关部门审批。施工流程如图1-18所示。

混凝土钻孔灌注桩施工过程包括以下内容：采用旋挖钻成孔，桩顶设置冠梁。钢筋笼主筋采用直螺纹套筒连接；桩顶锚固钢筋按伸入冠梁长度500mm进行预留，混凝土浇筑至桩顶设计高程后，立即开始相邻桩的施工。

【问题】

1. 直螺纹连接套筒进场需要提供哪项报告？写出钢筋丝头加工和连接件检测专用工具的名称。

2. 改正混凝土灌注桩施工过程的错误之处。

3. 补全施工流程图中A、B名称。

4. 地道桥每次顶进，除检查液压系统外，还应检查哪些部位的使用状况？

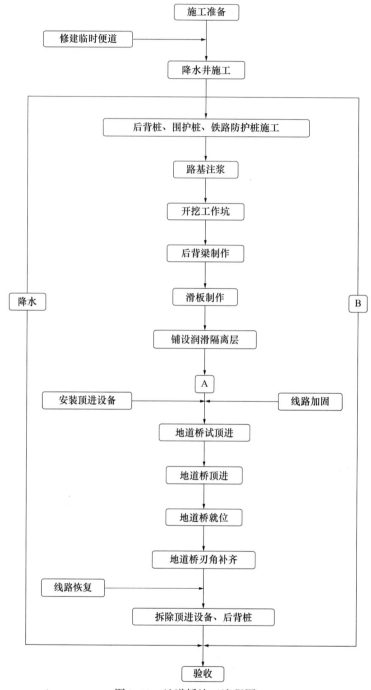

图1-18 地道桥施工流程图

5. 在每一项程中测量的内容是哪些？

6. 地道桥顶进施工应考虑的防水排水措施有哪些？

【参考答案与分析思路】

1. 直螺纹连接套筒进场需要提供的报告：型式检验报告。

钢筋丝头加工和连接件检测专用工具的名称：通规、止规、钢筋数显扭力扳手、卡尺。

本题考查的是钢筋连接。本题考查了两个小问，第1小问考查了直螺纹连接套筒进场需要提供的报告，这里回答可以参考"三证"（产品合格证、产品说明书、产品试验报告单），再结合规范《钢筋机械连接用套筒》JG/T 163—2013中第8.2.3条规定（套筒出厂时套筒包装内应附有产品合格证，同时应向用户提交产品质量证明书）去回答。第2小问考查了钢筋丝头加工和连接件检测专用工具的名称，需要考生具备一定的工程知识。钢筋丝头加工和连接件检测专用工具名称：通规、止规、钢筋数显扭力扳手、卡尺。

2. 改正混凝土灌注桩施工过程的错误之处：

改正一：桩顶锚固钢筋伸入冠梁长度为冠梁厚度。

改正二：混凝土浇筑应超出灌注桩设计标高0.5～1m。

改正三：相邻桩之间净距小于5m时，邻桩混凝土强度达到5MPa后方可进行钻孔施工；或间隔钻孔施工。

本题考查的是混凝土钻孔灌注桩施工要点。混凝土灌注桩施工过程中的错误之处：

错误之处一：桩顶锚固钢筋按伸入冠梁长度500mm进行预留；

改正：桩顶锚固钢筋伸入冠梁长度应为冠梁厚度。

错误之处二：混凝土浇筑至桩顶设计高程；

改正：根据《城市桥梁工程施工与质量验收规范》CJJ 2—2008中有关规范，桩顶混凝土灌注完成后应高出设计标高0.5～1m。

错误之处三：混凝土浇筑至桩顶设计高程后，立即开始相邻桩的施工；

改正：相邻桩之间净距小于5m时，邻桩混凝土强度达5MPa后方可进行钻孔施工；或间隔钻孔施工。

3. 施工流程图中：

A的名称：预制地道桥；B的名称：监测。

本题考查的是箱涵顶进的流程。考生只要记住考试用书相关要点，通过分析背景图表即可确定答案，A之前是工作井的准备工作，A之后是地道桥的顶进施工，很容易判定A是预制地道桥。本工程施工过程中必须加强"监测"，实际上第5小题的设问也提示了这一答案。

4. 每次顶进还应检查：顶柱（铁）安装、后背变化情况（包括后背土体、后背梁、后背柱、挡土墙等部位）、顶程及总进尺等部位使用状况。

本题考查的是箱涵顶进前检查工作、箱涵顶进启动的内容。结合背景资料图1-18中提供信息及考试用书中箱涵顶进前检查工作、箱涵顶进启动的内容去答题。

5. 在每一顶程中测量的内容是：

轴线、高程。

本题考查的是箱涵顶进施工中监控与检查的内容。在每一顶程中测量的内容是轴线、高程。

6. 地道桥顶进施工应考虑的防水排水措施是：

地面硬化、挡水墙、截水沟、坑内排水沟、集水井。

> 本题考查的是地道桥顶进施工应考虑的防水排水措施。包括：地面硬化、挡水墙、截水沟、坑内排水沟、集水井。

实务操作和案例分析题十三［2020年真题］

【背景资料】

某公司承建一座跨河城市桥梁。基础均采用ϕ1500mm钢筋混凝土钻孔灌注桩，设计为端承桩，桩底嵌入中风化岩层2D（D为桩基直径）；桩顶采用盖梁连接；盖梁高度为1200mm，顶面标高为20.000m。河床地层揭示依次为淤泥、淤泥质黏土、黏土、泥岩、强风化岩、中风化岩。

项目部编制的桩基施工方案明确如下内容：

（1）下部结构施工采用水上作业平台施工方案。水上作业平台结构为ϕ600mm钢管桩＋型钢＋人字钢板搭设。水上作业平台如图1-19所示。

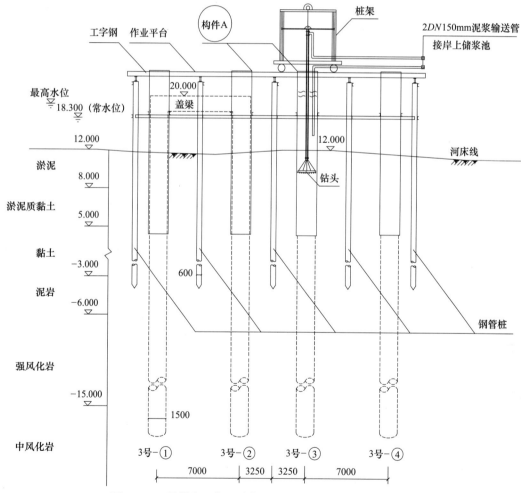

图1-19 3号墩水上作业平台及桩基施工横断面布置示意图
（标高单位：m；尺寸单位：mm）

（2）根据桩基设计类型及桥位水文、地质等情况，设备选用"2000型"正循环回转钻机施工（另配牙轮钻头等），成桩方式未定。

（3）图1-19中A构件名称和使用的相关规定。

（4）由于设计对孔底沉渣厚度未做具体要求，灌注水下混凝土前，进行二次清孔，当孔底沉渣厚度满足规范要求后，开始灌注水下混凝土。

【问题】

1. 结合背景资料及图1-19，指出水上作业平台应设置哪些安全设施？

2. 施工方案（2）中，指出项目部选择钻机类型的理由及成桩方式。

3. 施工方案（3）中，所指构件A的名称是什么，构件A施工时需使用哪些机械配合，构件A应高出施工水位多少米？

4. 结合背景资料及图1-19，列式计算3号-①桩的桩长。

5. 在施工方案（4）中，指出孔底沉渣厚度的最大允许值。

【参考答案与分析思路】

1. 水上作业平台应设置的安全设施有警示标志（牌）、周边设置护栏、孔口防护（孔口加盖）措施、救生衣、救生圈。

> 本题考查的是水上作业平台应设置的安全设施。水上作业平台应设置警示标志（牌）、护栏、孔口防护措施、救生衣、救生圈等安全设施。

2. 选择钻机类型的理由：持力层为中风化岩层，正循环回转钻机能满足现场地质钻进要求。

成桩方式：泥浆护壁成孔桩。

> 本题考查的是钻机类型的选择。解答本题需要从背景资料入手，考虑本工程所处的地质条件，选择正循环回转钻机较为合适。由于本工程有地下水因此应采用泥浆护壁成孔桩。

3. 施工方案（3）中，构件A的名称：钢护筒；

构件A施工时需使用的机械是：起重机（吊装机械）、振动锤；

构件A应高出施工水位2m。

> 本题考查的是护筒。图1-19中构件A是钢护筒。护筒顶面宜高出施工水位或地下水位2m，并宜高出施工地面0.3m。

4. 桩顶标高：$20.000 - 1.2 = 18.800$m；

桩底标高：$-15.000 - 2 \times 1.5 = -18.000$m；

桩长：$18.800 - (-18.000) = 36.8$m。

> 本题考查识图能力。从图1-19中标注的数值可以计算出：
> 桩顶标高：$20.000 - 1.2 = 18.800$m；
> 桩底标高：$-15.000 - 2 \times 1.5 = -18.000$m；
> 桩长：$18.800 - (-18.000) = 36.8$m。

5. 孔底沉渣厚度的最大允许值为100mm。

本题考查的是孔底沉渣厚度。钻孔达到设计深度，灌注混凝土之前，孔底沉渣厚度应符合设计要求。设计未要求时，端承型桩的沉渣厚度不应大于100mm；摩擦型桩的沉渣厚度不应大于300mm。

实务操作和案例分析题十四［2020年真题］

【背景资料】

A公司承建某地下水池工程，为现浇钢筋混凝土结构。混凝土设计强度为C35，抗渗等级为P8。水池结构内设有三道钢筋混凝土隔墙，顶板上设置有通气孔及人孔，水池结构如图1-20、图1-21所示。

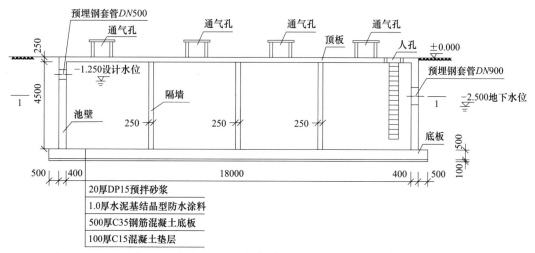

图1-20 水池剖面图（标高单位：m；尺寸单位：mm）

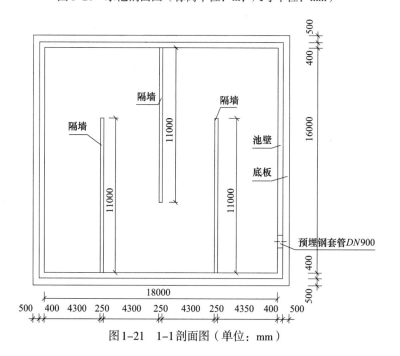

图1-21 1-1剖面图（单位：mm）

A公司项目部将场区内降水工程分包给B公司。结构施工正值雨期，为满足施工开挖及结构抗浮要求，B公司编制了降、排水方案，经项目部技术负责人审批后报送监理单位。

水池顶板混凝土采用支架整体现浇，项目部编制了顶板支架支、拆施工方案，明确了拆除支架时混凝土强度、拆除安全措施，如设置上下爬梯、洞口防护等。

项目部计划在顶板模板拆除后，进行底板防水施工，然后再进行满水试验，被监理工程师制止。

项目部编制了水池满水试验方案，方案中对试验流程、试验前准备工作、注水过程、水位观测、质量、安全等内容进行了详细的描述，经审批后进行了满水试验。

【问题】

1. B公司方案报送审批流程是否正确？说明理由。

2. 请说明B公司降水注意事项、降水结束时间。

3. 项目部拆除顶板支架时混凝土强度应满足什么要求？请说明理由。请列举拆除支架时，还有哪些安全措施？

4. 请说明监理工程师制止项目部施工的理由。

5. 满水试验前，需要对哪个部位进行压力验算？水池注水过程中，项目部应关注哪些易渗漏水部位？除了对水位观测外，还应进行哪个项目观测？

6. 请说明满水试验水位观测时，水位测针的初读数与末读数的测读时间；计算池壁和池底的浸湿面积（单位：m^2）。

【参考答案与分析思路】

1. B公司方案报送审批流程不正确。

理由：应由A、B公司的技术负责人审批、加盖单位公章后送审。

> 本题考查的是专项施工方案的报送审批。专项施工方案应当由施工单位技术负责人审核签字、加盖单位公章，并由总监理工程师审查签字、加盖执业印章后方可实施。危险性较大分部分项工程实行分包并由分包单位编制专项施工方案的，专项施工方案应当由总承包单位技术负责人及分包单位技术负责人共同审核签字并加盖单位公章。

2. 考虑到施工中构筑物抗浮要求，B公司降、排水不能间断，构筑物具备抗浮条件时方可停止降水。

> 本题考查的是施工过程降水要求。施工过程降、排水应满足下列要求：（1）选择可靠的降低地下水位方法，严格进行降水施工，对降水所用机具随时做好保养维护，并有备用机具。（2）基坑受承压水影响时，应进行承压水降压计算，对承压水降压的影响进行评估。（3）降、排水应输送至抽水影响半径范围以外的河道或排水管道，并防止环境水源进入施工基坑。（4）在施工过程中不得间断降、排水，并应对降、排水系统进行检查和维护；构筑物未具备抗浮条件时，严禁停止降、排水。

3. 项目部拆除顶板支架时，顶板混凝土强度应达到设计强度的100%。

理由：顶板跨度大于8m，支架拆除时，强度需达到设计强度的100%。

拆除支架时的安全措施还有：边界设置警示标志；专人值守；拆除人员佩戴安全防护用品；由上而下逐层拆除；严禁抛掷模板、杆件等；分类码放。

本题考查的是顶板支架拆除。

（1）整体现浇混凝土横板拆模时所需混凝土强度见表1-1。

表1-1 整体现浇混凝土横板拆模时所需混凝土强度

构件类型	构件跨度 L（m）	达到设计的混凝土立方体抗压强度标准值的百分率（%）
板	≤2	≥50
	$2<L≤8$	≥75
	>8	≥100
梁、拱、壳	≤8	≥75
	>8	≥100
悬臂构件	—	≥100

从上表可以看出顶板跨度大于8m，支架拆除时，强度需达到设计强度的100%。

（2）模板支架、脚手架拆除的安全措施包括：①模板支架、脚手架拆除现场应设作业区，其边界设警示标志，并由专人值守，非作业人员严禁入内。②模板支架、脚手架拆除采用机械作业时应由专人指挥。③模板支架、脚手架拆除应按施工方案或专项方案要求由上而下逐层进行，严禁上下同时作业。④严禁敲击、硬拉模板、杆件和配件。⑤严禁抛掷模板、杆件、配件。⑥拆除的模板、杆件、配件应分类码放。

4. 监理工程师制止项目部施工的理由：现浇钢筋混凝土水池应在满水试验合格后方能进行防水施工。

本题考查的是构筑物满水试验前的必备条件。满水试验在现浇钢筋混凝土池体的防水层、防腐层施工之前；装配式预应力混凝土池体施加预应力且锚固端封锚以后，保护层喷涂之前；砖砌池体防水层施工以后，石砌池体勾缝以后进行。

5. 满水试验前，需要对预埋钢套管临时封堵部位进行压力验算。

水池注水过程中，项目部应关注预埋钢套管（预留孔）、池壁底部施工缝部位、闸门。

除了对水位观测外，还应进行水池沉降量观测。

本题考查的是满水试验前的必备条件与准备工作，较为简单。需要注意的是除了考试用书中的相关规定外，还需要结合背景资料作答。

6. 初读数：注水至设计水深24h后；末读数：初读数后间隔不少于24h后。

池底标高：$0-0.25-4.5=-4.75m$；满水试验设计水位高度：$-1.25-（-4.75）=3.5m$；

池壁浸湿面积：$（18+16）×2×3.5=238m^2$；

池底浸湿面积：$18×16-11×0.25×3=288-8.25=279.75m^2$。

本题考查的是水池满水试验的水位观测。在进行水位观测时应在注水至设计水深24h后，开始测读水位测针的初读数，且测读水位的初读数与末读数之间的间隔时间应不少于24h。池壁和池底的浸湿面积根据图1-21中的相关数据进行计算即可。

实务操作和案例分析题十五［2019年真题］

【背景资料】

甲公司中标某城镇道路工程，设计道路等级为城市主干路，全长560m。横断面形式为三幅路，机动车道为双向六车道。路面面层结构设计采用沥青混凝土，上面层为40mm厚SMA-13，中面层为60mm厚AC-20，下面层为80mm厚AC-25。

施工过程中发生如下事件：

事件1：甲公司将路面工程施工项目分包给具有相应施工资质的乙公司施工。建设单位发现后立即制止了甲公司的行为。

事件2：路基范围内有一处干涸池塘，甲公司将原始地貌杂草清理后，在挖方段取土一次性将池塘填平并碾压成型，监理工程师发现后责令甲公司返工处理。

事件3：甲公司编制的沥青混凝土路面面层施工方案包括以下要点：

（1）上面层摊铺分左、右幅施工，每幅摊铺采用一次成型的施工方案，两台摊铺机呈梯队方式推进，并保持摊铺机组前后错开40～50m距离。

（2）上面层碾压时，初压采用振动压路机，复压采用轮胎压路机，终压采用双轮钢筒式压路机。

（3）该工程属于城市主干路，沥青混凝土路面面层碾压结束后需要快速开放交通，终压完成后拟洒水加快路面的降温速度。

事件4：确定了沥青混凝土路面面层施工质量检验的主控项目及检验方法。

【问题】

1. 事件1中，建设单位制止甲公司的分包行为是否正确？说明理由。

2. 指出事件2中的不妥之处，并说明理由。

3. 指出事件3中的错误之处，并改正。

4. 写出事件4中沥青混凝土路面面层施工质量检验的主控项目（原材料除外）及检验方法。

【参考答案与分析思路】

1. 建设单位制止甲公司的分包行为正确。

原因：甲公司违反了《中华人民共和国建筑法》有关"主体结构的施工必须由总承包单位自行完成"的规定，属于违法分包。

> 本题考查的是工程分包的规定。《中华人民共和国建筑法》规定，施工总承包的，建筑工程主体结构的施工必须由总承包单位自行完成。而路面工程施工为道路工程的主体结构施工，因此必须由甲施工单位自行完成。

2. 事件2中的不妥之处及理由：

（1）首先对池塘进行勘察，视池塘淤泥层厚、边坡等情况确定处理方法。

（2）制定合理的处理方案，并报驻地监理，待监理批准后方可施工。

（3）未遵守《城镇道路工程施工与质量验收规范》CJJ 1—2008关于填土路基施工的规定。

> 本题考查的是填土路基施工要点。首先应对池塘进行勘察并制定合理的处理方案。根据填土路基施工要点，当原地面标高低于设计路基标高时，需要填筑土方，且在填方

时应分层填实至原地面高度。而甲施工单位在挖方段取土一次性将池塘填平并碾压成型显然是不正确的。

3. 事件3中的错误之处及改正：

错误之处一：摊铺机组前后错开40～50m距离，错开距离过大；

正确做法：多台摊铺机前后错开10～20m呈梯队方式同步摊铺。

错误之处二：SMA混合料复压采用轮胎压路机（采用轮胎压路机进行复压易产生波浪和混合料离析）；

正确做法：SMA混合料复压应采用振动压路机。

错误之处三：终压完成后拟洒水加快路面的降温速度；

正确做法：需要自然降温至50℃后方可开放交通。

本题考查的是摊铺作业施工要点。城市快速路、主干路宜采用两台以上摊铺机联合摊铺，其表面层宜采用多机全幅摊铺，以减少施工接缝。每台摊铺机的摊铺宽度宜小于6m。通常采用两台或多台摊铺机前后错开10～20m呈梯队方式同步摊铺。

通过背景资料可知该路面上面层为40mm厚SMA-13，而SMA混合料的复压如采用轮胎压路机易产生波浪和混合料离析的现象。

除以上内容之外，洒水降温也是不正确的，需要自然降温至50℃后方可开放交通。

4. 沥青混凝土路面面层施工质量检验的主控项目（原材料除外）及检验方法：

主控项目一：压实度，其检验方法是查试验记录。

主控项目二：面层厚度，其检验方法是钻孔取芯。

主控项目三：弯沉值，其检验方法是弯沉仪检测。

本题考查的是沥青混合料面层施工质量验收主控项目。回答本题的依据是《城镇道路工程施工与质量验收规范》CJJ 1—2008。

实务操作和案例分析题十六［2019年真题］

【背景资料】

某公司承建长1.2km的城镇道路大修工程，现状路面面层为沥青混凝土。主要施工内容包括：对沥青混凝土路面沉陷、碎裂部位进行处理；局部加铺网孔尺寸10mm的玻纤网以减少旧路面对新沥青面层的反射裂缝；对旧沥青混凝土路面铣刨拉毛后加铺厚40mm AC-13沥青混凝土面层，道路平面如图1-22所示。机动车道下方有一条DN800mm污水干线，垂直于该干线有一条DN500mm混凝土污水管支线接入，由于污水支线不能满足排放量要求，拟在原位更新为DN600mm，更换长度50m，如图1-22中2号～2′号井段。

项目部在处理破损路面时发现挖补深度介于50～150mm之间，拟用沥青混凝土一次补平。在采购玻纤网时被告知网孔尺寸10mm的玻纤网缺货，拟变更为网孔尺寸20mm的玻纤网。

交通部门批准的交通导行方案要求：施工时间为夜间22：30—次日5：30，不断路施工。为加快施工速度，保证每日5：30前恢复交通，项目部拟提前一天采用机械洒布乳化沥青（用量0.8L/m²），为第二天沥青面层摊铺创造条件。

项目部调查发现：2 号~2′号井段管道埋深约3.5m，该深度土质为砂卵石，下穿既有电信、电力管道（埋深均小于1m），2′号井处具备工作井施工条件，污水干线夜间水量小且稳定支管接入时不需导水，2 号~2′号井段施工期间上游来水可导入其他污水管。结合现场条件和使用需求，项目部拟从开槽法、内衬法、破管外挤法及定向钻法等4种方法中选择一种进行施工。

在对 2 号井内进行扩孔接管道作业之前，项目部编制了有限空间作业专项施工方案和事故应急预案并经过审批；在作业人员下井前打开上、下游检查井通风，对井内气体进行检测后未发现有毒气体超标；在打开的检查井周边摆放了反光锥桶。完成上述准备工作后，检测人员带着气体检测设备离开了现场，此后两名作业人员佩穿戴防护设备下井施工。由于施工时扰动了井底沉积物，有毒气体逸出，造成作业人员中毒，虽救助及时未造成人员伤亡，但暴露了项目部安全管理的漏洞，监理因此开出停工整顿通知。

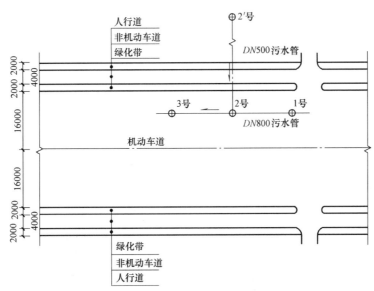

图1-22　道路平面示意图（单位：mm）

【问题】

1. 指出项目部破损路面处理的错误之处并改正。

2. 指出项目部玻纤网更换的错误之处并改正。

3. 改正项目部为加快施工速度所采取的措施的错误之处。

4. 四种管道施工方法中哪种方法最适合本工程？分别简述其他三种方法不适合的主要原因。

5. 针对管道施工时发生的事故，补充项目部在安全管理方面应采取的措施。

【参考答案与分析思路】

1. 项目部破损路面处理的错误之处：用沥青混凝土一次补平大于100mm 太厚；

改正措施：应分层摊铺，每层最大厚度不宜超过100mm。

本题考查的是旧路加铺沥青混合料面层工艺。填补旧沥青路面，凹坑应按高程控制、分层摊铺，每层最大厚度不宜超过100mm。

2. 项目部玻纤网更换的错误之处：玻纤网网孔尺寸20mm过大；

改正措施：玻纤网网孔尺寸宜为上层沥青材料最大粒径的0.5～1.0倍。

> 本题考查的是路面裂缝防治。用于裂缝防治的玻纤网和土工织物应分别满足抗拉强度、最大负荷延伸率、网孔尺寸、单位面积质量等技术要求。玻纤网网孔尺寸宜为其上铺筑的沥青面层材料最大粒径的0.5～1.0倍。

3. 改正项目部为加快施工速度所采取的措施的错误之处：

（1）乳化沥青用量应满足规范所规定的$0.3～0.6L/m^2$的要求。

（2）粘层油应在摊铺沥青面层当天洒布。

> 本题考查的是沥青混合料面层施工技术。粘层是为加强路面沥青层之间、沥青层与水泥混凝土路面之间的粘结而洒布的沥青材料薄层。宜采用快裂或中裂乳化沥青、改性乳化沥青，也可采用快凝或中凝液体石油沥青作粘层油。项目部为加快施工速度拟提前一天洒布乳化沥青，这里的乳化沥青起到的便是粘层的作用，而粘层油宜在摊铺面层当天洒布，因此本案例中的做法是不正确的。
>
> 根据《公路沥青路面施工技术规范》JTG F40—2004的相关规定，本案例中乳化沥青的用量应为$0.3～0.6L/m^2$。

4. 甲种管道施工方法中最适合本工程的是破管外挤法。

其他三种方法不适合的主要原因：

（1）开槽法：施工对交通影响大。

（2）内衬法：施工不能扩大管径。

（3）定向钻法：不能扩大管径且不适用砂卵石。

> 本题考查的是管道修复与更新方法。对于背景资料给出的四种方法应从基本概念、适用条件出发并结合案例具体情况来逐项分析。

5. 项目部在安全管理方面应采取的措施有：

（1）对作业人员进行专项培训和安全技术交底。

（2）井下作业时，不能中断气体检测工作。

（3）安排具备有限空间作业监护资格的人在现场监护。

（4）按交通方案设置反光锥桶、安全标志、警示灯，设专人维护交通秩序。

> 本题属于开放型题目，需要结合案例背景资料回答。

实务操作和案例分析题十七［2019年真题］

【背景资料】

某公司承建一座城市快速路跨河桥梁，该桥由主桥、南引桥和北引桥组成，分东、西双幅分离式结构，主桥中跨下为通航航道，施工期间航道不中断。主桥的上部结构采用三跨式预应力混凝土连续刚构，跨径组合为75m＋120m＋75m；南、北引桥的上部结构均采用等截面预应力混凝土连续箱梁，跨径组合为（30m×3）×5；下部结构墩柱基础采用混凝土钻孔灌注桩，重力式U形桥台；桥面系护栏采用钢筋混凝土防撞护栏；桥宽35m，横断面布置采用0.5m（护栏）+15m（车行道）+0.5m（护栏）+3m（中分带）+0.5m（护栏）+15m（车行道）+0.5m（护栏）；河床地质自上而下为3m厚淤泥质黏土层、5m厚砂土层、2m厚砂层、6m厚卵砾石层等；河道最高水位（含浪高）高程为19.5m，水流流速为1.8m/s。桥梁立面布置如图1-23所示。

项目部编制的施工方案有如下内容：

（1）根据主桥结构特点及河道通航要求，拟定主桥上部结构的施工方案。为满足施工进度计划要求，施工时将主桥上部结构划分成⓪、①、②、③等施工区段，其中，施工区段⓪的长度为14m，施工区段①每段施工长度为4m，采用同步对称施工原则组织施工，主桥上部结构施工区段划分如图1-23所示。

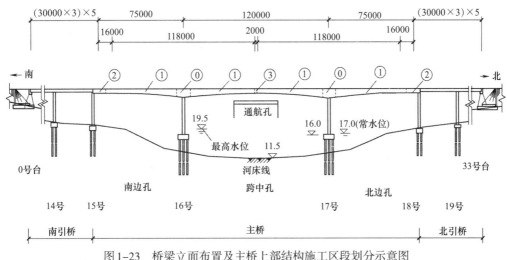

图1-23　桥梁立面布置及主桥上部结构施工区段划分示意图
（高程单位：m；尺寸单位：mm）

（2）由于河道有通航要求，在通航孔施工期间采取安全防护措施，确保通航安全。

（3）根据桥位地质、水文、环境保护、通航要求等情况，拟定主桥水中承台的围堰施工方案，并确定了围堰的顶面高程。

（4）防撞护栏施工进度计划安排，拟组织两个施工班组同步开展施工，每个施工班组投入1套钢模板，每套钢模板长91m，每套钢模板的施工周转效率为3d。施工时，钢模板两端各0.5m作为导向模板使用。

【问题】

1. 列式计算该桥多孔跨径总长；根据计算结果指出该桥所属的桥梁分类。

2. 施工方案（1）中，分别写出主桥上部结构连续刚构及施工区段②最适宜的施工方法；列式计算主桥16号墩上部结构的施工次数（施工区段③除外）。

3. 结合图1-23及施工方案（1），指出主桥"南边孔、跨中孔、北边孔"先后合龙的顺序（用"南边孔、跨中孔、北边孔"及箭头"→"作答；当同时施工时，请将相应名称并列排列）；指出施工区段③的施工时间应选择一天中的什么时候进行？

4. 施工方案（2）中，在通航孔施工期间应采取哪些安全防护措施？

5. 施工方案（3）中，指出主桥第16、17号墩承台施工最适宜的围堰类型；围堰顶高程至少应为多少米？

6. 依据施工方案（4），列式计算防撞护栏的施工时间（忽略伸缩缝位置对护栏占用的影响）。

【参考答案与分析思路】

1. 该桥多孔跨径总长：（30×3）×5×2＋75＋120＋75＝1170m。该桥属于特大桥。

> 本题考查的是桥梁的分类。根据背景资料已经给出的相关信息可知，该桥跨径总长为：（30×3）×5×2＋75＋120＋75＝1170m。在得出桥梁的跨径总长后即可依照表1-2判断出该桥属于特大桥。

表1-2　桥梁按多孔跨径总长或单孔跨径的分类

桥梁分类	多孔跨径总长 L（m）	单孔跨径 L_0（m）
特大桥	$L > 1000$	$L_0 > 150$
大桥	$1000 \geq L \geq 100$	$150 \geq L_0 \geq 40$
中桥	$100 > L > 30$	$40 > L_0 \geq 20$
小桥	$30 \geq L \geq 8$	$20 > L_0 \geq 5$

2. 主桥上部结构连续刚构最适宜的施工方法是悬臂法、施工区段②最适宜的施工方法是支架法。

主桥16号墩上部结构施工区段的施工次数：

单幅：（118－14）/4/2（悬臂施工）＋1（⓪施工）＋1（②施工）＝13＋2＝15次；

双幅：15×2＝30次。

> 本题考查的是现浇钢筋混凝土连续梁施工技术。根据各类施工方法的特点及适用范围再结合背景资料中给出的该工程的地质特点可以判断出主桥上部结构连续刚构最适宜的施工方法是悬臂法、施工区段②最适宜的施工方法是支架法。
>
> 计算主桥16号墩上部结构的施工次数也就是计算施工区段⓪、①和②施工次数的总和。施工区段①的节块数：（118－14）/4＝26块，因为是对称施工因此施工区段①的施工次数为：26/2＝13次。又通过背景资料可知施工区段⓪的施工次数为1次、施工区段②的施工次数为1次。由此可以算出单幅的施工次数为13＋1＋1＝15次，双幅就是15×2＝30次。

3. 主桥"南边孔、跨中孔、北边孔"先后合龙的顺序：南边孔、北边孔→跨中孔。

施工区段③的施工时间应选择在一天中气温最低的时候进行。

> 本题考查的是合龙的顺序及时间。预应力混凝土连续梁合龙顺序一般是先边跨、后次跨、最后中跨。而合龙宜在一天中气温最低时进行。

4. 在通航孔施工期间应采取的安全防护措施有：

（1）通航孔的两边应加设护桩、防撞设施、安全警示标志、反光标志、夜间警示灯；

（2）挂篮作业平台上必须铺满脚手板，平台下应设置水平安全网。

> 本题属于开放性题目，但要注意的是通航孔施工采用的是悬臂法，因此在回答安全防护措施时需要围绕悬臂法来回答。

5. 主桥第16、17号墩承台施工最适宜的围堰类型是双壁钢围堰（或钢套箱围堰）。围堰高程至少应为20～20.2m。

> 本题考查的是各类围堰的适用范围。通过背景资料可知本工程应选用深水围堰，而钢套箱围堰、双壁钢围堰是最适合本工程的围堰。围堰高度应高出施工期间可能出现的最高水位（包括浪高）0.5～0.7m，背景资料已给出"河道最高水位（含浪高）高程为19.5m"因此围堰高程至少应为20～20.2m。

6. 防撞护栏的施工时间为：（75＋120＋75＋2×15×30）×2×2/［（91－0.5×2）/3×2］＝78d。

> 本题属于实操题，根据背景资料给出的已知信息即可计算出答案。防撞护栏的每天施工速度：（91－0.5×2）/3×2＝60m；护栏总长为（75＋120＋75＋2×15×30）×2×2＝4680m；施工时间为4680/60＝78d。

实务操作和案例分析题十八［2019年真题］

【背景资料】

某市政企业中标一城市地铁车站项目，该项目地处城郊接合部，场地开阔，建筑物稀少，车站全长200m，宽19.4m，深度16.8m，设计为地下连续墙围护结构，采用钢筋混凝土支撑与钢管支撑，明挖法施工。本工程开挖区域内地层分布为回填土、黏土、粉砂、中粗砂及砾石，地下水位于3.95m处。如图1-24所示。

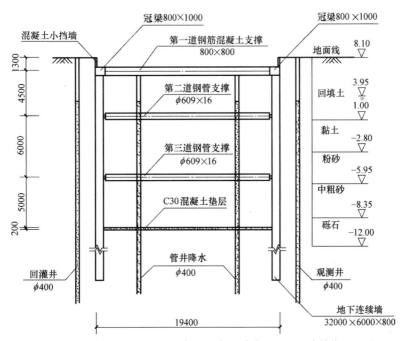

图1-24 地铁车站明挖施工示意图（高程单位：m；尺寸单位：mm）

项目部依据设计要求和工程地质资料编制了施工组织设计。施工组织设计明确以下内容：

（1）工程全长范围内均采用地下连续墙围护结构，连续墙顶部设有800mm×1000mm的冠梁；钢筋混凝土支撑与钢管支撑的间距为：垂直间距4～6m，水平间距为8m。主体结构采用分段跳仓施工，分段长度为20m。

（2）施工工序为：围护结构施工→降水→第一层土方开挖（挖至冠梁底面标高）→A→第二层土方开挖→设置第二道支撑→第三层土方开挖→设置第三道支撑→最底层开挖→B→拆除第三道支撑→C→负二层中板、中板梁施工→拆除第二道支撑→负一层侧墙、中柱施工→侧墙顶板施工→D。

（3）项目部对支撑作业做了详细的布置：围护结构第一道采用钢筋混凝土支撑，第二、三道采用（ϕ609×16）mm的钢管支撑，钢管支撑一端为活络头，采用千斤顶在该侧施加预应力，预应力加设前后的12h内应加密监测频率。

（4）后浇带设置在主体结构中间部位，宽度为2m，当两侧混凝土强度达到100%设计值时，开始浇筑。

（5）为防止围护结构变形，项目部制定了开挖和支护的具体措施：

① 开挖范围及开挖、支撑顺序均应与围护结构设计工况相一致。

② 挖土要严格按照施工方案规定进行。

③ 软土基坑必须分层均衡开挖。

④ 支护与挖土要密切配合，严禁超挖。

【问题】

1. 根据背景资料本工程围护结构还可以采用哪些方式。

2. 写出施工工序中代号A、B、C、D对应的工序名称。

3. 钢管支撑施加预应力前后，预应力损失如何处理？

4. 后浇带施工应有哪些技术要求？

5. 补充完善开挖和支护的具体措施。

【参考答案与分析思路】

1. 本工程围护结构还可以采用的方式有：钻孔灌注桩；SMW工法桩；工字钢桩。

> 本题考查的是基坑围护结构的类型及适用。根据背景资料可知本工程开挖区域内地层分布为回填土、黏土、粉砂、中粗砂及砾石，再结合各类型围护结构的特点及适用范围可知本工程围护结构还可以采用的方式有：钻孔灌注桩、SMW工法桩以及工字钢桩。

2. 施工工序中代号A、B、C、D对应的工序名称：

A——设置第一层钢筋混凝土支撑。

B——底板、部分侧墙施工。

C——负二层侧墙、中柱施工。

D——回填。

> 本题考查的是明挖法施工工序。本题较为简单，参照考试用书中明挖法施工工序再结合本案例背景资料中已给出的施工工序即可得出答案。

3. 钢管支撑施加预应力前，对于预应力损失的处理方法：考虑操作时应力损失，故施加的应力值应比设计轴力增加10%；

钢管支撑施加预应力后，对于预应力损失的处理方法：发现预应力损失时应复加预应力至设计值。

> 本题考查的是预应力损失的处理。明挖法施工时，土方应分层、分段、分块开挖，开挖后要及时施加支撑。常用的钢管支撑一端为活络头，采用千斤顶在该侧施加预应力。支撑施加预应力时应考虑操作时的应力损失，故施加的预应力值应比设计轴力增加10%并对预应力值做好记录。在支撑预支力加设前后的各12h内应加密监测频率，发现预应力损失或围护结构变形速率无明显收敛时应复加预应力至设计值。

4. 后浇带施工技术要求包括：

（1）对已浇筑部位凿毛处理。

（2）钢筋连接及接头处置。

（3）提高混凝土强度等级。

（4）增加微膨胀剂。

（5）增加养护时间。

> 本题考查的是后浇带施工的技术要求，这一知识点在考试用书中并没有相应的内容，可参照《地铁设计规范》GB 50157—2013第12.7.3条的规定整理作答。

5. 基坑开挖和支护的具体措施还包括：

（1）基坑发生异常情况时应立即停止挖土，并应立即查清原因，且采取措施，正常后方能继续挖土。

（2）基坑开挖过程中，必须采取措施，防止碰撞支撑，围护结构或扰动基底原状土。

> 本题考查的是基坑开挖和支护的基本要求，本题可依照考试用书中的相关内容作答。

实务操作和案例分析题十九［2018 年真题］

【背景资料】

某公司承建一座城市桥梁工程。该桥跨越山区季节性流水沟谷，上部结构为三跨式钢筋混凝土结构，重力式U形桥台，基础均采用扩大基础；桥面铺装自下而上为8cm厚钢筋混凝土整平层＋防水层＋粘层＋7cm厚沥青混凝土面层；桥面设计高程为99.630m。桥梁立面布置如图1-25所示：

项目部编制的施工方案有如下内容：

（1）根据该桥结构特点，施工时，在墩柱与上部结构衔接处（即梁底曲面变弯处）设置施工缝。

（2）上部结构采用碗扣式钢管满堂支架施工方案。根据现场地形特点及施工便道布置情况，采用杂土对沟谷一次性进行回填，回填后经整平碾压，场地高程为90.180m，并在其上进行支架搭设施工，支架立柱放置于20cm×20cm楞木上。支架搭设完成后采用土袋进行堆载预压。

支架搭设完成后，项目部立即按施工方案要求的预压荷载对支架采用土袋进行堆载预压，期间遇较长时间大雨，场地积水。项目部对支架预压情况进行连续监测，数据显示各点的沉降量均超过规范规定，导致预压失败。此后，项目部采取了相应整改措施，并严格按规范规定重新开展支架施工与预压工作。

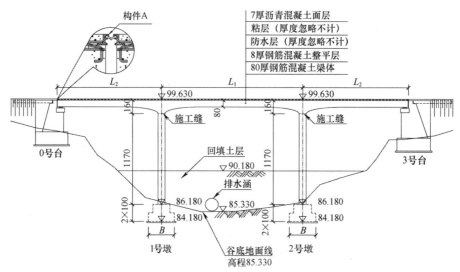

图1-25 桥梁立面布置示意图（高程单位：m；尺寸单位：cm）

【问题】

1. 写出图1-25中构件A的名称。

2. 根据图1-25判断，按桥梁结构特点，该桥梁属于哪种类型？简述该类型桥梁的主要受力特点。

3. 施工方案（1）中，在浇筑桥梁上部结构时，施工缝应如何处理？

4. 根据施工方案（2），列式计算桥梁上部结构施工时应搭设满堂支架的最大高度；根据计算结果，该支架施工方案是否需要组织专家论证？说明理由。

5. 试分析项目部支架预压失败的可能原因？

6. 项目部应采取哪些措施才能顺利地使支架预压成功？

【参考答案与分析思路】

1. 构件A的名称：伸缩装置（或伸缩缝）。

> 本题考查的是桥梁施工缝。伸缩缝是桥跨上部结构之间或桥跨上部结构与桥台端墙之间所设的缝隙，以保证结构在各种因素作用下的变位。

2. 按桥梁结构特点，该桥梁属于刚构（架）桥。

该类型桥梁的主要受力特点：刚构（架）桥的主要承重结构是梁或板和立柱整体结合在一起的刚构（架）结构。梁和柱的连接处具有很大的刚性，在竖向荷载作用下，梁部主要受弯，而在柱脚处具有水平反力。

> 本题考查的是桥梁的主要类型及识图能力。刚架桥的主要承重结构是梁或板和立柱或竖墙整体结合在一起的刚架结构。梁和柱的选接处具有很大的刚性，在竖向荷载作用下，梁部主要受弯，而在柱脚处也具有水平反力，其受力状态介于梁桥和拱桥之间。同样的跨径在相同荷载作用下，刚架桥的正弯矩比梁式桥要小，刚架桥的建筑高度就可以降低。但刚架桥施工比较困难，用普通钢筋混凝土修建，梁柱刚接处易产生裂缝。

3. 施工方案（1）中，在浇筑桥梁上部结构时，施工缝的处理方法：

（1）先将混凝土表面的浮浆凿除。

（2）混凝土结合面应凿毛处理，并冲洗干净，表面湿润，但不得有积水。

（3）在浇筑梁板混凝土前，应铺同配合比（同强度等级）的水泥砂浆（厚10～20mm）。

> 本题考查的是混凝土浇筑。在原混凝土面上浇筑新混凝土时，相接面应凿毛，并清洗干净，表面湿润但不得有积水。

4. 根据施工方案（2），桥梁上部结构施工时应搭设满堂支架的最大高度：99.63－0.07－0.08－0.8－90.18＝8.5m。

该支架施工方案需要组织专家论证。理由：根据《住房城乡建设部办公厅关于实施〈危险性较大的分部分项工程安全管理规定〉有关问题的通知》（建办质〔2018〕31号）规定，搭设高度5m及以上的模板支撑工程属于危险性较大的分部分项工程，搭设高度8m及以上需要组织专家论证。

> 支架高度的计算实际上考查的是识图能力，较为简单。另外，需要专家论证的工程范围也是一个高频考点，基本每年都会考到，一定要记住。对于模板工程及支撑体系需要专家论证的工程范围有：（1）工具式模板工程：包括滑模、爬模、飞模、隧道模工程等。（2）混凝土模板支撑工程：搭设高度8m及以上；搭设跨度18m及以上；或施工总荷载15kN/m^2及以上；集中线荷载20kN/m及以上。（3）承重支撑体系：用于钢结构安装等满堂支撑体系，承受单点集中荷载7kN及以上。

5. 项目部支架预压失败的可能原因：

（1）场地回填杂填土，未按要求进行分层填筑、碾压密实，导致基础（地基）承载力不足。

（2）场地未设置排水沟等排水、隔水措施，场地积水，导致基础（地基）承载力下降。

（3）未按规范要求进行支架基础预压。

（4）受雨天影响，预压土袋吸水增重（或预压荷载超重）。

> 本题考查的是支架预压。解答本题时应结合背景资料给出的信息，找出支架预压的不合理之处。

6. 项目部应采取下列措施才能顺利地使支架预压成功：

（1）提高场地基础（地基）承载力，可采用换填及混凝土垫层硬化等处理措施。

（2）在场地四周设置排水沟等排水设施，确保场地排水畅通，不得积水。

（3）进行支架基础预压。

（4）加载材料应有防水（雨）措施，防止被水浸泡后引起加载重量变化（或超重）。

> 本题考查的是支架预压。针对第5题中找出的不合理之处，逐项列出改进措施。

实务操作和案例分析题二十〔2018年真题〕

【背景资料】

某市区城市主干道改扩建工程，标段总长1.72km，周边有多处永久建筑，临时用地极少，环境保护要求高；现状道路交通量大，施工时现状交通不断行。本标段是在原城市主干路主路范围进行高架桥段—地面段—入地段改扩建，包括高架桥段、地面段、U形槽段和地下隧道段。各工种施工作业区设在围挡内，临时用电变压器可安放于图1-26中A、B

位置，电缆敷设方式待定。

高架桥段在洪江路交叉口处采用钢—混叠合梁形式跨越，跨径组合为37m＋45m＋37m。地下隧道段为单箱双室闭合框架结构，采用明挖方法施工。本标段地下水位较高，属富水地层；有多条现状管线穿越地下隧道段，需进行拆改挪移。

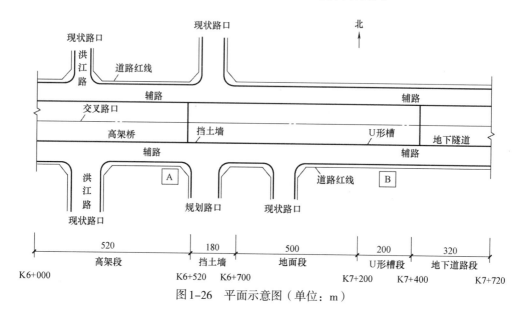

图1-26 平面示意图（单位：m）

围护结构采用U形槽敞开段，围护结构为直径φ1.0m的钻孔灌注桩，外侧桩间采用高压旋喷桩止水帷幕，内侧挂网喷浆。地下隧道段围护结构为地下连续墙及钢筋混凝土支撑。

降水措施采用止水帷幕，外侧设置观察井、回灌井，坑内设置管井降水，配轻型井点辅助降水。

【问题】

1. 图1-26中，在A、B两处如何设置变压器，电缆如何设置？说明理由。

2. 根据图1-27，地下连续墙施工时，C、D、E位置设置何种设施较为合理？

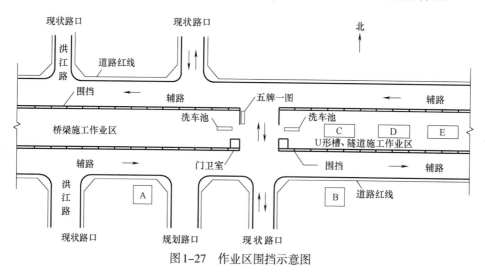

图1-27 作业区围挡示意图

3. 观察井、回灌井、管井的作用分别是什么？

4. 本工程基坑的施工难点是什么？

5. 施工地下连续墙时，导墙的作用主要有哪四项？

6. 目前城区内钢梁安装的常用方法有哪些？针对本项目的特定条件，应采用何种架设方法？采用何种配套设备进行安装？在何时段安装合适？

【参考答案与分析思路】

1. 图1-26中，A、B两处均需设置变压器。理由：线路长，压降大，桥区、隧道区均需独立供电。

图1-26中，A、B两处的电缆宜采用入地直埋方式穿越铺路。理由：需穿越现状交通。

> 本题涉及的考点在考试用书中并未提及，主要是考查大家对施工现场相关知识的实际运用能力。

2. 根据图1-27，地下连续墙施工时，C、D、E位置较为合理的设置是：

C：钢筋加工区；D：泥浆池；E：钢筋加工区。

> 本题考查的是平面布置图以及地下连续墙施工工艺及设施。按照地下连续墙的施工工艺来看C应为钢筋加工区；D为泥浆池；E为钢筋加工区。

3. 观察井的作用：观测围护结构外侧地下水位变化。

回灌井的作用：通过观测发现地下水位异常变化时补充地下水。

管井的作用：用于围护结构内降水，利于土方开挖。

> 观察井、回灌井、管井的作用在考试用书中也未明确提及，大家可以结合背景资料进行分析。

4. 本工程隧道基坑的施工难点是：

（1）场地周边建（构）筑物密集，地下管线多，环境保护要求高。

（2）施工场地位于现状路上，周边为社会疏解交通道路，施工场地紧张，土方、材料进出易受干扰。

> 本题考查的是背景资料中的环境要求，作答时需要重点结合背景资料中提到的施工现场及周围环境特点进行逐项分析。例如"周边有多处永久建筑，临时用地极少，环境保护要求高；现状道路交通量大，施工时现状交通不断行""地下隧道段为单箱双室闭合框架结构。采用明挖方法施工。本标段地下水位较高，属富水地层；有多条现状管线穿越地下隧道段，需进行拆改挪移"等。

5. 施工地下连续墙时，导墙的作用：（1）挡土作用；（2）基准作用；（3）承重作用；（4）存储泥浆作用。

> 本题考查的是导墙的作用。导墙的作用共四点，在考试用书中已明确列出了，大家直接参照考试用书中的内容作答即可。

6. 目前城区内钢梁安装的常用方法：自行式吊机整孔架设法；门架吊机整孔架设法；临时支架架设法；缆索吊机拼装架设法；悬臂拼装架设法；拖拉架设法。

针对本项目的特定条件，应采用的架设方法是临时支墩架设法；应采用的配套设备是轮胎式吊机，平板拖车。

因交通量大，钢梁安装宜在夜间时段进行。

> 本题考查的是钢梁安装方法选择。城区内常用安装方法：自行式吊机整孔架设法、门架吊机整孔架设法、临时支架架设法、缆索吊机拼装架设法、悬臂拼装架设法、拖拉架设法等。结合背景资料中描述的本项目特点，应选用临时支墩架设法较为合适。安装方法确定后要安装的配套设备也就能够回答了。

实务操作和案例分析题二十一 ［2018年真题］

【背景资料】

某公司承建的地下水池工程，设计采用薄壁钢筋混凝土结构，长×宽×高为30m×20m×6m，池壁顶面高出地表0.5m。池体位置地质分布自上而下分别为回填土（2m厚）、粉砂土（2m厚）、细砂土（4m厚），地下水位于地表下4m处。

水池基坑支护设计采用ϕ800mm灌注桩及高压旋喷桩止水帷幕，第一层钢筋混凝土支撑，第二层钢管支撑，井点降水采用ϕ400mm无砂管和潜水泵，当基坑支护结构强度满足要求及地下水位降至满足施工要求后，方可进行基坑开挖施工。

施工前，项目部编制了施工组织设计，基坑开挖专项施工方案，降水施工方案，灌注桩专项施工方案及水池施工方案，施工方案相关内容如下：

（1）水池主体结构施工工艺流程为：水池边线与桩位测量定位→基坑支护与降水→A→垫层施工→B→底板钢筋模板安装与混凝土浇筑→C→顶板钢筋模板安装与混凝土浇筑→D（功能性试验）。

（2）在基坑开挖安全控制措施中，对水池施工期间基坑周围物品的堆放详细规定如下：

① 支护结构达到强度要求前，严禁在滑裂面范围内堆载。

② 支撑结构上不应堆放材料和运行施工机械。

③ 基坑周边要设置堆放物料的限重牌。

（3）混凝土池壁模板安装时，应位置正确，拼缝紧密不漏浆，采用两端均能拆卸的穿墙螺栓来平衡混凝土浇筑对模板的侧压力；使用符合质量技术要求的封堵材料封堵穿墙螺栓拆除后在池壁上形成的锥形孔。

（4）为防止水池在雨期施工时因基坑内水位急剧上升导致构筑物上浮，项目制定了雨期水池施工抗浮措施。

【问题】

1. 本工程除了灌注桩支护方式外还可以采用哪些支护形式？基坑水位应降至什么位置才能满足基坑开挖和水池施工要求？

2. 写出施工工艺流程中工序A、B、C、D的名称。

3. 施工方案（2）中，基坑周围堆放物品的相关规定不全，请补充。

4. 施工方案（3）中，封堵材料应满足什么技术要求？

5. 写出水池雨期施工抗浮措施的技术要点。

【参考答案与分析思路】

1. 本工程除了灌注桩支护方式外还可采用的支护形式有：土钉墙、地下连续墙、SMW

工法桩等。

本工程中的基坑水位应降低至基坑底部以下0.5m，才能满足基坑开挖和水池施工要求。

> 本题考查的是深基坑支护结构的类型。本题中的基坑开挖深度至少为5.5m，因此应选择能适用于深基坑的支护结构。而土钉墙、SMW工法桩、地下连续墙就是适用于深基坑的支护结构。

2. 施工工艺流程中工序A、B、C、D的名称分别为：

（1）A为土方开挖。

（2）B为防水层施工。

（3）C为池壁与柱钢筋、模板安装及混凝土浇筑。

（4）D为水池满水试验。

> 本题考查的是整体式现浇钢筋混凝土池体结构施工工艺流程。整体式现浇钢筋混凝土池体结构施工流程为：测量定位→土方开挖及地基处理→垫层施工→防水层施工→底板浇筑→池壁及柱浇筑→顶板浇筑→功能性试验。

3. 施工方案（2）中，应补充的基坑周围堆放物品的相关规定有：

（1）基坑开挖的土方不应在周边影响范围内堆放，应及时外运。

（2）基坑周边6m以内不得堆放阻碍排水的物品或垃圾。

> 本题考查的是基坑周围堆放物品的规定。基坑周围堆放物品的规定：（1）支护结构施工与基坑开挖期间，支护结构达到设计强度要求前，严禁在设计预计的滑裂面范围内堆载；临时土石方的堆放应进行包括自身稳定性、邻近建筑物地基和基坑稳定性验算。（2）支撑结构上不应堆放材料和运行施工机械，当需要利用支撑结构兼做施工平台或栈桥时，应进行专门设计。（3）材料堆放、挖土顺序、挖土方法等应减少对周边环境、支护结构、工程桩等的不利影响。（4）基坑开挖的土方不应在邻近建筑及基坑周边影响范围内堆放，并应及时外运。（5）基坑周边必须进行有效防护，并设置明显的警示标志；基坑周边要设置堆放物料的限重牌，严禁堆放大量的物料。（6）建筑基坑周围6m以内不得堆放阻碍排水的物品或垃圾，保持排水畅通。（7）开挖料运至指定地点堆放。

4. 施工方案（3）中，封堵材料应满足的技术要求有：对池壁形成的锥形孔封堵应采用无收缩、易密实、微膨胀水泥，具有足够强度与池壁混凝土颜色一致或接近的材料。

> 本题考查的是现浇预应力混凝土水池模板、支架的施工技术要点。本题较为简单，大家可直接参照考试用书中的相关内容作答。

5. 项目部制定的水池雨期施工抗浮措施的技术要点如下：

（1）基坑四周设防汛墙，防止外来水进入基坑。

（2）基坑底四周埋设排水盲管（盲沟）和抽水设备，一旦发生基坑内积水随即排除。

（3）备有应急供电和排水设施，并保证其可靠性。

（4）引入外来水进入构筑物内减小浮力。

> 本题考查的是当构筑物无抗浮设计时，雨期施工过程中必须采取的抗浮措施。本题较为简单，大家直接参照考试用书中的相关内容进行作答即可。

实务操作和案例分析题二十二［2017年真题］

【背景资料】

某公司承建一座城市桥梁工程。该桥上部结构为16×20m预应力混凝土空心板，每跨布置空心板30片。

进场后，项目部编制了实施性总体施工组织设计，内容包括：

（1）根据现场条件和设计图纸要求，建设空心板预制场。预制台座采用槽式长线台座，横向连续设置8条预制台座，每条台座1次可预制空心板4片，预制台座构造如图1-28所示。

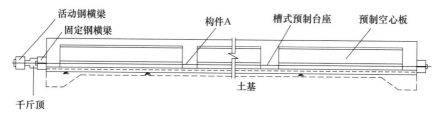

图1-28 预制台座纵断面示意图

（2）将空心板的预制工作分解成：① 清理模板、台座，② 涂刷隔离剂，③ 钢筋、钢绞线安装，④ 切除多余钢绞线，⑤ 隔离套管封堵，⑥ 整体放张，⑦ 整体张拉，⑧ 拆除模板，⑨ 安装模板，⑩ 浇筑混凝土，⑪ 养护，⑫ 吊运存放这12道施工工序；并确定了施工工艺流程如图1-29所示（注：①~⑫为各道施工工序代号）。

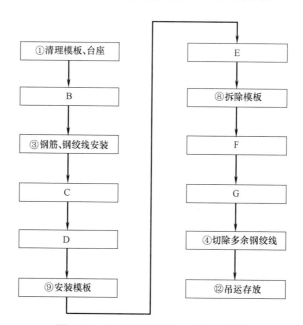

图1-29 空心板预制施工工艺流程图

（3）计划每条预制台座的生产（周转）效率平均为10d，即考虑各条台座在正常流水作业节拍的情况下，每10d每条预制台座均可生产4片空心板。

（4）依据总体进度计划空心板预制80d后，开始进行吊装作业，吊装进度为平均每天吊装8片空心板。

【问题】

1. 根据图1-28预制台座的结构形式，指出该空心板的预应力体系属于哪种形式？写出构件A的名称。

2. 写出图1-29中空心板施工工艺流程框图中施工工序B、C、D、E、F、G的名称（选用背景资料给出的施工工序①～⑫的代号或名称作答）。

3. 列式计算完成空心板预制所需天数。

4. 空心板预制进度能否满足吊装进度的需要？说明原因。

【参考答案与分析思路】

1. 该空心板的预应力体系属于先张法。构件A的名称：钢绞线。

> 本题考查的是预应力张拉施工工法。预应力张拉施工包括先张法和后张法。从背景资料中可知12道施工工序中第6道为"整体放张"，而放张为先张法施工内容。12道施工工序中第4道为"切除多余钢绞线"，我们可以推断出构件A应为钢绞线。

2. B的名称：②刷涂隔离剂；C的名称：⑦整体张拉；D的名称：⑤隔离套管封堵；E的名称：⑩浇筑混凝土；F的名称：养护；G的名称：⑥整体放张。

> 本题考查的是空心板预制施工工艺流程。结合背景资料（2）给出的空心板预制工作分解步骤及先张法施工工艺即可解答本题。

3. 该桥梁工程共需预制空心板30×16＝480片，按照"每10d每条预制台座均可生产4片空心板"的要求，每天能预制空心板8×4＝32片，因此完成空心板预制所需天数为480×10÷32＝150d。

> 本题考查的是完成空心板预制所需天数的计算。梁的总片数为30×16＝480片，"横向连续设置8条预制台座，每条台座1次可预制空心板4片"所以8条台座每次可以生产32片梁；"每10d每条预制台座均可生产4片空心板"因此每10d，8个台座可以每次生产32片梁；从而得出完成空心板预制所需天数为480×10÷32＝150d。

4. 空心板预制进度不能满足吊装进度的需要。

原因：（1）全桥梁板安装所需时间为：480÷8＝60d。（2）空心板总预制时间为150d，预制80d后，剩余空心板可在150－80＝70d内预制完成，比吊装进度延迟10d完成，因此，空心板的预制进度不能满足吊装进度的需要。

> 本题考查的是对空心板预制进度与吊装进度的统计，知道这两种进度才能判断预制进度是否满足吊装的需求。我们在第3问中已经算出空心板预制进度为150d，因此解答本题的重点在于计算吊装进度。

实务操作和案例分析题二十三［2017年真题］

【背景资料】

某城市水厂改扩建工程，内容包括多个现有设施改造和新建系列构筑物。新建的一座半地下式混凝沉淀池，池壁高度为5.5m，设计水深4.8m，容积为中型水池；钢筋混凝土薄壁结构，混凝土设计强度C35、防渗等级P8。池体地下部分处于硬塑状粉质黏土层和夹砂黏土层，有少量浅层滞水，无须考虑降水施工。

鉴于工程项目结构复杂，不确定因素多。项目部进场后，项目经理主持了设计交底；在现场调研和审图基础上，向设计单位提出多项设计变更申请。

项目部编制的混凝沉淀池专项施工方案内容包括：明挖基坑采用无支护的放坡开挖形式；池底板设置后浇带分次施工；池壁竖向分两次施工，施工缝设置钢板止水带，模板采用特制钢模板，防水对拉螺栓固定。沉淀池施工横断面布置如图1-30所示。依据进度计划安排，施工进入雨期。

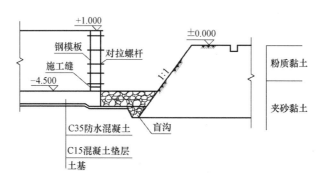

图1-30　混凝沉淀池施工缝断面图（单位：m）

混凝沉淀池专项施工方案经修改和补充后获准实施。

池壁混凝土首次浇筑时发生跑模事故，经检查确定为对拉螺栓滑扣所致。

池壁混凝土浇筑完成后挂编织物洒水养护，监理工程师巡视发现编织物呈干燥状态，发出整改通知。

依据厂方意见，所有改造和新建的给水构筑物进行单体满水试验。

【问题】

1. 项目经理主持设计交底的做法有无不妥之处？如不妥，写出正确做法。

2. 项目部申请设计变更的程序是否正确？如不正确，给出正确做法。

3. 找出图1-30中存在的应修改和补充之处。

4. 试分析池壁混凝土浇筑跑模事故的可能原因。

5. 监理工程师为何要求整改混凝土养护工作？简述养护的技术要求。

6. 写出满水试验时混凝沉淀池的注水次数和高度。

【参考答案与分析思路】

1.（1）项目经理主持设计交底的做法有不妥之处。

（2）正确做法：应根据工程合同进度，由建设单位项目负责人组织并主持，施工等单位参加，设计单位项目负责人进行设计交底。

> 本题考查的是设计交底。发包人应根据合同进度计划，组织设计单位向承包人进行设计交底，因此由项目经理主持设计交底的做法显然是错误的。

2.（1）项目部申请设计变更的程序不正确。

（2）正确做法：应依据工程合同，施工单位向监理工程师提出设计变更申请和建议；

监理工程师审核后，将审核结果提交建设单位；由设计单位出具变更设计文件，项目部按图施工。

> 本题考查的是设计变更程序。由于施工单位和设计单位无合同关系，因此施工单位无权直接要求设计单位进行变更。应依照正确的变更程序进行变更。

3.（1）图1-30中应修改之处：

① 边坡的坡度（1:1）不符合（或陡于）规范的规定，不同土层之间应设置折线边坡，下坡缓于上坡。如果条件不容许修改（放缓）坡度，应补充土钉、挂（金属）网喷混凝土等护坡措施。

② 盲沟及滤料应离开边坡0.3m以上，离开基础边0.4m以上。

（2）图中应补充之处：池壁内外施工脚手架、坡顶阻水墙、池壁模板确保直顺和防止模板倾覆的装置、基坑顶部临边护栏、对拉螺栓应带有止水片、基坑四角或每隔30～50m设置集水井。

> 本题需要考生综合运用放坡基坑施工技术和现浇混凝土水池施工技术来作答。混凝沉淀池施工横断面示意图中：
>
> （1）应修改之处：① 基坑边坡不应统一采用1:1的坡度放坡，根据土层物理力学性质及边高度确定基坑边坡坡度，并于不同土层处做成折线形边坡，下级放坡坡度宜缓于上级放坡坡度。如果条件不容许修改（放缓）坡度，应补充护坡措施，如：土钉、挂（金属）网喷混凝土等。② 明沟宜布置在拟建建筑基础边0.4m以外，沟边缘离开边坡坡脚应不小于0.3m。
>
> （2）图中应补充之处：① 基坑顶部四周应设防汛墙或拦水埂。② 基坑顶部应设置临边护栏。③ 盲沟的边缘应离开边坡坡脚一定距离，并应在基坑四角或每隔30～50m设置集水井。④ 池壁模板确保直顺和防止模板倾覆的装置。⑤ 内外模板采用对拉螺栓固定时，其对拉螺栓的中间应设置防渗止水片。⑥ 池壁内外应设置施工脚手架。

4. 池壁混凝土浇筑跑模事故的可能原因：对拉螺栓间距大、对拉螺栓直径小、对拉螺栓质量不合格、浇筑速度过快、浇筑点集中、料管端距浇筑面过高。

> 本题考查的是池壁混凝土浇筑跑模事故的原因。背景资料中已经说明"池壁混凝土首次浇筑时发生跑模事故，经检查确定为对拉螺栓滑扣所致"，因此解答本题实际上就是对滑扣的发生原因进行分析。

5.（1）监理工程师要求整改混凝土养护工作的原因：因为编织物干燥表明洒水不足，且池壁属于薄壁、防水混凝土结构，养护不到位会导致混凝土裂缝，降低防水效果。

（2）防水混凝土养护技术要求：应加遮盖物洒水养护，保持湿润并不应少于14d，直至混凝土达到规定的强度。

> 本题考查的是混凝土养护。监理工程师巡视中发现编织物呈干燥状态，说明养护不到位，因此需要整改。后半问实际上考核的是水池抗渗防渗混凝土养护工作的技术要求。

6. 满水试验时，混凝沉淀池的注水应分四次，第一次施工缝以上0.5m，第二次水深1.6m，第三次水深3.2m，第四次水深4.8m。

本题考查的是水池满水试验要求。水池满水试验要求：向池内注水宜分3次进行，每次注水为设计水深的1/3。本题中，以设计水深4.8m为依据进行注水，每次注水高度为4.8/3＝1.6m。

但是，本题中告知混凝沉淀池为中型水池，根据考试用书内容：对大、中型池体，可先注水至池壁底部施工缝以上，检查底板抗渗质量，当无明显渗漏时，再继续注水至第一次注水深度。因此最先开始是先做底板是否渗漏的注水试验，因此第一次注水深度：先注水至池壁底部施工缝以上0.5m，无明显渗漏再继续才能注水至第一次注水水深。满足这个先决条件，才能正式做满水试验。

第二次水深1.6m，第三次水深3.2m，第四次水深4.8m。

实务操作和案例分析题二十四［2016年真题］

【背景资料】

某公司承建一座城市互通工程，工程内容包括：① 主线跨线桥（Ⅰ、Ⅱ）、② 左匝道跨线桥、③ 左匝道一、④ 右匝道一、⑤ 右匝道二等五个子单位工程，平面布置如图1-31所示。两座跨线桥均为预应力混凝土连续箱梁桥，其余匝道均为道路工程。主线跨线桥跨越左匝道一；左匝道跨线桥跨越左匝道一及主线跨线桥；左匝道一为半挖半填路基工程，挖方除就地利用外，剩余土方用于右匝道一；右匝道一采用混凝土挡墙路堤工程，欠方需外购解决；右匝道二为利用原有道路路面局部改造工程。

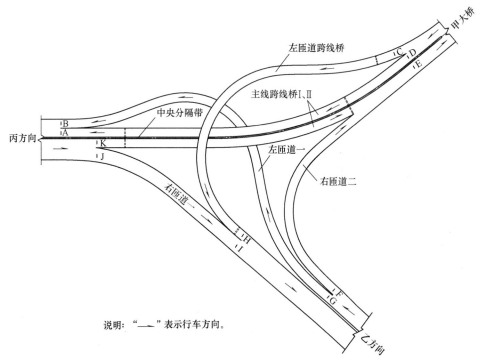

说明："——"表示行车方向。

图1-31　互通工程平面布置示意图

主线跨线桥Ⅰ的第2联为（30m＋48m＋30m）预应力混凝土连续箱梁，其预应力张拉端钢绞线束横断面布置如图1-32所示。预应力钢绞线采用公称直径ϕ15.2mm高强度低松弛钢绞线，每根钢绞线由7根钢丝捻制而成。代号S22的钢绞线束由15根钢绞线组成，其在箱梁内的管道长度为108.2m。

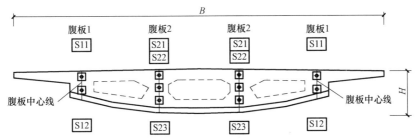

图1-32 主线跨线桥Ⅰ第2联箱梁预应力张拉端钢绞线束横断面布置示意图

该工程位于城市交通主干道，交通繁忙，交通组织难度大，因此，建设单位对施工单位提出总体施工要求如下：

（1）总体施工组织计划安排应本着先易后难的原则，逐步实现互通的各向交通通行任务；

（2）施工期间应尽量减少对交通的干扰，优先考虑主线交通通行。

根据工程特点，施工单位编制的总体施工组织设计中，除了按照建设单位的要求确定了五个子单位工程的开工和完工的时间顺序外，还制定了如下事宜：

事件1：为限制超高车辆通行，主线跨线桥和左匝道跨线桥施工期间，在相应的道路上设置车辆通行限高门架，其设置的位置选择在图1-31中所示的A～K的道路横断面处。

事件2：两座跨线桥施工均在跨越道路的位置采用钢管–型钢（贝雷桁架）组合门式支架方案，并采取了安全防护措施。

事件3：编制了主线跨线桥Ⅰ的第2联箱梁预应力的施工方案如下：

（1）该预应力管道的竖向布置为曲线形式，确定了排气孔和排水孔在管道中的位置。

（2）预应力钢绞线的张拉采用两端张拉方式。

（3）确定了预应力钢绞线张拉顺序的原则和各钢绞线束的张拉顺序。

（4）确定了预应力钢绞线张拉的工作长度为100cm，并计算了钢绞线的用量。

【问题】

1. 写出五个子单位工程符合交通通行条件的先后顺序（用背景资料中各个子单位工程的代号"①～⑤"及"→"表示）。

2. 事件1中，主线跨线桥和左匝道跨线桥施工期间应分别在哪些位置设置限高门架（用图1-31中所示的道路横断面的代号"A～K"表示）？

3. 事件2中，两座跨线桥施工时应设置多少座组合门式支架，指出组合门式支架应采取哪些安全防护措施？

4. 事件3中，预应力管道的排气孔和排水孔应分别设置在管道的哪些位置？

5. 事件3中，写出预应力钢绞线张拉顺序的原则，并给出图1-32中各钢绞线束的张拉顺序（用图1-32中所示的钢绞线束的代号"S11～S23"及"→"表示）。

6. 事件3中，结合背景资料，列式计算图1-25中代号为S22的所有钢绞线束需用多少米钢绞线制作而成？

【参考答案与分析思路】

1. 五个子单位工程符合交通通行条件的先后顺序为：⑤→③→④→①→②。

> 本题考查的是交通通行条件的先后顺序。本题比较容易有争议的地方是③、④的先后顺序。题目问的是"写出五个子单位工程符合交通通行条件的先后顺序"，也就是完工的先后顺序，从案例背景中可知，③的剩余土方作为④的填料，而④欠缺的土方需要外购，所以③是先于④完工。因此应将③排在④前面。

2. （1）主线跨线桥施工期间应设置限高门架的位置：G；
   （2）左匝道跨线桥施工期间应设置限高门架的位置：D、K。

> 本题考查的是识图，实际上是在问哪些线路可以通过主线跨线桥下和左匝道跨线桥下。只要路过它们的桥下支架施工处就一定要限高，就要设置限高门架，再根据图示中的行车方向，即可找到通过它们桥下的几个相交点，从而找到需要设置限高门架的位置。

3. （1）两座跨线桥施工时应设置4座组合门式架。
   （2）组合门式支架应采取的安全防护措施：
   ① 门式支架的两边应加护桩。
   ② 门式支架夜间应设警示灯、反光警示标志。
   ③ 门式支架应设牢固的防撞设施。
   ④ 门式支架应设置安全网或防护遮盖，保护地面作业安全。

> 本题考查的是组合门式支架的设置及应采取的安全措施。在设置组合门式支架时除了要考虑"三个位置"外还应注意本工程中主线跨线桥（Ⅰ、Ⅱ）应属于两个子单位工程，在施工中两座桥的支架不能连接在一起，因此应当设置4座组合门式架。
> 支架通行孔的安全防护措施包括：支架通行孔的两边应加护桩，夜间应设警示灯。施工中易受漂流物冲撞的河中支架应设牢固的防护设施。

4. 预应力管道的排气孔应设置在曲线管道的波峰位置（最高处）。
   排水孔应设置在曲线管道的最低位置（波谷部位）。

> 本题考查的是预应力管道排气孔与排水孔的设置。"高端走气，低端走水"是市政公用工程中的经典原则。

5. 预应力钢绞线张拉顺序的原则：
   （1）有设计要求时，应符合设计要求。
   （2）设计无要求时，采取分批、分阶段对称张拉。宜先中间，后上、下或两侧。
   各钢绞线束的张拉顺序为：S22→S21→S23→S11→S12或S22→S23→S21→S12→S11。

> 本题考查的是预应力张拉的相关知识。预应力筋的张拉顺序应符合设计要求。当设计无要求时，可采取分批、分阶段对称张拉。宜先中间，后上、下或两侧。

6. S22钢绞线束需要钢绞线数量：（108.2＋2×1）×15×2＝3306m。

（预应力钢绞线在张拉千斤顶中的工作长度，一般是指在张拉千斤顶装入钢绞线后，从工具锚锚杯中心至预应力混凝土工作锚锚杯中心的距离）。

本题考查的是钢绞线数量的计算。首先清楚张拉程序、需要穿过的工作长度以及外露的长度，还有两端张拉钢绞线束数量和有几个S22。

实务操作和案例分析题二十五［2014年真题］

【背景资料】

A公司承接一项DN1000mm天然气管线工程，管线全长4.5km，设计压力4.0MPa，材质L485，除穿越一条宽度为50m的非通航河道采用泥水平衡法顶管施工外，其余均采用开槽明挖施工，B公司负责该工程的监理工作。

工程开工前，A公司踏勘了施工现场，调查了地下设施、管线和周边环境，了解水文地质情况后，建议将顶管法施工改为水平定向钻施工，经建设单位同意后办理了变更手续。A公司编制了水平定向钻施工专项方案。建设单位组织了包含B公司总工程师在内的5名专家对专项方案进行了论证，项目部结合论证意见进行了修改，并办理了审批手续。

为顺利完成穿越施工，参建单位除研究设定钻进轨迹外，还采用专业浆液现场配制泥浆液，以便在定向钻穿越过程中起到如下作用：软化硬质土层、调整钻进方向、润滑钻具、为泥浆电动机提供保护。

项目部按所编制的穿越施工专项方案组织施工，施工完成后在投入使用前进行了管道功能性试验。

【问题】

1. 简述A公司将顶管法施工变更为水平定向钻施工的理由。
2. 指出本工程专项方案论证的不合规之处并给出正确的做法。
3. 试补充水平定向钻泥浆液在钻进中的作用。
4. 列出水平定向钻有别于顶管施工的主要工序。
5. 本工程管道功能性试验如何进行？

【参考答案与分析思路】

1. A公司将顶管法施工变更为水平定向钻施工的理由：施工方便、速度快、安全可靠、造价相对较低。

本题考查的是不开槽管道施工方法选择。考生首先应分析顶管法施工与水平定向钻施工的特点及适用范围，然后根据案例所提供情况，写明理由。

2. 本工程专项方案论证的不合规之处及正确做法：

（1）不合规之处：建设单位组织专家进行专项方案论证。

正确做法：应由A公司（施工单位）组织专家论证。

（2）不合规之处：专家组成员中包含B公司总工程师。

正确做法：本项目参建各方的人员不得以专家身份参加专家论证会，因此，专项方案论证专家组成员不应包括建设、监理、施工、勘察、设计单位的专家。

本题考查的是专项方案的专家论证。首先针对本案例提出的专项方案论证进行分析，然后对不合规之处进行改正。专家组成员构成规定：应当由5名及以上（应组成单数）符合相关专业要求的专家组成。本项目参建各方的人员不得以专家身份参加专家论证会。

3. 水平定向钻泥浆液在钻进中的作用还包括：稳定孔壁、润滑管道、降低回转扭矩、减少阻力、冷却钻头。

> 本题考查的是水平定向钻泥浆液在钻进中的作用。水平定向钻泥浆液在孔内是循环流动的，它的循环是通过泥浆泵来维持，其基本功用有：稳定孔壁和润滑管道；冷却和润滑钻头、钻具等。

4. 水平定向钻有别于顶管施工的主要工序：导向孔钻进、扩孔施工、清孔、回拖管线。

> 本题考查的是水平定向钻施工中有别于顶管施工的工序。既然是有别于顶管施工的工序，那么基坑、测量、设备就位、调试、出土、顶管工艺等顶管施工具有的工序就不要写出了。

5. 开槽施工段功能性试验有：管道吹扫、强度试验、严密性试验。穿越段试验按相关要求单独进行。

> 本题考查的是功能性试验的相关知识。本案例中的管道属于燃气管道，燃气管道在安装过程中和投入使用前应进行管道功能性试验，应依次进行管道吹扫、强度试验和严密性试验，其具体试验内容应符合要求。

典 型 习 题

实务操作和案例分析题一

【背景资料】

某公司承建一项城市道路改建工程，道路全长 1500m，其中 1000m 为旧路改造路段，500m 为新建填方路段；填方路基两侧采用装配式钢筋混凝土挡土墙，挡土墙基础采用现浇 C30 钢筋混凝土，并通过预埋件、钢筋与预制墙面板连接；基础下设二灰稳定碎石垫层。预制墙面板每块宽 1.98m，高 2～6m，每隔 4m 在板缝间设置一道泄水孔。新建道路路面结构上面层为 4cm 厚改性 SMA-13 沥青混合料，下面层为 8cm 厚 AC-20 中粒式沥青混合料。旧路改造段路面面层采用在既有水泥混凝土路面上加铺 4cm 厚改性 SMA-13 沥青混合料。新旧路面结构衔接有专项设计方案。新建道路横断面如图 1-33 所示。

图 1-33　新建道路横断面示意图

施工过程中发生如下事件：

事件1：项目部编制了挡土墙施工方案，明确了各施工工序：① 预埋件焊接、钢筋连接；② 二灰稳定碎石垫层施工；③ 吊装预制墙面板；④ 现浇 C30 钢筋混凝土基础；⑤ 墙面板间灌缝；⑥ 二次现浇 C30 混凝土。

事件2：项目部在加铺面层前对既有水泥混凝土路面进行综合调查，发现路面整体情况良好，但部分路面面板存在轻微开裂及板下脱空现象，部分检查井有沉陷。项目部拟采用非开挖的形式对脱空部位进行基底处理，并将混凝土面板的接缝清理后，进行沥青面层加铺。

事件3：为保证雨期沥青面层施工质量，项目部制定了雨期施工质量控制措施，内容包括：① 沥青面层不得在下雨或下层潮湿时施工；② 加强施工现场与沥青拌合厂联系，及时关注天气情况，适时调整供料计划。

【问题】

1. 挡土墙属于哪种结构形式？写出构件A的名称及其主要作用。

2. 事件1中，给出预制墙面板的安装条件；写出挡土墙施工工艺流程（用背景资料中的序号"①～⑥"及"→"作答）。

3. 事件2中，路面板基底脱空非开挖式处理最常用的方法是什么，需要通过试验确定哪些参数？

4. 事件2中，在既有水泥混凝土路面上加铺沥青面层前，项目部还需要完成哪些工序？

5. 事件3中，补充雨期面层施工质量控制措施。

【参考答案】

1. 挡土墙结构形式为钢筋混凝土扶壁式。

构造A的名称：反滤层（反滤包），其作用是排水并防止墙背填土流失（滤土排水、过滤土体）。

2. 事件1中，预制墙面板安装条件：（1）挡墙基础达到预定强度；（2）预制墙面板检验合格；（3）现场具备吊运条件（安装条件）。

挡墙施工工艺流程为：②→④→③→①→⑥→⑤。

3. 事件2中，路面板基底脱空非开挖式处理最常用的方法是注浆（灌浆）法。

需要通过试验确定的参数为：注浆压力、初凝时间（凝固时间）、注浆流量、浆液扩散半径等。

4. 事件2中，在既有水泥混凝土路面上加铺沥青面层前，项目部还需完成的工序：

① 对既有水泥混凝土路面层的裂缝清理干净（修补裂缝），并采取防反射裂缝措施（铺设土工格栅、玻璃纤维）。

② 查明检查井沉陷原因并修缮（加固），为配合沥青面层加铺调整检查井高程。

③ 清理水泥混凝土路面，洒布沥青粘层油。

5. 事件3中，雨期面层施工质量控制措施还需补充：

（1）雨期应缩短施工工期（合理划分段落、平行作业等可以缩短工期的措施均可）。

（2）雨期施工做到及时摊铺、及时完成碾压。

（3）沥青混合料运输车辆应有防雨措施（如覆盖等具体措施均可）。

实务操作和案例分析题二

【背景资料】

某公司承建一座城市桥梁工程，双向四车道，桥面宽度28m，横断面划分为2m（人行道）+4m（非机动车道）+16m（车行道）+4m（非机动车道）+2m（人行道）。上部结构采用3×30m预制预应力混凝土简支T形梁；下部结构采用盖梁及φ1300mm圆柱式墩，基础采用φ1500mm钢筋混凝土钻孔灌注桩；重力式U形桥台。T形梁预应力体系装配方式如图1-34所示。

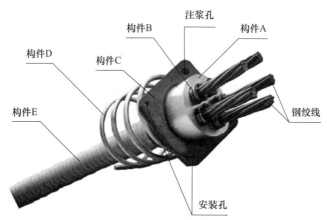

图1-34 T形梁预应力体系装配示意图

施工过程发生如下事件：

事件1：施工前，项目部按照设计参数开展预应力材料采购，材料进场后项目部组织相关单位专业技术人员开展现场见证取样和送检。

事件2：T形梁预制施工时，项目部按照图1-34进行预应力构件组装；预应力钢绞线采用先穿束后浇筑混凝土的安装方法，混凝土浇筑过程中不定时来回抽动预应力钢绞线；待混凝土强度达到设计要求后进行预应力钢绞线张拉。

【问题】

1. 写出图1-34中构件A～E的名称。

2. 根据图1-34，预应力体系属于先张法和后张法体系中的哪一种？

3. 事件1中，参加现场见证取样的单位除了施工单位外还应邀请哪些单位参加？

4. 事件2中，指出混凝土浇筑过程中来回抽动预应力钢绞线的作用。

5. 指出张拉预应力钢绞线时宜采用单端张拉还是两端张拉。

【参考答案】

1. 写出图1-34中构件A～E的名称：

构件A的名称：锚具（板、环）；

构件B的名称：夹片（具）；

构件C的名称：锚垫板（喇叭口）；

构件D的名称：螺旋筋；

构件E的名称：金属波纹管（预应力管道、孔道、套管）。

本题考查的是后张法张拉端的结构组成。具体结构组成如图1-35所示。

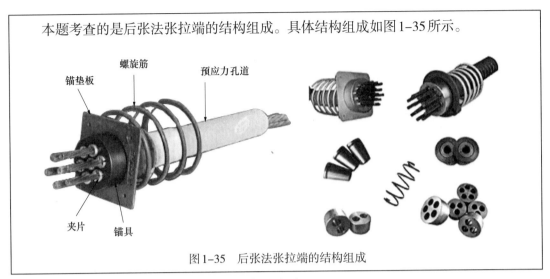

图1-35 后张法张拉端的结构组成

2. 根据图1-34，预应力体系属于后张法体系。

3. 参加现场见证取样的单位除了施工单位外还应邀请的单位有：建设单位（监理单位）、检测单位（机构）、质量监督机构（站）。

4. 混凝土浇筑过程中来回抽动预应力钢绞线的作用：混凝土浇筑过程中管道可能出现漏浆，避免钢绞线固结（不出现管道堵塞，保持预应力钢绞线处于活动、松弛、不出现卡死状态）。

5. 张拉预应力钢绞线时，宜采用两端张拉。

实务操作和案例分析题三

【背景资料】

某市政公司承建水厂升级改造工程，其中包括新建容积1600m³的清水池等构筑物，采用整体现浇钢筋混凝土结构，混凝土设计强度等级为C35、P8。清水池结构断面如图1-36所示。在调研基础上项目部确定了施工流程、施工方案和专项施工方案，编制了施工组织设计，获得批准后实施。

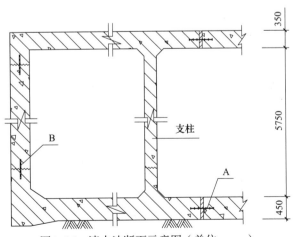

图1-36 清水池断面示意图（单位：mm）

施工过程中发生下列事件：

事件1：清水池地基土方施工遇到不明构筑物，经监理工程师同意后拆除并换填处理，增加了60万元的工程量。

事件2：为方便水厂运行人员，施工区未完全封闭。发生了一名取水样人员跌落基坑受伤事件，监理工程师要求项目部采取纠正措施。

事件3：清水池满水试验时，建设方不认同项目部制定的三次注水方案，主张增加底板部位试验，双方协商后达成一致。

【问题】

1. 事件1增加的60万元能索赔吗？说明理由。

2. 给出增加工程量部分的计价规定。

3. 指出图1-36中A和B的名称与用处。

4. 简述事件2项目部应采取的纠正措施。

5. 分析事件3中建设方主张的意图，简述正确做法。

【参考答案】

1. 事件1增加的60万元能索赔。

理由：致使工程量增加不属于承包人的行为责任（风险责任），且经过了监理工程师批准。

2. 增加工程量部分的计价规定：

（1）已标价的工程量清单有适用价格，则采用适用价格。

（2）工程量清单有类似价格，则采用类似价格。

（3）否则，由总监理工程师与合同当事人商定价格。

3. A和B的名称与用处：

A的名称：中埋式橡胶止水带；用处：用在变形缝中，是构筑物分块浇筑施工的依据。

B的名称：金属止水板；用处：用在施工缝中，是构筑物分层浇筑施工的依据。

4. 事件2项目部应采取的纠正措施：施工现场必须封闭管理，围挡连续设置，不留缺口，安装牢固、整洁美观。

5. 事件3中建设方主张的意图：建设方关注水池底板缝部的施工质量。

正确做法：设计容积1600m³的水池属于大型蓄水构筑物，应采用四次注水试验；第一次注水应至池壁施工缝以上，检查底板抗渗质量；如果出现渗漏应尽快处理，合格后方可继续进行试验。

实务操作和案例分析题四

【背景资料】

某工程公司承建一座城市跨河桥梁工程。河道宽36m、水深2m，流速较大，两岸平坦开阔。桥梁为三跨（35＋50＋35）m预应力混凝土连续箱梁，总长120m。桥梁下部结构为双柱式花瓶墩，埋置式桥台，钻孔灌注桩基础。桥梁立面如图1-37所示。

项目部编制了施工组织设计，内容包括：

（1）经方案比选，确定导流方案为：在施工位置的河道上下游设置挡水围堰，将河水明渠导流在桥梁施工区域外，在围堰内施工桥梁下部结构。

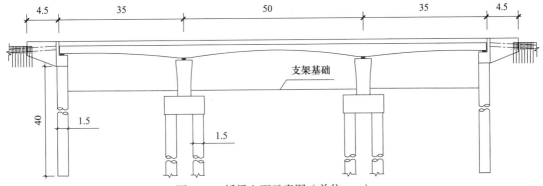

图1-37 桥梁立面示意图（单位：m）

（2）上部结构采用模板支架现浇法施工，工艺流程为：支架基础施工→支架满堂搭设→底模安装→A→钢筋绑扎→混凝土浇筑及养护→预应力张拉→模板及支架拆除。

预应力筋为低松弛钢绞线，选用夹片式锚具。项目部拟参照类似工程经验数值确定预应力筋理论伸长值。采用应力值控制张拉，以伸长值进行校核。

项目部根据识别出的危险性较大分部分项工程编制了安全专项施工方案，按相关规定进行了专家论证，在施工现场显著位置设立了危险性较大分部分项工程公告牌，并在危险区域设置安全警示标志。

【问题】

1. 按桥梁总长或单孔跨径大小分类，该桥梁属于哪种类型？

2. 简述导流方案选择的理由。

3. 写出施工工艺流程中A工序名称，简述该工序的目的和作用。

4. 指出项目部拟定预应力施工做法的不妥之处，给出正确做法，并简述伸长值校核的规定。

5. 危险性较大分部分项工程公告牌应标明哪些内容？

【参考答案】

1. 该桥梁属于大桥。

2. 导流方案选择的理由：

（1）导流明渠具有过流能力大、造价较低（施工费用低）、施工简单的优点。

（2）现场具备向外导流条件（现场具备条件）。

（3）相比水上作业，旱地作业更易保证桥梁施工安全。

3. 施工工艺流程中A工序名称：支架预压。

该工序的目的和作用：

（1）检验支架安全性。

（2）消除地基沉降（地基非弹性变形）和支架拼装间隙（支架非弹性变形）的不良影响。

（3）获得支架弹性变形量（预拱度设置参数）。

4. 项目部拟定预应力施工做法的不妥之处：参照类似工程经验数值确定理论伸长值；

正确做法：张拉前应对孔道的摩阻损失进行实测（实测孔道摩阻损失），以便确定张拉控制应力值，验证预应力筋的理论伸长值。

伸长值校核的规定：实际伸长值与理论伸长值的差值符合设计要求；设计无要求时，

实际伸长值与理论伸长值差值控制在6%以内。

5. 危险性较大分部分项工程公告牌应标明的内容：危险性较大分部分项工程名称、实施时间、具体责任人员。

实务操作和案例分析题五

【背景资料】

某公司承建的市政桥梁工程中，桥梁引道与现有城市次干道呈T形平面交叉，次干道边坡坡率1：2，采用植草防护；引道位于种植滩地，线位上现存池塘一处（长15m、宽12m、深1.5m）；引道两侧边坡采用挡土墙支护；桥台采用重力式桥台，基础为φ120cm混凝土钻孔灌注桩。引道纵断面如图1-38所示，挡土墙横截面如图1-39所示。

项目部编制的引道路堤及桥台施工方案有如下内容：

（1）桩基泥浆池设置于台后引道滩地上，公司现有如下桩基施工机械可供选用：正循环回转钻、反循环回转钻、潜水钻、冲击钻、长螺旋钻机、静力压桩机。

（2）引道路堤在挡土墙及桥台施工完成后进行，路基用合格的土方从现有城市次干道倾倒入路基后用机械摊铺碾压成型。施工工艺流程图如图1-40所示。

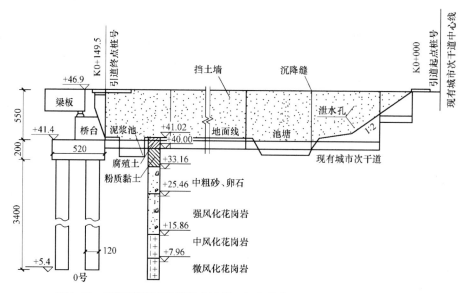

图1-38 引道纵断面示意图（里程、标高单位：m；尺寸单位：cm）

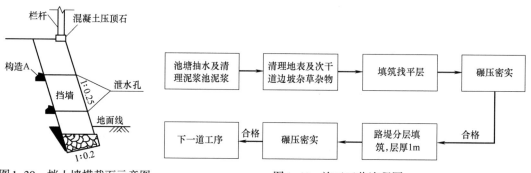

图1-39 挡土墙横截面示意图   图1-40 施工工艺流程图

监理工程师在审查施工方案时指出：施工方案（2）中施工组织存在不妥之处，施工工艺流程图存在较多缺漏和错误，要求项目部改正。

在桩基施工期间，发生一起行人滑入泥浆池事故，但未造成伤害。

【问题】

1. 施工方案（1）中，项目部宜选用哪种桩基施工机械？说明理由。

2. 指出施工方案（2）中引道路堤填土施工组织存在的不妥之处，并改正。

3. 结合图1-40，补充和改正施工方案（2）中施工工艺流程的缺漏和错误之处（用文字叙述）。

4. 图1-39所示挡土墙属于哪种结构形式（类型）？写出图1-39中构造A的名称。

5. 针对"行人滑入泥浆池"的安全事故，指出桩基施工现场应采取哪些安全措施。

【参考答案】

1. 项目部宜选用冲击钻。

理由：本工程所处位置为风化岩层，冲击钻适用于黏性土、粉土、砂土、填土、碎石土及风化岩层。

2. 施工方案（2）中引道路堤填土施工组织存在的不妥之处及正确做法：

不妥之处一：引道路堤在挡土墙及桥台施工完成后进行；

正确做法：引道路堤在挡土墙施工前进行。

不妥之处二：土方直接从现有城市次干道倾倒入路基；

正确做法：应从城市次干道修筑临时便道运土，减少对社会交通干扰。

3. 补充和改正施工方案（2）中施工工艺流程的缺漏和错误之处：

（1）错误之处：路堤填土层厚1m，层厚太大。实际路堤填土的每层厚度人工夯实不能超过200mm，机械压实不超过300mm，最大不能超过400mm。

（2）本工程的施工方案还应该补充：①清除地表腐殖（耕植）土；②对池塘、泥浆池分层填筑、压实到地面标高后填筑施工找平层；③对次干道边坡台阶，每层台阶高度不宜大于30cm，宽度不应小于1m，台阶顶面应向内倾斜。

4. 挡土墙属于重力式挡土墙。构造A的名称：反滤层。

5. 桩基施工现场应采取的安全措施：（1）桩基施工现场应设置封闭围挡，非施工人员严禁进入施工现场。（2）泥浆沉淀池周围设置防护栏杆和警示标志，设置夜间警示灯。（3）加强施工人员安全教育。

实务操作和案例分析题六

【背景资料】

某公司承建一项路桥结合城镇主干路工程。桥台设计为重力式U形结构，基础采用扩大基础，持力层位于砂质黏土层，地层中有少量潜水；台后路基平均填土高度大于5m。场地地质自上而下分别为腐殖土层、粉质黏土层、砂质黏土层、砂卵石层等。桥台及台后路基立面如图1-41所示，路基典型横断面及路基压实度分区如图1-42所示。

施工过程中发生如下事件：

事件1：桥台扩大基础开挖施工过程中，基坑坑壁有少量潜水出露，项目部按施工方案要求，采取分层开挖和做好相应的排水措施，顺利完成了基坑开挖施工。

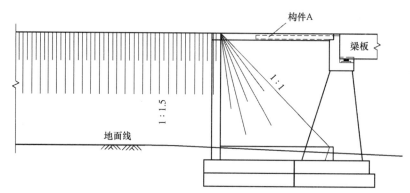

图1-41　桥台及台后路基立面示意图

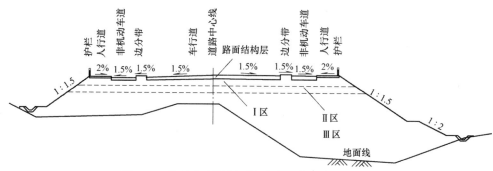

图1-42　路基典型横断面及路基压实度分区示意图

事件2：扩大基础混凝土结构施工前，项目部在基坑施工自检合格的基础上，邀请监理等单位进行实地验槽，检验项目包括：轴线偏位、基坑尺寸等。

事件3：路基施工前，项目部技术人员开展现场调查和测量复测工作，发现部分路段原地面横向坡度陡于1∶5。在路基填筑施工时，项目部对原地面的植被及腐殖土层进行清理，并按规范要求对地表进行相应处理后，开始路基填筑施工。

事件4：路基填筑采用合格的黏性土。项目部严格按规范规定的压实度对路基填土进行分区如下：① 路床顶面以下80cm范围内为Ⅰ区；② 路床顶面以下80～150cm范围内为Ⅱ区；③ 路床顶面以下大于150cm为Ⅲ区。

【问题】

1. 写出图1-41中构件A的名称及其主要作用。

2. 指出事件1中基坑排水最适宜的方法。

3. 事件2中，基坑验槽还应邀请哪些单位参加？补全基坑质量检验项目。

4. 事件3中，路基填筑前，项目部应如何对地表进行处理？

5. 写出图1-42中各压实度分区的压实度值（重型击实）。

【参考答案】

1. 图1-41中构件A的名称：桥头（台）搭板；

构件A的主要作用：防止桥头跳车（错台）现象。

2. 事件1中基坑排水最适宜的方法是集水明排法，即开挖过程中，采取边开挖、边用排水沟和集水井进行集水明排的方法。

3.事件2中，基坑验槽应邀请的单位还有建设单位、设计单位、地质勘察（测）单位、质量监督部门。

基坑施工质量检验项目还有：基底高程（标高）、地基（底）承载力。

4.事件3中，路基填筑前，项目部应采取的地表处理措施：原地面横向坡度陡于1:5时，应做成台阶形，每级台阶宽度不得小于1m，台阶顶面应向内倾斜。

5.图1-42中，各分区的压实度：Ⅰ区——95%；Ⅱ区——93%；Ⅲ区——90%。

实务操作和案例分析题七

【背景资料】

某城镇道路局部为路堑路段，两侧采用浆砌块石重力式挡土墙护坡，挡土墙高出路面约3.5m、顶部宽度0.6m、底部宽度1.5m、基础埋深0.85m，如图1-43所示。

在夏季连续多日降雨后，该路段一侧约20m挡土墙突然坍塌，该侧行人和非机动车无法正常通行。

调查发现，该段挡土墙坍塌前顶部荷载无明显变化，坍塌后基础未见不均匀沉降，墙体块石砌筑砂浆饱满粘结牢固，后背填土为杂填土，泄水孔淤塞不畅。

为恢复正常交通秩序，保证交通安全，相关部门决定在原位置重建现浇钢筋混凝土重力式挡土墙，如图1-44所示。

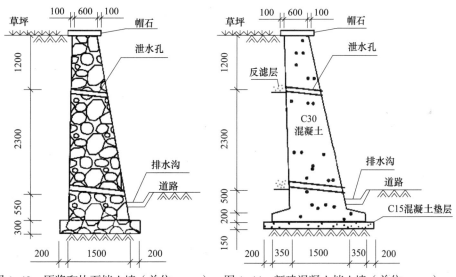

图1-43 原浆砌块石挡土墙（单位：mm）　图1-44 新建混凝土挡土墙（单位：mm）

施工单位编制了钢筋混凝土重力式挡土墙混凝土浇筑施工方案，其中包括：提前与商品混凝土厂沟通混凝土强度、方量及到场时间；第一车混凝土到场后立即开始浇筑；按每层600mm水平分层浇筑混凝土，下层混凝土初凝前进行上层混凝土浇筑；新旧挡土墙连接处墙加钢筋使两者紧密连接；如果发生交通拥堵导致混凝土运输时间过长，可适量加水调整混凝土和易性；提前了解天气预报并准备雨期施工措施等内容。

施工单位在挡土墙排水方面拟采取以下措施：在边坡潜在滑塌区外侧设置截水；挡土墙内每层泄水孔上下对齐布置；挡土墙后背回填黏土并压实等。

【问题】

1. 从受力角度分析挡土墙坍塌原因。

2. 写出混凝土重力式挡土墙的钢筋设置位置和结构形式特点。

3. 写出混凝土浇筑前钢筋验收除钢筋三种规格外应检查的内容。

4. 改正混凝土浇筑方案中存在的错误之处。

5. 改正挡土墙排水设计中存在的错误之处。

【参考答案】

1. 挡土墙坍塌原因：墙背排水不畅（积水过多）、墙背压力过大（主动土压力）导致挡土墙失稳坍塌。

2. 混凝土重力式挡土墙的钢筋应设置在墙趾底部和墙背位置。

重力式挡土墙的结构形式特点：（1）依靠墙体自重抵挡土压力作用；（2）在墙背设少量钢筋，并将墙趾展宽（必要时设少量钢筋）或基底设凸榫抵抗滑动；（3）可减薄墙体厚度，节省混凝土用量。

3. 混凝土浇筑前钢筋验收除钢筋品种规格外应检查的内容有：钢筋间距、绑扎（焊接）质量、混凝土保护层厚度。

4. 错误之处一：混凝土到场后立即开始浇筑；

改正：混凝土到场后应先检查坍落度并留置混凝土试块，现场应该有两辆以上（多辆）混凝土车后才开始浇筑。

错误之处二：按每层600mm水平分层浇筑混凝土；

改正：每层浇筑厚度应小于500mm。

错误之处三：加水调整混凝土和易性；

改正：严禁在运输过程中向混凝土拌合物中加水，应对混凝土拌合物进行二次快速搅拌或加入外加剂。

错误之处四：新旧挡土墙连接处增加钢筋使两者紧密连接；

改正：新旧挡土墙之间应设置变形缝。

5. 错误之处一：挡土墙内每层泄水孔上下对齐布置；

改正：挡土墙内每层泄水孔应交错布置并避开伸缩缝与沉降缝。

错误之处二：挡土墙后背回填黏土并压实；

改正：挡土墙后背回填应选用透水性好的材料或符合设计要求的材料。

实务操作和案例分析题八

【背景资料】

某公司承接一座城市跨河桥A标，为上、下行分立的两幅桥，上部结构为现浇预应力混凝土连续箱梁结构，跨径为70m＋120m＋70m。建设中的轻轨交通工程B标高架桥在A标两幅桥梁中间修建，结构形式为现浇截面预应力混凝土连续箱梁，跨径为87.5m＋145m＋87.5m，三幅桥间距较近，B标高架桥上部结构底高于A标桥面3.5m以上。为方便施工协调，经议标，B标高架桥也由该公司承建。

A标两幅桥的上部结构采用碗扣式支架施工，由于所跨越河道流量较小，水面窄，项目部施工设计采用双孔管涵导流，回填河道并压实处理后作为支架基础，待上部结构施工完毕以后挖除，恢复原状。支架施工前，采用1.1倍的施工荷载对支架基础进行预压。支架搭设时，预留拱度考虑承受施工荷载后支架产生的弹性变形。B标晚于A标开工，由于河道疏浚贯通节点工期较早，导致B标上部结构不具备采用支架法施工条件。

【问题】

1. 该公司项目部设计导流管涵时，必须考虑哪些要求？

2. 支架预留拱度还应考虑哪些变形？

3. 支架施工前对支架基础预压的主要目的是什么？

4. B标连续梁施工采用何种方法最适合？说明这种施工方法的正确浇筑顺序。

【参考答案】

1. 设计导流管涵时，必须考虑下列要求：

（1）河道管涵的断面必须满足施工期间河水最大流量要求。

（2）管涵强度必须满足上部荷载要求。

（3）管涵长度必须满足支架地基宽度要求。

2. 支架预留拱度还应考虑支架受力产生的非弹性变形、支架基础沉陷和结构物本身受力后各种变形。

3. 支架施工前对支架基础预压的主要目的：

（1）消除地基在施工荷载下的不均匀沉降。

（2）检验地基承载力是否满足施工荷载要求。

（3）防止由于地基沉降产生梁体混凝土裂缝。

4. B标连续梁施工采用悬臂浇筑法最合适。

浇筑顺序为：墩顶梁段（0号块）→墩顶梁段（0号块）两侧对称悬浇梁段→边孔支架现浇梁段→主梁跨中合龙段。

实务操作和案例分析题九

【背景资料】

某公司承建一座市政桥梁工程，桥梁上部结构为9孔30m后张法预应力混凝土T形梁，桥宽横断面布置T形梁12片，T形梁支座中心线距梁端600mm，T形梁横截面如图1-45所示。

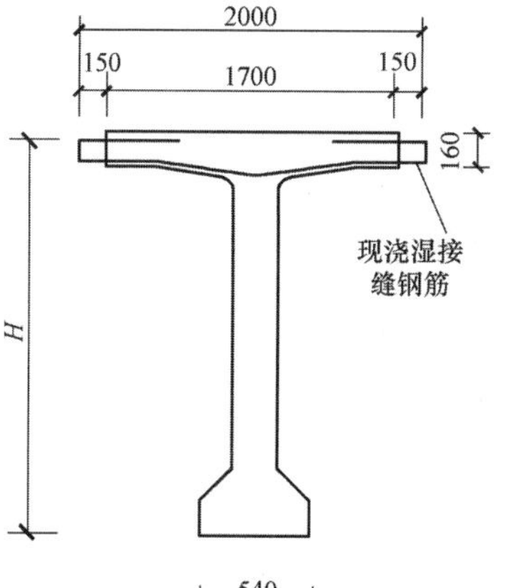

图1-45　T形梁横截面示意图
（单位：mm）

项目部进场后，拟在桥位线路上现有城市次干道旁租地建设T形梁预制场，平面布置如图1-46所示，同时编制了预制场的建设方案：（1）混凝土采用商品混凝土；（2）预测台座数量按预制工期120d、每片梁预制占用台座时间为10d配置；（3）在T形梁预制施工时，现浇湿接缝钢筋不弯折，两个相邻预制台座间要求具有宽度2m的支模及作业空间；（4）露天钢材堆场经整平碾压后表面铺砂厚50mm；（5）由于该次干道位于城市郊区，预制场用地范围采用高1.5m的松木桩挂网围护。

监理审批预制场建设方案时，指出预制场围护不符合规定，在施工过程中发生了如下事件：

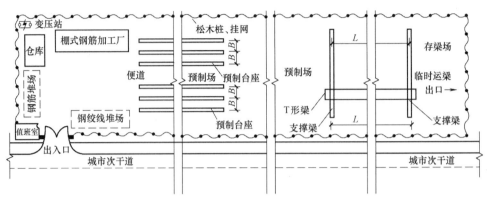

图1-46 T形梁预制场平面布置示意图

事件1：雨期导致现场堆放的钢绞线外包装腐烂破损，钢绞线堆场处于潮湿状态。

事件2：T形梁钢筋绑扎、钢绞线安装、支模等工作完成并检验合格后，项目部开始浇筑T形梁混凝土，混凝土浇筑采用从一端向另一端全断面一次性浇筑完成。

【问题】

1. 全桥共有T形梁多少片，为完成T形梁预制任务最少应设置多少个预制台座（均需列式计算）。

2. 列式计算图1-46中预制台座的间距B和支撑梁的间距L（单位以m表示）。

3. 给出预制场围护的正确做法。

4. 事件1中的钢绞线应如何存放？

5. 事件2中，T形梁混凝土应如何正确浇筑？

【参考答案】

1. 全桥共有T形梁数为：$9 \times 12 = 108$ 片。

每批需预制的T形梁数为：$120 \div 10 = 12$ 片。

为完成T形梁预制，必须多个台座平行作业，因此，至少应设置预制台座数量为：$108/12 = 9$ 台。

2. 预制台座的间距B为：$2 + 2 = 4m$。

支撑梁的间距L为：$30 - 2 \times 0.6 = 28.8m$。

3. 预制场围护的正确做法：

（1）施工现场围挡（墙）应沿工地四周连续设置，不得留有缺口，并根据地质、气候、围挡（墙）材料进行设计与计算，确保围挡（墙）的稳定性、安全性。

（2）围挡的用材应坚固、稳定、整洁、美观，宜选用砌体、金属材板等硬质材料，不宜使用彩布条、竹篱笆或安全网等。

（3）施工现场的围挡一般应不低于1.8m，在市区内应不低于2.5m，且应符合当地主管部门有关规定。

（4）禁止在围挡内侧堆放泥土、砂石等散状材料以及架管、模板等。

（5）雨后、大风后以及春融季节应当检查围挡的稳定性，发现问题及时处理。

4. 事件1中的钢绞线的存放要求：

（1）钢绞线禁止露天存放，必须入库；存放的仓库应干燥、防潮、通风良好、无腐蚀气体和介质，库房地面用混凝土硬化。

（2）露天仓库及现场临时存放应在地面上架设垫木，距离地面高度不得小于200mm，严禁与潮湿地面直接接触，并加盖篷布或搭盖防雨棚，存放时间不宜超过6个月。

（3）按批号、规格分类码放有序并挂牌标识。

5. 事件2中，T形梁混凝土的正确浇筑方法如下：

（1）T形梁混凝土应从一端向另一端采用水平分段、斜向分层的方法浇筑。

（2）分层下料、振捣，每层厚度不宜超过30cm，上层混凝土必须在下层混凝土振捣密实后方能浇筑。

（3）先浇筑马蹄段，后浇筑腹板，再浇筑顶板。

实务操作和案例分析题十

【背景资料】

某公司中标一座城市跨河桥梁，该桥跨河部分总长101.5m，上部结构为30m＋41.5m＋30m三跨预应力混凝土连续箱梁，采用支架现浇法施工。

项目部编制的支架安全专项施工方案的内容有：为满足河道18m宽通航要求，跨河中间部分采用贝雷梁—碗扣组合支架形式搭设门洞；其余部分均采用满堂式碗扣支架；满堂支架基础采用筑岛围堰，填料碾压密实；支架安全专项施工方案分为门洞支架和满堂支架两部分内容，并计算支架结构的强度和验算其稳定性。

项目部编制了混凝土浇筑施工方案，其中混凝土裂缝控制措施有：

（1）优化配合比，选择水化热较低的水泥，降低水泥水化热产生的热量。

（2）选择一天中气温较低的时候浇筑混凝土。

（3）对支架进行监测和维护，防止支架下沉变形。

（4）夏季施工保证混凝土养护用水及资源供给。

混凝土浇筑施工前，项目技术负责人和施工员在现场进行了口头安全技术交底。

【问题】

1. 支架安全专项施工方案还应补充哪些验算？说明理由。

2. 模板施工前还应对支架进行哪些试验？主要目的是什么？

3. 本工程搭设的门洞应采取哪些安全防护措施？

4. 对本工程混凝土裂缝的控制措施进行补充。

5. 项目部的安全技术交底方式是否正确？如不正确，给出正确做法。

【参考答案】

1. 支架安全专项施工方案还应补充的有刚度（挠度）的验算。理由：门洞贝雷梁（桁架）和分配梁的最大挠度应小于规范允许值，以保证支承于门洞上部满堂式碗扣支架的稳定性。

2. 模板施工前还应对支架进行预压，主要是为了消除拼装间隙和地基沉降等非弹性变形，检验地基承载力是否满足施工荷载要求，防止由于地基不均匀沉降导致箱梁混凝土产生裂缝。为支架和模板的预留拱度调整提供技术依据。

3. 支架通行孔的两边应加护栏、限高架及安全警示标志，夜间应设置警示灯。施工中易受漂流物冲撞的河中支架应设牢固的防护设施。

4. 本工程混凝土裂缝的控制措施还应补充：

（1）充分利用混凝土的中后期强度，尽可能降低水泥用量。

（2）严格控制骨料的级配及其含泥量。

（3）选用合适的缓凝剂、碱水剂等外加剂，以改善混凝土的性能。

（4）控制好混凝土坍落度，不宜过大。

（5）采取分层浇筑混凝土，利用浇筑面散热，以大大减少施工中出现裂缝的可能性。

（6）采用内部降温法来降低混凝土内外温差。

（7）拆模后及时覆盖保温。

5. 项目部的安全技术交底方式不正确。

正确做法：项目部应严格技术管理，做好技术交底工作和安全技术交底工作，开工前，施工项目技术负责人应依据获准的施工方案向施工人员进行技术安全交底，强调工程难点、技术要点、安全措施、使作业人员掌握要点，明确责任。交底应当全员书面签字确认。

实务操作和案例分析题十一

【背景资料】

某公司承建城市桥区泵站调蓄工程，其中调蓄池为地下式现浇钢筋混凝土结构，混凝土强度等级C35，池内平面尺寸为62.0m×17.3m，筏板基础。场地地下水类型为潜水，埋深6.6m。设计基坑长63.8m、宽19.1m、深12.6m，围护结构采用φ800mm钻孔灌注桩排桩＋2道φ609mm钢支撑，桩间挂网喷射C20混凝土，桩顶设置钢筋混凝土冠梁。基坑围护桩外侧采用厚度700mm止水帷幕，如图1-47所示。

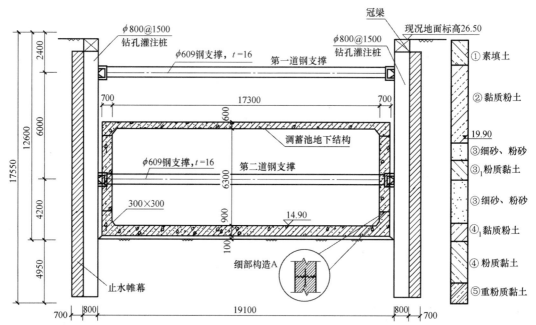

图1-47 调蓄池结构与基坑围护断网图（结构尺寸单位：mm；高程单位：m）

施工过程中，基坑土方开挖至深度8m处，侧壁出现渗漏，并夹带泥沙；迫于工期压力，项目部继续开挖施工；同时安排专人巡视现场，加大地表沉降、桩身水平变形等项目的监测频率。

按照规定，项目部编制了模板支架及混凝土浇筑专项施工方案，拟在基坑单侧设置泵车浇筑调蓄池结构混凝土。

【问题】

1. 列式计算池顶模板承受的结构自重分布荷载 q（kN/m²），（混凝土重力密度 $\gamma=25$kN/m³）；根据计算结果，判断模板支架安全专项施工方案是否需要组织专家论证，说明理由。

2. 计算止水帷幕在地下水中的高度。

3. 指出基坑侧壁渗漏后，项目部继续开挖施工存在的风险。

4. 指出基坑施工过程中风险最大的时段，并简述稳定坑底应采取的措施。

5. 写出图1-47中细部构造A的名称，并说明其留置位置的有关规定和施工要求。

6. 根据本工程特点，试述调蓄池混凝土浇筑工艺应满足的技术要求。

【参考答案】

1. 结构自重分布荷载 $q=[(62.0\times17.3\times0.6)\times25]\div(62.0\times17.3)=0.6\times25=15$kN/m²，该混凝土模板支架安全专项施工方案需要组织专家论证。

理由：施工总荷载 15kN/m² 及以上的混凝土模板支撑工程所编制的安全专项方案需要进行专家论证。

2. 地面标高为26.5m，地下水埋深6.6m。因此，地下水位标高为：$26.5-6.6=19.9$m。

止水帷幕在地下水中高度为：$19.9-(26.5-17.55)=10.95$m或$17.55-6.6=10.95$m。

因此，止水帷幕在地下水中的高度为10.95m。

3. 基坑侧壁渗漏继续开挖的风险：如果渗漏水主要为清水，一般及时封堵不会造成太大的环境问题；而如果渗漏造成大量水土流失则会造成围护结构背后土体过大沉降，严重的会导致围护结构背后土体失去抗力造成基坑倾覆。

4. 基坑施工过程中风险最大时段是：基坑开挖至地下标高18.1m后，还未安装第二道支撑时。

稳定坑底应采取的措施：加深围护结构入土深度、坑底土体加固、坑内井点降水等措施，并适时施作底板结构，对基坑的支撑结构采取加强、加固措施，如底部增加钢支撑等。

5. 构造A名称：施工缝。

留置位置有关规定：宜留在腋角上面不小于200mm处。

施工要求：施工缝内安装止水带；侧墙浇筑前，施工缝的衔接部位应凿毛、清理干净。

6. 调蓄池混凝土浇筑工艺应满足的技术要求：混凝土浇筑应分层交圈、连续浇筑（或一次性浇筑），一次浇筑量应适应各施工环节的实际能力。混凝土应振捣密实，使表面呈现浮浆、不出气泡和不再沉落，孔洞部位的下部需重点振捣。尽量在夜间浇筑混凝土，浇筑后加强养护控制内外温差。混凝土运输、浇筑和间歇的全部时间不应超过混凝土的初凝时间，底层混凝土初凝前进行上层混凝土浇筑。混凝土应振捣密实。浇筑过程中设专人维护支架。

实务操作和案例分析题十二

【背景资料】

某公司承建一座再生水厂扩建工程。项目部进场后，结合地质情况，按照设计图纸编制了施工组织设计。

基坑开挖尺寸为70.8m（长）×65m（宽）×5.2m（深），基坑断面如图1-48所示，图中可见地下水位较高，为-1.5m，方案中考虑在基坑周边设置真空井点降水。项目部按照以下流程完成了井点布置：高压水套管冲击成孔→冲击钻孔→A→填滤料→B→连接水泵→漏水漏气检查→试运行，调试完成后开始抽水。

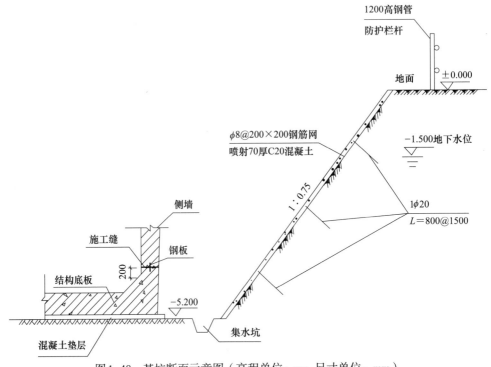

图1-48　基坑断面示意图（高程单位：m；尺寸单位：mm）

因结构施工恰逢雨期，项目部采用1：0.75放坡开挖，挂钢筋网喷射C20混凝土护面，施工工艺流程如下：修坡→C→挂钢筋网→D→养护。

基坑支护开挖完成后项目部组织了坑底验收，确认合格后开始进行结构施工，监理工程师现场巡视发现：钢筋加工区部分钢筋锈蚀、不同规格钢筋混放、加工完成的钢筋未经检验即投入使用，要求项目部整改。

结构底板混凝土分6仓施工，每仓在底板腋角上200mm高处设施工缝，并设置了一道钢板。

【问题】

1. 补充井点降水工艺流程中A、B工作内容，并说明降水期间应注意的事项。

2. 请指出基坑挂网护坡工艺流程中，C、D的内容。

3. 坑底验收应由哪些单位参加？

4. 项目部现场钢筋存放应满足哪些要求？

5. 请说明施工缝处设置钢板的作用和安装技术要求。

【参考答案】

1. 井点降水工艺流程中A的工作内容是安装井点管；B的工作内容是填黏土压实。

降水期间应注意的事项有：地下水监测、配电设施安全。

2. 基坑挂网护坡工艺流程中，C的内容是打入短钉（锚杆、锚筋）；D的内容是喷混凝土。

3. 坑底验收应由施工单位、监理单位、建设单位、勘察单位、设计单位参加。

4. 项目部现场钢筋存放应满足的要求有：钢筋下设垫木（垫高）、遮盖、分类码放。

5. 施工缝处设置钢板的作用：止水。

安装技术要点：（1）止水带应平整、尺寸准确，其表面的铁锈、油污应清除干净，不得有砂眼、钉孔。（2）接头应按其厚度分别采用折叠咬接或搭接；搭接长度不得小于20mm，咬接或搭接必须采用双面焊接。（3）在伸缩缝中的部分应涂刷防锈和防腐涂料。（4）止水带安装应牢固，位置准确，其中心线应与变形缝中心线对正，带面不得有裂纹、孔洞等。不得在止水带上穿孔或用铁钉固定就位。

实务操作和案例分析题十三

【背景资料】

某公司中标承建污水截流工程，内容有：新建提升泵站一座，位于城市绿地内，地下部分为内径5m的圆形混凝土结构，底板高程−9.0m；新敷设D1200mm和D1400mm柔性接口钢筋混凝土管道546m，管顶覆土深度4.8～5.5m，检查井间距50～80m；A段管道从高速铁路桥跨中穿过，B段管道垂直穿越城市道路，工程纵向剖面如图1-49所示。场地地下水为层间水，赋存于粉质黏土、重粉质黏土层，水量较大。设计采用明挖法施工，辅以井点降水和局部注浆加固施工技术措施。

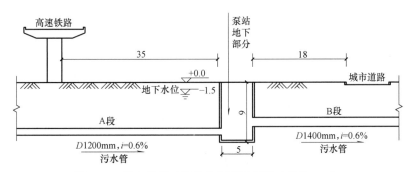

图1-49 污水截流工程纵向剖面示意图（单位：m）

施工前，项目部进场调研发现：高铁桥墩柱基础为摩擦桩；城市道路车流量较大；地下水位较高，水量大，土层渗透系数较小。项目部依据施工图设计拟定了施工方案，并组织对施工方案进行专家论证。根据专家论证意见，项目部提出工程变更，并调整了施工方案如下：（1）取消井点降水技术措施；（2）泵站地下部分采用沉井法施工；（3）管道采用密闭式顶管机顶管施工。该项工程变更获得建设单位的批准。项目部按照设计变更情况，向建设单位提出调整工程费用的申请。

【问题】

1. 简述工程变更采取（1）和（3）措施具有哪些优越性。

2. 给出工程变更后泵站地下部分和新建管道的完工顺序，并分别给出两者的验收试验项目。

3. 指出沉井下沉和沉井封底的方法。

4. 列出设计变更后的工程费用调整项目。

【参考答案】

1. 工程变更（1）的主要优越性：

取消井点降水技术措施可避免因降水引起的沉降对交通设施产生不良影响和路面破坏，保证线路运行安全。

工程变更（3）的主要优越性：

顶管机施工精度高，对地面交通影响小。

2.（1）完工顺序：沉井封底→A、B段管道顶进接驳。

（2）试验项目：泵站地下部分应进行满水试验。A、B段管道应分别进行闭水试验。

3. 沉井下沉采用不排水下沉方法；沉井封底采用水下封底方法。

4. 设计变更后的工程费用调整项目：

（1）减少井点施工和运行费用。

（2）增加沉井下沉施工费用。

（3）增加顶管机械使用费用。

（4）调整顶管施工专用管材与承插柔性接口管材价差。

（5）减少土方施工费用。

实务操作和案例分析题十四

【背景资料】

A公司中标承建一项热力站安装工程，该热力站位于某公共建筑物的地下一层。一次给回水设计温度为125℃/65℃，二次给回水设计温度为80℃/60℃，设计压力为1.6MPa；热力站主要设备包括板式换热器、过滤器、循环水泵、补水泵、水处理器、控制器、温控阀等；采取整体隔声降噪综合处理。热力站系统工作原理如图1-50所示。

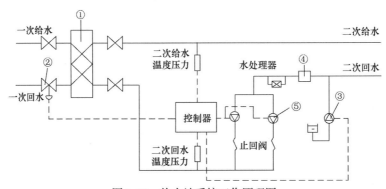

图1-50 热力站系统工作原理图

工程实施过程中发生如下事件：

事件1：安装工程开始前，A公司与公共建筑物的土建施工单位在监理单位的主持下对预埋吊点、设备基础、预留套管（孔洞）进行了复验，划定了纵向、横向安装基准线和标高基准点，并办理了书面交接手续。设备基础复验项目包括纵轴线和横轴线的坐标位置、基础面上的预埋钢板和基础平面的水平度、基础垂直度、外形尺寸、预留地脚螺栓孔中心线位置。

事件2：鉴于工程的专业性较强，A公司决定将工程交由具有独立法人资格和相应资质，且具有多年施工经验的下属B公司来完成。

事件3：为方便施工，B公司进场后拟利用建筑结构作为起吊、搬运设备的临时承力构件，并征得了建设、监理单位的同意。

事件4：工程施工过程中，质量监督部门对热力站工程进行监督检查，发现施工资料中施工单位一栏均填写B公司，且A公司未在施工现场设立项目管理机构。A公司与B公司涉嫌违反《中华人民共和国建筑法》相关规定。

【问题】

1. 按照系统形式分类，该热力站所处供热管网属于开式系统还是闭式系统？说明理由。

2. 写出图1-50中编号为①、②、③、④、⑤的设备名称。

3. 事件1中，设备基础的复验项目还应包括哪些内容？

4. 事件3中，B公司的做法还应征得哪方的同意？说明理由。

5. 结合事件2与事件4，写出A公司与B公司的违规之处。

【参考答案】

1. 该供热管网属于闭式系统，因为一次热网与二次热网采用换热器连接。

2. ①的设备名称：板式换热器；②的设备名称：温控阀；③的设备名称：补水泵；④的设备名称：过滤器；⑤的设备名称：循环水泵。

3. 事件1中，设备基础的复验项目还应包括：不同平面的标高（高程）、预留地脚螺栓孔的深度。

4. 事件3中，B公司的做法还应征得建筑结构原设计单位的同意，因为设计单位要对结构的承载力（受力）进行核算（验算、复核），符合要求后方可使用。

5. A公司与B公司的违规之处：违法转包。

实务操作和案例分析题十五

【背景资料】

某公司中标承建中压A燃气管线工程，管道直径 $DN30mm$，长26km，合同价3600万元。管道沟槽开挖过程中，遇到地质勘察时未探明的废弃砖沟，经现场监理工程师口头同意，施工项目部组织人员、机具及时清除了砖沟，进行换填级配砂石处理，使工程增加了合同外的工作量。项目部就此向发包方提出计量支付，遭到监理工程师拒绝。

监理工程师在工程检查中发现：

（1）现场正在焊接作业的两名焊工是公司临时增援人员，均已在公司总部从事管理岗位半年以上。

（2）管道准备连接施焊的数个坡口处有油渍等杂物，检查后向项目部发出整改通知。

【问题】

1. 项目部处理废弃砖沟在程序上是否妥当？如不妥当，写出正确的程序。

2. 简述监理工程师拒绝此项计量支付的理由。

3. 两名新增焊接人员是否符合上岗条件？为什么。

4. 管道连接施焊的坡口处应如何处理方能符合有关规范的要求？

【参考答案】

1. 项目部处理废弃砖沟在程序上不妥;

正确程序:应由设计人验收地基,并由设计人提出处理意见。施工项目部应按设计图纸和要求施工。

2. 监理工程师拒绝此项计量支付的理由:监理工程师是按施工合同文件执行计量支付的。项目部应就此项增加的工作量,事先征得设计变更或洽商和收集充分证据。

3. 两名新增焊接人员不符合上岗条件;

理由:规范规定,凡中断焊接工作6个月以上焊工正式复焊前,应重新参加焊工考试。

4. 管道连接施焊的坡口处应将坡口及两侧10mm范围内油、漆、锈、毛刺等污物进行清理,清理合格后应及时施焊。

实务操作和案例分析题十六

【背景资料】

A公司承建一项DN400mm应急热力管线工程,采用钢筋混凝土高支架方式架设,利用波纹管补偿器进行热位移补偿。

在进行图纸会审时,A公司技术负责人提出:以前施工过钢筋混凝土支架架设DN400mm管道的类似工程,其支架配筋与本工程基本相同,故本工程支架的配筋可能偏少,请设计予以考虑。设计人员现场答复:将对支架进行复核,在未回复之前,要求施工单位按图施工。

A公司编制了施工组织设计,履行了报批手续后组织钢筋混凝土支架施工班组和管道安装班组进场施工。

设计对支架图纸复核后,发现配筋确有问题,此时部分支架已施工完成,经与建设单位协商,决定对支架进行加固处理。设计人员口头告知A公司加固处理方法,要求A公司按此方法加固即可。

钢筋混凝土支架施工完成后,支架施工班组通知安装班组进行安装。

安装班组在进行对口焊接时,发现部分管道与补偿器不同轴,且对口错边量较大。经对支架进行复测,发现存在质量缺陷(与支架加固无关),经处理合格。

【问题】

1. 列举图纸会审的组织单位和参加单位,指出会审后形成文件的名称。

2. 针对支架加固处理,给出正确的变更程序。

3. 指出补偿器与管道不同轴及错边的危害。

4. 安装班组应对支架的哪些项目进行复测?

【参考答案】

1. 图纸会审的组织单位:建设单位。

图纸会审的参加单位:施工单位、设计单位、监理单位。

会审后形成文件的名称:图纸会审记录。

2. 针对支架加固处理,正确的变更程序:设计单位出具支架加固处理的变更图纸,发出设计变更通知单,监理工程师签发变更指令,施工单位按照指令修改施工组织设计,并重新办理施工组织设计的变更审批手续。如有重大变更,需原设计审核部门审定后方可实施。

3. 补偿器与管道不同轴的危害：造成焊接位置应力集中，可能会导致焊口部位破坏。同时也会严重影响到补偿器正常的伸缩补偿作用。

补偿器与管道错边的危险：影响焊口焊接质量，使焊接质量不能满足规范要求，同时会影响到管道内介质流通。

4. 安装班组应对支架的以下项目进行复测：支架高程；支架中心点平面位置；支架的偏移方向；支架的偏移量；支架的几何尺寸。

实务操作和案例分析题十七

【背景资料】

某公司承接了一项市政排水管道工程，管道为DN1200mm的混凝土管，合同价为1000万元，采用明挖开槽施工。

项目部进场后立即编制施工组织设计，拟将表层杂填土放坡挖除后再打设钢板桩，设置两道水平钢支撑及型钢围檩，沟槽支护如图1-51所示。沟槽拟采用机械开挖至设计标高，清槽后浇筑混凝土基础；混凝土直接从商品混凝土输送车上卸料到坑底。

在施工至下管工序时，发生了如下事件：起重机支腿距沟槽边缘较近致使沟槽局部变形过大，导致起重机倾覆；正在吊装的混凝土管道掉入沟槽，导致一名施工人员重伤。施工负责人立即将伤员送到医院救治，同时将起重机拖离现场，用了2d时间对沟槽进行清理加固。在这些工作完成后，项目部把事故和处理情况汇报至上级主管部门。

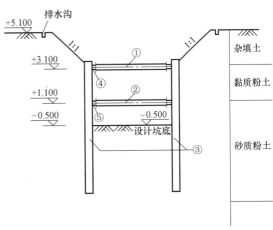

①、②——钢支撑；③——钢板桩；④、⑤——围檩

图1-51　沟槽基坑支护剖面图
（高程单位：m）

【问题】

1. 根据建造师执业工程规模标准，本工程属于小型、中型还是大型工程？说明该工程规模类型的限定条件。

2. 本沟槽开挖深度是多少？

3. 用图中序号①～⑤及"→"表示支护体系施工和拆除的先后顺序。

4. 指出施工组织设计中错误之处并给出正确做法。

【参考答案】

1. 根据建造师执业工程规模标准，本工程属于中型工程。

该工程规模类型的限定条件：管径0.8～1.5m，单项工程合同额1000万～3000万元。

2. 本沟槽开挖深度是5.6m。

3. 支护体系施工的先后顺序：③→④→①→⑤→②。

支护体系拆除的先后顺序：②→⑤→①→④→③。

4. 施工组织设计中错误之处及正确做法如下。

错误之处一：将表层杂填土放坡挖除后再打设钢板桩；

正确做法：先把钢板桩打入砂质粉土后，再放坡挖除杂填土。

错误之处二：采用机械开挖至设计标高；

正确做法：采用机械开挖时，应预留200～300mm，由人工挖至设计标高，整平。

错误之处三：清槽后浇筑混凝土基础；

正确做法：清槽后，检查验收合格方可浇筑混凝土基础。

错误之处四：混凝土直接从商品混凝土输送车上卸料到坑底；

正确做法：应采用串筒、溜槽输送混凝土。

实务操作和案例分析题十八

【背景资料】

某施工单位承建一项城市污水主干管道工程，全长1000m。设计管材采用Ⅱ级承插式钢筋混凝土管，管道内径D1000mm，壁厚100mm；沟槽平均开挖深度为3m，底部开挖宽度设计无要求。场地地层以硬塑粉质黏土为主，土质均匀，地下水位于槽底设计标高以下，施工期为旱季。

项目部编制的施工方案明确了下列事项：

（1）将管道的施工工序分解为：① 沟槽放坡开挖；② 砌筑检查井；③ 下（布）管；④ 管道安装；⑤ 管道基础与垫层；⑥ 沟槽回填；⑦ 闭水试验。

施工工艺流程：①→A→③→④→②→B→C。

（2）根据现场施工条件、管材类型及接口方式等因素确定了管道沟槽底部一侧的工作面宽度为500mm，沟槽边坡坡度为1∶0.5。

（3）质量管理体系中，管道施工过程质量控制实行企业的"三检制"流程。

（4）根据沟槽平均开挖深度及沟槽开挖断面估算沟槽开挖土方量（不考虑检查井等构筑物对土方量估算值的影响）。

（5）由于施工场地受限及环境保护要求，沟槽开挖土方必须外运，土方外运量根据表1-3估算。外运用土方车辆容量为10m³/车·次，外运单价为100元/车·次。

表1-3　土方体积换算系数表

虚方	松填	天然密实	夯填
1.00	0.83	0.77	0.67
1.20	1.00	0.92	0.80
1.30	1.09	1.00	0.87
1.50	1.25	1.15	1.00

【问题】

1. 写出施工方案（1）中管道施工工艺流程中A、B、C的名称（用背景资料中提供的序号①～⑦或工序名称做答）。

2. 写出确定管道沟槽边坡坡度的主要依据。

3. 写出施工方案（3）中"三检制"的具体内容。

4. 根据施工方案中事项（4）、（5），列式计算管道沟槽开挖土方量（天然密实体积）及土方外运的直接成本。

5. 指出本工程闭水试验管段的抽取原则。

【参考答案】

1. A的名称：⑤（管道基础与垫层）；B的名称：⑦（闭水试验）；C的名称：⑥（沟槽回填）。

2. 确定边坡坡度的主要依据：土的类别、坡顶荷载、地下水位、沟槽开挖深度、沟槽支撑。

3. 施工方案（3）中的三检制指的是：班组自检、工序或工种间互检、专业检查（专检）。

4. （1）沟槽开挖土方量：

沟槽开挖宽度底部：（1000＋2×100）＋2×500＝2200mm＝2.2m；

顶部：2.2＋3×0.5×2＝5.2m；

土方开挖量：（2.2＋5.2）/2×3×1000＝11100m³。

（2）土方外运的直接成本：

外运土方量（虚方）：11100×1.3＝14430m³；

外运车次数：14430/10＝1443车次；

外运土方直接成本：1443×100＝144300元＝14.43万元。

本题考查的是管道沟槽开挖土方量的计算。

沟槽土方开挖量＝沟槽断面面积×沟槽长度

＝（沟槽顶宽＋沟槽底宽）×平均开挖深度/2×沟槽长度

（1）这里讲一下沟槽底部开挖宽度的计算。沟槽底部开挖宽度的计算公式为：

$$B = D_0 + 2 \times (b_1 + b_2 + b_3)$$

式中　D_0——管外径（1000mm＋2×100mm）；

　　　b_1——管道一侧的工作面宽度（500mm）；

　　　b_2——有支撑要求时，管道一侧的支撑厚度（本题无）；

　　　b_3——现场浇筑混凝土或钢筋混凝土管渠一侧模板厚度（本题无）。

因此沟槽开挖宽度底部：（1000＋2×100）＋2×500＝2200mm＝2.2m，顶部：2.2＋3×0.5×2＝5.2m。

土方开挖量：（2.2＋5.2）/2×3×1000＝11100m³。

（2）在知道了沟槽开挖土方量后，本小题的第二问就容易解答了。此处补充一下土方体积换算表的相关内容：定额中的虚方土是指松散土；天然密实土是指未经扰动的自然土；夯实土是指按规范要求经过分层碾压夯实的土；松填土是指自然土挖出后用于回填但未经夯实自然堆放的土。定额中挖土、运土工程量均按自然方计算；夯填工程量按夯实土体积计算；松填工程量按松填土体积计算。本题中，沟槽开挖土方必须外运，因此不涉及松填、夯填。

背景问题中告知"计算管道沟槽开挖土方量（天然密实体积）"，因此土方开挖之前是天然密实土，开挖之后就是松散土（即需方土），当1m³的天然密实土就变成1.3m³量的需方土。

根据土方体积换算表，土方天然密实体积为11100m³，那么虚方体积应当是11100×1.30＝14430m³；外运车次数：14430/10＝1443车次；外运土方直接成本：1443×100＝144300元，合14.43万元。

5. 闭水试验管段的抽取原则：试验管道应按井距分隔，抽样选取，带井试验；管道内径大于700mm时，可按管道井段数量抽样选取1/3进行试验；试验不合格时，抽样井段数量应在抽样基础上加倍进行试验。

实务操作和案例分析题十九

【背景资料】

某公司承建一项天然气管线工程，全长1380m，公称外径DN110mm，采用聚乙烯燃气管道（SDR11 PE100），直埋敷设，热熔连接。

工程实施过程中发生了如下事件：

事件1：开工前，项目部对现场焊工的执业资格进行检查。

事件2：管材进场后，监理工程师检查发现聚乙烯直管现场露天堆放，且堆放高度达到1.8m，项目部既未采取安全措施，也未采用棚护。监理工程师签发通知单要求项目部进行整改，并按表1-4所列项目及方法对管材进行检查。

表1-4　聚乙烯管材进场检查项目及检查方法

检查项目	检查方法
A	查看资料
检测报告	查看资料
使用的聚乙烯原料级别和牌号	查看资料
B	目测
颜色	目测
长度	量测
不圆度	量测
外径及壁厚	量测
生产日期	查看资料
产品标志	目测

事件3：管道焊接前，项目部组织焊工进行现场试焊，试焊后，项目部相关人员对管道连接接头的质量进行了检查，并根据检查情况完善了焊接作业指导书。

【问题】

1. 事件1中，本工程管道焊接的焊工应具备哪些资格条件？

2. 事件2中，指出直管堆放的最高高度应为多少米，并应采取哪些安全措施；管道采用棚护的主要目的是什么？

3. 写出表1-4中检查项目A和B的名称。

4. 事件3中，指出热熔对焊工艺评定检验与试验项目有哪些？

5. 事件3中，聚乙烯管道连接接头质量检查包括哪些项目？

【参考答案】

1. 焊工应具备的资格条件：

（1）经过专门培训，并经考试合格（或具有相应资格证书）；

（2）间断安装时间超过6个月，再次上岗前应重新考试和技术评定。

2. （1）最高堆放高度是1.5m，并应采取防止直管滚动的保护措施。

（2）采用棚护的主要目的是防止暴晒（或紫外线的照射），减缓管材老化现象的发生。

3. 检查项目A的名称：检验合格证；检查项目B的名称：外观。

4. 聚乙烯管道热熔对焊工艺的评定检验和试验项目：拉伸强度、耐压试验（或强度试验）。

5. 连接接头质量检查的项目应包括：翻边对称性、接头对正性（或错边量）、翻边切除。

实务操作和案例分析题二十

【背景资料】

某项目部中标一项燃气管道工程。主管道全长1.615km，设计压力为2.5MPa，采用（$\phi 219 \times 7.9$）mm螺旋焊管；三条支线管道长分别为600m、200m、100m，采用（$\phi 89 \times 5$）mm无缝钢管。管道采用埋地敷设，平均埋深为1.4m，场地地下水位于地表下1.6m。

项目部在沟槽开挖过程中遇到了原勘察报告未揭示的废弃砖沟，项目部经现场监理口头同意并拍照后，组织人力和机械对砖沟进行了清除。事后仅以照片为依据申请合同外增加的工程量确认。

因清除砖沟造成局部沟槽超挖近1m，项目部用原土进行了回填，并分层夯实处理。

由于施工工期紧，项目部抽调了已经在管理部门工作的张某、王某、李某和赵某4人为外援。4人均持有压力容器与压力管道特种设备操作人员资格证（焊接）、焊工合格证书，且从事的工作在证书有效期及合格范围内。其中，张某、王某从焊工岗位转入管理岗3个月，李某和赵某从事管理工作已超过半年以上。

【问题】

1. 此工程的管道属于高、中、低压中的哪类管道？

2. 本工程干线、支线可分别选择何种方式清扫（有气体吹扫和清管球清扫两种方式供选择），为什么？

3. 清除废弃砖沟合同外工程量还应补充哪些资料才能被确认？

4. 项目部采用原土回填超挖砖沟的方式不正确，正确做法是什么？

5. 4名外援焊工是否均满足直接上岗操作条件？说明理由。

【参考答案】

1. 此工程的管道属于高压管道。

2. 本工程干线可选择清管球清扫方式清扫；支线可选择气体吹扫方式清扫。

理由：干线采用公称直径大于或等于100mm的钢管，宜采用清管球清扫；支线采用公称直径小于100mm的钢管，可采用气体吹扫。

3. 清除废弃砖沟合同外工程量还应补充：变更通知书和工程量确认单，才能够计量工程量。

4. 项目部回填超挖砖沟的正确做法：有地下水时，应采用级配砂石或天然砂回填处理。

5. 张某、王某满足直接上岗操作条件。李某和赵某不满足直接上岗操作条件。

理由：承担燃气钢质管道、设备焊接的人员，必须具有锅炉压力容器压力管道特种设备操作人员资格证（焊接）、焊工合格证书，且在证书的有效期及合格范围内从事焊接工作。间断焊接时间超过6个月，再次上岗前应重新考试；承担其他材质燃气管道安装的人员，必须经过培训，并经考试合格，间断安装时间超过6个月，再次上岗前应重新考试和技术评定。

实务操作和案例分析题二十一

【背景资料】

某公司承建一座城郊跨线桥工程，双向四车道，桥面宽度30m，横断面路幅划分为2m（人行道）＋5m（非机动车道）＋16m（车行道）＋5m（非机动车道）＋2m（人行道）。上部结构为5×20m预制预应力混凝土简支空心板梁；下部结构为构造A及φ130cm圆柱式墩，基础采用φ150cm钢筋混凝土钻孔灌注桩；重力式U形桥台；桥面铺装结构层包括厚10cm沥青混凝土、构造B、防水层。桥梁立面如图1-52所示。

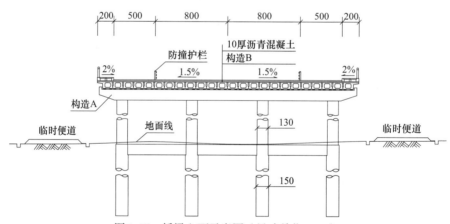

图1-52　桥梁立面示意图（尺寸单位：cm）

项目部编制的施工组织设计明确如下事项：

（1）桥梁的主要施工工序编号为：① 桩基、② 支座垫石、③ 墩台、④ 安装空心板梁、⑤ 构造A、⑥ 防水层、⑦ 现浇构造B、⑧ 安装支座、⑨ 现浇湿接缝、⑩ 摊铺沥青混凝土及其他；施工工艺流程为：① 桩基→③ 墩台→⑤ 构造A→② 支座垫石→⑧ 安装支座→④ 安装空心板梁→C→D→E→⑩ 摊铺沥青混凝土及其他。

（2）公司具备梁板施工安装的技术且拥有汽车起重机、门式吊梁车、跨墩龙门吊、穿巷式架桥机、浮吊、梁体顶推等设备。经方案比选，确定采用汽车起重机安装。

（3）空心板梁安装前，对支座垫石进行检查验收。

【问题】

1. 写出图1-52中构造A、B的名称。

2. 写出施工工艺流程中C、D、E的名称或工序编号。

3. 依据公司现有设备，除了采用汽车起重机安装空心板梁外，还可采用哪些设备？

4. 指出项目部选择汽车起重机安装空心板梁考虑的优点。

5. 写出支座垫石验收的质量检验主控项目。

【参考答案】

1. 构造A的名称：盖梁（或帽梁）；构造B的名称：混凝土整平层。

2. 施工工艺流程中：

施工工序C的名称：⑨现浇湿接缝；

施工工序D的名称：⑦混凝土整平层（或混凝土找平层、现浇构造B）；

施工工序E的名称：⑥防水层。

3. 依据公司现有设备，除了采用汽车起重机安装空心板梁外，还可采用：门式吊梁车、跨墩龙门吊、穿巷式架桥机。

4. 项目部选择汽车起重机安装空心板梁考虑的优点有：

（1）施工方便（或灵活）。

（2）节省架桥吊机的安拆费用（或节省造价、降低造价）。

（3）充分利用施工便道。

5. 支座垫石验收的质量检验主控项目：混凝土强度、位置、顶面高程、平整度、坡度、坡向。

实务操作和案例分析题二十二

【背景资料】

某公司承建沿海某开发区路网综合市政工程，道路等级为城市次干路，沥青混凝土路面结构，总长度约10km。随路敷设雨水、污水、给水、通信和电力等管线；其中污水管道为HDPE缠绕结构壁B型管（以下简称HDPE管），承插—电熔接口，开槽施工，拉森钢板桩支护，流水作业方式。污水管道沟槽与支护结构断面如图1-53所示。

施工过程中发生如下事件：

事件1：HDPE管进场，项目部有关人员收集、核验管道产品质量证明文件、合格证等技术资料，抽样检查管道外观和规格尺寸。

事件2：开工前，项目部编制污水管道沟槽专项施工方案，确定开挖方法、支护结构安装和拆除等措施，经专家论证、审批通过后实施。

事件3：为保证沟槽填土质量，项目部采用对称回填、分层压实、每层检测等措施，以保证压实度达到设计要求，且控制管道径向变形率不超过3%。

【问题】

1. 根据图1-53列式计算地下水埋深h（单位为m），指出可采用的地下水控制方法。

2. 事件1中的HDPE管进场验收存在哪些问题？给出正确做法。

3. 结合工程地质情况，写出沟槽开挖应遵循的原则。

4. 从受力体系转换角度，简述沟槽支护结构拆除作业要点。

5. 根据事件3叙述，给出污水管道变形率控制措施和检测方法。

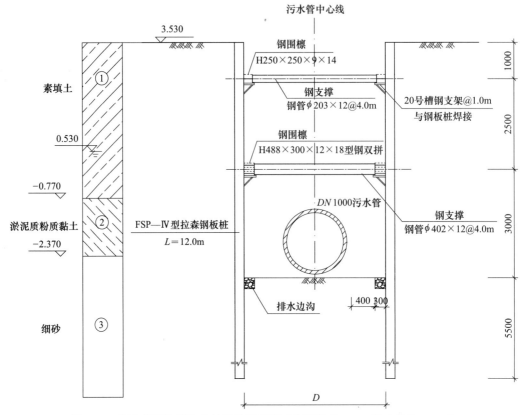

图1-53 污水管道沟槽与支护结构断面图（高程单位：m；尺寸单位：mm）

【参考答案】

1. 地下水埋深 $h = 3.53 - 0.53 = 3.0$m。

可采用的地下水控制方法有：井点降水（或管井降水、真空降水）。

2. 事件1中的HDPE管进场验收存在的问题及正确做法：

问题一：管件外观质量检验方法不正确；

正确做法：对进入现场的管件逐根进行检验；管件不得有影响结构安全、使用功能和接口连接的质量缺陷，内外壁光滑，无气泡、无裂纹。

问题二：缺少检验项目（或检验项目不全）；

正确做法：对HDPE管件取样进行环刚度复试，管件环刚度应满足设计要求。

3. 本工程沟槽属于软土地层的长条形深沟槽，土方开挖应遵循的原则是：

分段、分层（或分步）、均衡开挖，由上而下、先支撑后开挖。

4. 从受力体系转换角度，沟槽支护结构拆除作业要点：

应配合回填施工拆除，每层横撑应在填土高度达到支撑底面时拆除，先拆围檩，后拆板桩，板桩拔除后及时回填桩孔。

5. 污水管道变形率控制措施：在管道内设置径向支撑（或采用胸腔填土形成竖向反向变形抵消管道变形），按现场试验取得的施工参数回填压实。

检测方法：拆除管内支撑，采用人工管内检测（或圆形芯轴仪、圆度测试板、闭路电视），填土到预定高程后，在12~24h内测量管道径向变形率。

实务操作和案例分析题二十三

【背景资料】

某公司承建南方一项主干路工程，道路全长2.2km，地勘报告揭示K1＋500～K1＋650处有一座暗塘，其他路段为杂填土，暗塘位置如图1-54所示。设计单位在暗塘范围采用双轴水泥土搅拌桩加固的方式对机动车道路基进行复合路基处理，其他部分采用改良换填的方式进行处理，路基横断面如图1-55所示。

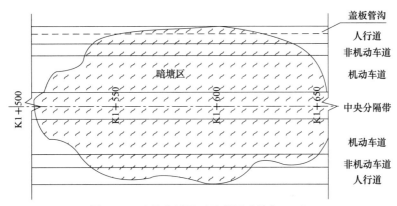

图1-54 暗塘位置平面示意图（单位：m）

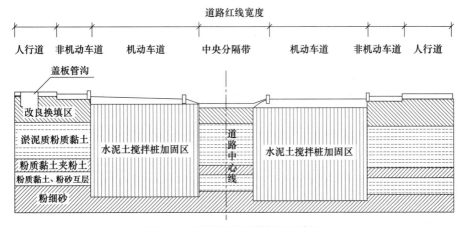

图1-55 暗塘区路基横断面示意图

为保证杆线落地安全处置，设计单位在暗塘左侧人行道下方布设现浇钢筋混凝土盖板管沟，将既有低压电力、通信线缆敷设沟内，盖板管沟断面如示意图1-56所示。

针对改良换填路段，项目部在全线施工展开之前做了100m的标准试验段，以便选择压实机具、压实方式等。

【问题】

1. 按设计要求，项目部应采用喷浆型搅拌桩机还是喷粉型搅拌桩机?
2. 写出水泥土搅拌桩的优点。
3. 写出图1-56中涂料层及水泥砂浆层的作用，补齐底板厚度A和盖板宽度B的尺寸。
4. 补充标准试验段需要确定的技术参数。

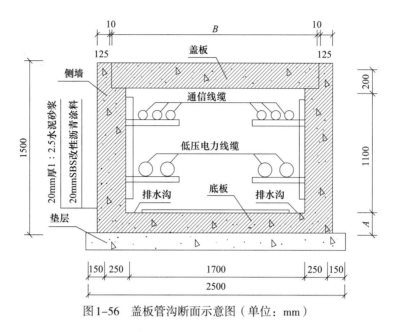

图 1-56 盖板管沟断面示意图（单位：mm）

【参考答案】

1. 按设计要求，项目部应采用喷浆型搅拌桩机。

2. 水泥土搅拌桩的优点包括：

（1）最大限度地利用了原土。

（2）搅拌时无振动、无噪声和无污染，可在密集建筑群中进行施工，对周围原有建筑物及地下沟影响很小。

（3）根据上部结构的需要，可灵活地采用柱状、壁状、格栅状和块状等加固形式。

（4）与钢筋混凝土桩基相比，可节约钢材并降低造价。

3. 图 1-56 中：

（1）涂料层作用：防水作用。

（2）水泥砂浆层作用：对防水层起保护作用，防止后续回填等施工破坏防水层。

底板厚度 A 和盖板宽尺寸 B：

（1）底板厚度 $A = 1500 - 1100 - 200 = 200$mm。

（2）盖板宽尺寸 $B = 1700 + 250 + 250 - (125 + 125 + 10 + 10) = 1930$mm。

4. 标准试验段需要确定的技术参数还包括：

（1）压实遍数。

（2）预沉量值。

（3）每层虚铺厚度。

实务操作和案例分析题二十四

【背景资料】

某公司承接了某市高架桥工程，桥幅宽25m，共14跨，跨径为16m，为双向六车道，上部结构为预应力空心板梁，半幅桥断面示意图如图 1-57 所示，合同约定4月1日开工，国庆通车，工期6个月。

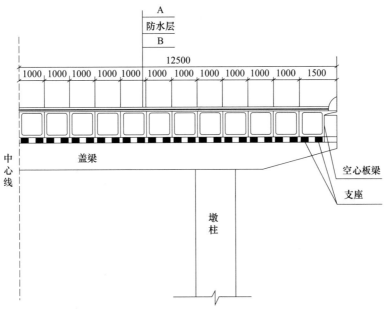

图1-57 半幅桥断面示意图（单位：mm）

其中，预制梁场（包括底模）建设需要1个月，预应力空心板梁预制（含移梁）需要4个月，制梁期间正值高温，后续工程施工需要1个月。每片空心板梁预制只有7d时间，项目部制定的空心板梁施工工艺流程依次为：钢筋安装→C→模板安装→钢绞线穿束→D→养护→拆除边模→E→压浆→F，移梁让出底模。项目部采购了一批钢绞线共计50t，抽取部分进行了力学性能试验及其他试验，检验合格后用于预应力空心板梁制作。

【问题】

1. 写出图1-57桥面铺装层中A、B的名称。

2. 写出图中桥梁支座的作用，以及支座的名称。

3. 列式计算预应力空心板梁加工至少需要的模板数量（每月按30d计算）。

4. 补齐项目部制定的预应力空心板梁施工工艺流程，写出C、D、E、F的工序名称。

5. 项目部采购的钢绞线按规定应抽取多少盘进行力学性能试验和其他试验？

【参考答案】

1. 桥面铺装层中A的名称：沥青混凝土桥面铺装层（桥面铺装）；B的名称：钢筋混凝土整平层（整平层）。

2. 桥梁支座的作用：连接桥梁上部结构和下部结构的重要结构部件，位于梁体和垫石之间，它能将桥梁上部结构承受的荷载和变形（位移和转角）可靠地传递给桥梁下部结构，是桥梁的重要传力装置。

支座的名称：板式橡胶支座。

3. 空心板总数为：$12×2×14＝336$片，空心板预制时间为：$4×30＝120d$，每片需要预制7d，$336×7÷120＝19.76$套。故需模板数量为20套。

4. C工序名称：预应力孔道安装；D工序名称：混凝土浇筑；E工序名称：预应力张拉；F工序名称：封锚。

5. 钢绞线50t，按规定需抽取3盘，如少于3盘，应全数检验。

实务操作和案例分析题二十五

【背景资料】

A公司中标承建一项蓄水池工程，主体结构为矩形钢筋混凝土半地下式结构，平面尺寸30m×20m；高15m，设计水深12m。

基坑采用不放坡开挖，围护结构采用地下连续墙，施工步骤如图1-58所示。

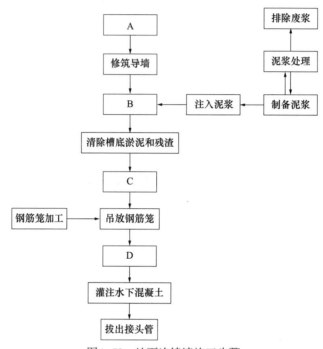

图1-58 地下连续墙施工步骤

基坑沿深度方向设有3道支撑，从上到下依次采用现浇钢筋混凝土支撑、单钢管支撑、双钢管支撑，基坑场地地层自上而下依次为：2.5m厚素填土、4.5m厚砂土、5.5m厚粉质黏土、10m厚砂质粉土，地下水埋深约2.5m。

施工过程中发生如下事件：

事件1：基坑开挖至设计基底标高时，监测过程中发现，基坑底部产生了较大的坑底隆起，项目部立即采取措施，对其进行控制，后续加强对基底的监测。

事件2：水池施工安装止水带采用橡胶止水带，现场工人安装时采用叠接连接，在叠接位置用铁钉进行固定，被现场监理工程师发现后制止，并要求项目部作出整改。

事件3：水池施工完成之后，在施作池体防水层、防腐层之前，项目部按照试验水压要求封堵预留孔洞、预埋管口及出入水口等，检查充水、充气给水排水闸阀无渗漏之后，进行满水试验，注水至设计水深24h之后对水位进行观测，观测1d之间水位下降量为10mm，同时蒸发量测定水箱水位下降量为1mm。

【问题】

1. 请写出A、B、C、D分别对应哪项施工步骤。

2. 写出内支撑体系的布置原则。

3. 事件1中，基坑底部产生较大隆起的原因可能有哪些？

4. 试补充事件1中项目部所采取的控制基坑隆起的措施。

5. 事件2中，监理工程师制止的原因是什么，项目部该如何整改？

6. 根据事件3所给条件，列式计算注水至设计水深所需天数以及判断本次渗水量测定是否合格。

【参考答案】

1. A所代表的施工步骤：开挖导沟；B所代表的施工步骤：开挖沟槽；C所代表的施工步骤：吊放接头管；D所代表的施工步骤：下导管。

2. 内支撑体系的布置原则：

（1）宜采用受力明确、连接可靠、施工方便的结构形式。

（2）宜采用对称平衡性、整体性强的结构形式。

（3）应与主体结构的结构形式、施工顺序协调，以便于主体结构施工。

（4）应利于基坑土方开挖和运输。

（5）有时，可利用内支撑结构施工做施工平台。

3. 事件1中，基坑底部产生较大隆起的原因可能有：

（1）基坑底不透水土层由于其自重不能够承受下方承压水水头压力而产生突然性的隆起。

（2）由于围护结构插入基坑底土层深度不足而产生坑内土体隆起破坏。

4. 事件1中项目部所采取的控制基坑隆起的措施：

（1）保证深基坑坑底稳定的方法有加深围护结构入土深度、坑底土体加固、坑内井点降水等措施。

（2）适时施作底板结构。

5. 监理工程师制止的原因：现场工人安装止水带时采用叠接方式。

错误之处：现场工人安装时采用叠接连接，在叠接位置用铁钉进行固定；

整改措施：塑料或橡胶止水带接头应采用热接，不得采用叠接；不得在止水带上穿孔或用铁钉固定就位，应采用定位钢筋对止水带进行固定。

6. 注水至设计水深所需天数：$12 \div 2 + 2 = 8d$；

水池渗水面积：$30 \times 20 + 30 \times 12 \times 2 + 20 \times 12 \times 2 = 1800m^2$；

渗水体积：$30 \times 20 \times (10 - 1) = 5400L$；

渗水量：$5400 \div 1800 \div 1 = 3L/(m^2 \cdot d) > 2L/(m^2 \cdot d)$，本次渗水量测定结果为不合格。

实务操作和案例分析题二十六

【背景资料】

某单位承建一条水泥混凝土道路工程，道路全长1.2km，混凝土强度等级C30。项目部编制了混凝土道路路面浇筑施工方案，方案中对各个施工环节做了细致的部署。在道路基层验收合格后，水泥混凝土道路面层施工前，项目部把道路面层浇筑的工艺流程对施工班组做了详细的交底如下：安装模板→装设拉杆与传力杆→混凝土拌合与①→混凝土摊铺与②→混凝土养护及接缝施工其中特别对胀缝节点部位的技术交底如图1-59所示。

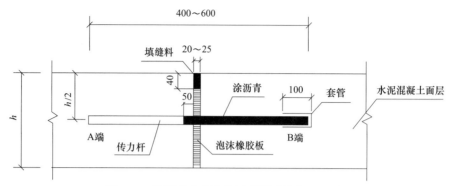

图1-59 胀缝节点部位的示意图（单位：mm）

在混凝土道路面层浇筑时天气发生变化为了保证工程质量，项目部紧急启动雨期突击施工预案，在混凝土道路面层浇筑现场搭设临时雨棚，工序衔接紧密，班长在紧张的工作安排中疏漏了一些浇筑工序细节。混凝土道路面层浇筑完成后，养护了数天，气温均为（25±2）℃左右。当监理提出切缝工作的质疑时，项目部将同条件养护的混凝土试块做了试压，数据显示已达设计强度的80%。项目部抓紧安排了混凝土道路面层切缝、灌缝工作，灌缝材料采用聚氨酯，高度稍低于混凝土道路面板顶部2mm。为保证"工完、料净、场清"文明施工，工人配合翻斗车直接上路进行现场废弃物清运工作。

【问题】

1. 在混凝土面层浇筑工艺流程中，请指出拉杆、传力杆采用的钢筋类型。补充①、②施工工序的名称。指出图1-59中拉杆的哪一端为固定端。

2. 为保证水泥混凝土面层的雨期施工质量，请补充混凝土浇筑时所疏漏的工序细节。

3. 请指出混凝土面层切缝、灌缝时的不当之处，并改正。

4. 当混凝土强度达设计强度80%时能否满足翻斗车上路开展运输工作？说明理由。

【参考答案】

1. 在混凝土面层浇筑工艺流程中，拉杆采用的钢筋类型是螺纹钢，传力杆采用的钢筋类型是光圆钢筋。

①施工工序名称：运输；②施工工序名称：振捣。

图1-59中拉杆的A端为固定端。

2. 为保证水泥混凝土面层的雨期施工质量，混凝土浇筑时所疏漏的工序细节：

（1）应勤测粗细集料的含水率，适时调整加水量，保证配合比准确性，严格掌握配合比。

（2）雨期作业工序要紧密衔接，及时浇筑、振动、抹面成型、养护。

3. 混凝土面层切缝、灌缝时的不当之处及改正如下：

不当之处一：混凝土强度达到设计强度80%时切缝；

改正：设计强度25%～30%时进行。

不当之处二：填缝高度稍低于混凝土道路面板顶部2mm；

改正：施工时灌缝材料应与板面平齐。

4. 当混凝土强度达设计强度80%时不能满足翻斗车上路开展运输工作。

理由：面层混凝土完全达到设计弯拉强度且填缝完成后，方可开放交通。

实务操作和案例分析题二十七

【背景资料】

某公司建一项城市桥梁工程，设计为双幅分离式四车道，下部结构为墩柱式桥墩，上部结构为简支梁。该桥盖梁采取支架法施工，项目部编制了盖梁支架模板搭设安装专项方案。包括如下内容：采用盘扣式钢管满堂支架；对支架强度进行计算，考虑了模板荷载，支架自重和盖梁钢筋混凝土的自重；核定地基承载力；对支架搭设范围的地面进行平整预压后搭设支架。盖梁模板支架搭设示意如图1-60所示。架子工未完成全部斜撑搭设被工长查出，要求补齐。现场支架模板安装完成后，项目部立即开始混凝土浇筑，被监理叫停下达了暂停施工通知，并提出整改要求。

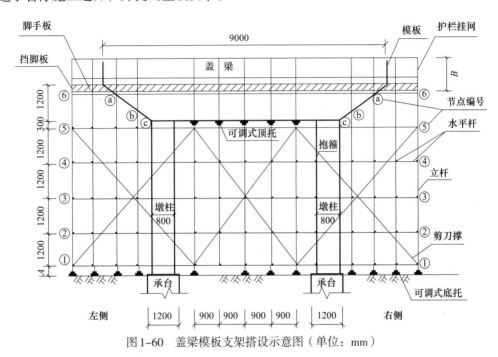

图1-60　盖梁模板支架搭设示意图（单位：mm）

【问题】

1. 写出支架设计中除强度外还应验算的内容。
2. 补充支架强度计算时还应考虑的荷载。
3. 指出支架搭设过程中存在的问题。
4. 指出图1-60中A、B的数值。
5. 写出示意图1-60左侧支架需要补充两根斜撑两端的对应节点编号。

【参考答案】

1. 支架设计中除强度外还应验算的内容：刚度、抗倾覆稳定性。
2. 支架强度计算时还应考虑的荷载：
（1）施工人员及施工材料机具等行走运输或堆放的荷载。
（2）振捣混凝土时的荷载。
（3）其他可能产生的荷载，如风雪荷载、冬期施工保温设施荷载等。

3. 支架搭设过程中存在的问题：

（1）未对支架地基承载能力检验。

（2）斜撑搭设与支架搭设未同步进行。

（3）支架底部未设置垫板或混凝土垫块。

（4）支架未进行预压。

4. 盖梁模板支架搭设示意图中，$A=550\text{mm}$；$B=1.5\text{m}$。

本题要求指出盖梁模板支架搭设示意图中 A、B 数值。A 是指扫地杆距离地面的高度。《建筑施工承插型盘扣式钢管脚手架安全技术标准》JGJ/T 231—2021 中第 6.2.5 条规定，支撑架可调底座丝杆插入立杆长度不得小于 150mm，丝杆外露长度不宜大于 300mm，作为扫地杆的最底层水平杆中心线距离可调底座的底板不应大于 550mm。

B 是指挡脚板与最上面一道护栏的高度。《建筑施工承插型盘扣式钢管脚手架安全技术标准》JGJ/T 231—2021 第 7.5.5 条规定，作业架顶层的外侧防护栏杆高出顶层作业层的高度不应小于 1500mm。

5. 示意图 1-60 左侧支架需要补充两根斜撑两端的对应节点编号：a——⑤；b——④。

实务操作和案例分析题二十八

【背景资料】

某公司承建一座排水拱涵工程，拱涵设计跨径 16.5m，拱圈最小厚度为 0.9m；涵长为 110m，每 10m 设置一道 20mm 宽的沉降缝。拱涵的拱圈和拱墙设计均采用 C40 钢筋混凝土，抗渗等级 P8，扩大基础持力层为弱风化花岗岩；结构防水主要由两部分组成，一是在沉降缝内部采取防水措施，二是对拱涵主体结构（包括拱圈和拱墙）的外表面采用水性渗透型无机防水剂＋自粘聚合物改性沥青防水卷材＋20mm 厚 M10 砂浆的综合防水措施，拱涵横断面如图 1-61 所示，沉降缝及外表面防水结构如图 1-62 所示。

项目部编制的施工方案有如下内容：

（1）拱圈采用碗扣式钢管满堂支架施工方案，并对拱架设置施工预拱度。

（2）拱涵主体结构（包括拱圈和拱墙）混凝土浇筑过程中按相邻沉降缝进行分段，每段拱涵进行分块浇筑的施工方案。每段拱涵分块方案为拱墙分为两块⓪号块，拱圈分为两块①号块、两块②号块、一块③号块，拱涵混凝土浇筑分块如图 1-61 所示。混凝土浇筑分两次进行，第一次完成两块⓪号块（拱墙）施工，并设置施工缝；第二次按照拟定的各分块施工顺序完成拱圈的一次性整体浇筑。

（3）拱涵主体结构防水层施工过程中，按规范规定对防水层施工质量进行检测。

【问题】

1. 写出图 1-62 中构件 A 的名称。

2. 列式计算拱圈最小厚度处结构自重的面荷载值（单位为 kN/m^2，钢筋混凝土重力密度按 26kN/m^3 计）；该拱架施工方案是否需要组织专家论证？说明理由。

3. 施工方案（1）中，拱架施工预拱度的设置应考虑哪些因素？

4. 结合图 1-61 和施工方案（2），指出拱圈混凝土浇筑分块间隔缝（或施工缝）预留时应如何处理？

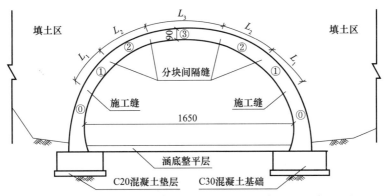

图1-61 拱涵横断面布置与混凝土浇筑分块示意图（尺寸：cm）

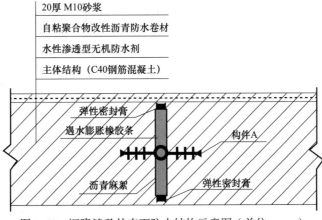

图1-62 沉降缝及外表面防水结构示意图（单位：mm）

5. 施工方案（2）中，指出拱圈浇筑的合理施工顺序（用背景资料中提供的序号"①、②、③"及"→"表示）。

6. 施工方案（3）中，防水层检测的一般项目和主控项目有哪些？

【参考答案】

1. 图1-62中构件A的名称：橡胶止水带。

2. （1）拱圈最小厚度处结构自重的面荷载值为：$0.9 \times 26 = 23.4 \text{kN/m}^2$。

（2）该拱架施工方案需要组织专家论证。

（3）理由：拱架工程拱圈最小厚度处的面荷载值为23.4kN/m²，超过了"施工总荷载15kN/m²及以上"的规定，属于超过一定规模的危险性较大的分部分项工程，故需要组织专家论证。

3. 拱架施工预拱度的设置应考虑的因素：

（1）设计文件规定的结构预拱度。

（2）拱架承受施工荷载引起的弹性变形。

（3）受载后由于杆件接头处的挤压和卸落设备压缩而产生的非弹性变形。

（4）拱架基础受载后的沉降。

4. 拱圈浇筑的合理施工顺序：

（1）拱圈混凝土浇筑前，对于⓪号块和①号块之间的施工缝，应待⓪号块混凝土达到规定强度后，将其与①号块的相接面凿成垂直于拱轴线的平面或台阶式接合面，并将相接面凿毛，清洗干净，表面湿润但不得有积水，抹与混凝土同水胶比的水泥砂浆后，方可浇筑拱圈混凝土①号块、②号块和③号块。

（2）拱圈混凝土浇筑时，对于①号块、②号块、③号块之间的分块间隔缝，混凝土应连续浇筑，在①号块混凝土初凝前完成②号块和③号块的混凝土浇筑。

5. 拱圈浇筑的合理施工顺序：①→②→③。

6. （1）防水层检测的一般项目：外观质量。

（2）防水层检测的主控项目：①粘结强度；②涂料厚度。

实务操作和案例分析题二十九

【背景资料】

某公司承建一项目地铁车站土建工程，车站长236m、标准宽度19.6m、深度16.2m、地下水位标高为13.5m。车站为地下二层三跨岛式结构，采用明挖法施工。围护结构为地下连续墙，内支撑第一道为钢筋混凝土支撑，其余为φ800mm钢管支撑，基坑内设管井降水，车站围护结构及支撑断面示意图如图1-63所示。

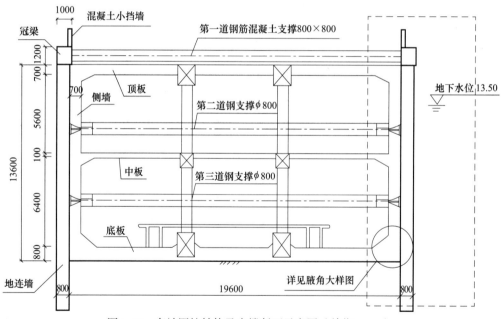

图1-63 车站围护结构及支撑断面示意图（单位：mm）

项目部为加强施工过程变形监测，结合车站基本风险等级编制了监测方案，其中监测项目包括地下连续墙顶面的水平位移和竖向位移。

项目部将整个车站划分为12仓施工，标准段每仓长度为20m。每仓的混凝土浇筑顺序为：垫层→底板→负二层侧墙→中板→负一层侧墙→顶板，按照上述工序和规范要求设置了水平施工缝，其中底板与负二层侧墙的水平施工缝设置如图1-64所示。

标准段某仓顶板施工时，日均气温23℃，为检验评定混凝土强度，控制模板拆除时间，项目部按相关要求留置了混凝土试件。

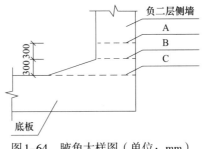

图1-64 腋角大样图（单位：mm）

顶板模板支撑体系采用自扣式满堂支架，项目部编制了支架搭设专项方案，由于搭设高度不足8m，项目部认为该方案不必经过专家论证。

【问题】

1. 判断该基坑自身风险等级为几级？补充其他监测应测项目。

2. 图1-63右侧虚线范围断面内应设几道水平施工缝？写出图1-64中底板与负二层侧墙水平施工缝正确位置对应的字母。

3. 该仓顶板混凝土浇筑过程应留置几组混凝土试件？并写出对应的养护条件。

4. 支架搭设方案是否需要专家论证？写出原因。

【参考答案】

1. 该基坑自身风险等级为二级。

其他监测应测项目包括：地下连续墙体水平位移、立柱结构竖向位移、支撑轴力、锚杆拉力、地表沉降、竖井井壁支护结构净空收敛、地下水位。

2. 图1-63右侧虚线范围断面内应设4道水平施工缝。

图1-64中底板与负二层侧墙水平施工缝正确位置对应的字母为A。

3. 根据图示尺寸每仓顶板混凝土设计方量约为$20 \times 19.6 \times 0.7 = 274.4m^3$，按每100m³留置1组标养试块，则标养试件留置数量为3组；标准养护条件：温度为（20 ± 2）℃，相对湿度95%以上的标准养护室中养护28d。

同条件试块留置两组（1组用于判断拆模强度，1组备用），同条件养护条件：将试件与顶板混凝土放置在一起，进行同温度、同湿度环境的相同养护。

4. 支架搭设方案需要经专家论证。

原因：虽然支架搭设高度不足8m，但顶板分仓浇筑，每仓跨度达到19.6m；依据相关规范规定，搭设高度8m及以上，或搭设跨度18m及以上的混凝土模板支撑工程必须组织专家论证。

实务操作和案例分析题三十

【背景资料】

某公司承建一项老旧小区改造工程：对小区机、非车道破损路面进行修复及既有人行道进行海绵化改造。人行道改造结构层自上而下依次为：60mm厚透水性步砖、30mm厚干硬性水泥砂浆、150mm厚C20无砂大孔混凝土、200mm厚级配碎石、土工布、土路基。人行道结构层示意如图1-65所示。级配碎石层底部埋设一条A管。道路纵向每隔一定间距埋设一条$DN100mm$的PE连接管，连通A管与主管。

项目部进场后按照智慧工地的要求进行现场管理，在项目出入口设置智能闸机。施工现场设置视频监控系统，实现了施工现场劳务人员实名制智能管理。大大节约了项目的管理成本。

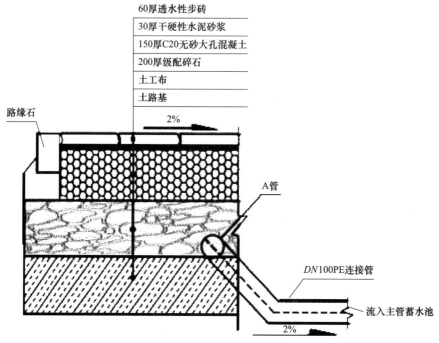

图1-65　人行道结构层示意图（单位：mm）

【问题】

1. 写出级配碎石层和土工布层这两种构造在人行道结构层中所起的作用。

2. 写出图1-65中A管的具体名称及其作用。

3. 写出视频监控在智慧工地监管中起的作用？

4. 劳务实名制管理在智慧工地管理中能实现哪些管理功能？

【参考答案】

1. 级配碎石为柔性垫层，其作用为：改善土基的湿度和温度状况，既能排水又能防冻；传递荷载，提供支撑力；减少土基的沉降变形对基层和面层的不良影响。

土工布作用是：隔离防渗功能，防止级配碎石层中的水渗入土路基。

2. A管：纵向集水管。作用：收集渗水，纵向排水。

3. 视频监控在智慧工地监管中起的作用：

（1）及时掌握施工现场情况，可以实现及时管控、远程管控。

（2）对质量重点部位进行现场监控，保证施工质量。

（3）对违章指挥、违章作业等安全隐患进行监控，避免安全事故。

（4）对影响施工进度的重要工序节点，进行过程监控，排除干扰，保证进度。

（5）对违规操作和不文明施工行为进行监控，保证施工现场规范施工，文明施工。

（6）落实岗位职责，遇突发事件时便于调查和明确责任。

（7）方便对施工人员的实名制管理（如人脸识别）。

4. 劳务实名制管理在智慧工地管理中能实现下列管理功能：

（1）人员信息管理：便于存储和查询劳务人员基本信息、培训及继续教育等信息。

（2）工资管理：保证按月支付劳务人员工资。

（3）考勤管理：记录出勤状况；作为记录存档和备查。

（4）门禁管理：准许劳务人员出入项目施工区、生活区。

第二章 市政公用工程施工招标投标及
合同管理案例分析专项突破

2014—2023年度实务操作和案例分析题考点分布

考点	年份									
	2014年	2015年	2016年	2017年	2018年	2019年	2020年	2021年	2022年	2023年
招标投标管理	●									
招标条件与程序			●							
投标条件与程序	●									
合同履约与管理要求					●		●	●		
工程索赔的应用	●	●	●	●						

【专家指导】

合同管理内容中，索赔类型的题目是历年考试的常考点，一般都会结合合同责任及进度延误进行综合考查，答题时要结合背景资料中给出的重要信息，进行分析后再作答。除了索赔外，还应掌握招标投标的相关知识，这一内容不会占很大的分值比重，着重掌握招标投标的程序。

历 年 真 题

实务操作和案例分析题一［2015年真题］

【背景资料】

某公司中标污水处理厂升级改造工程，处理规模为70万 m^3/d，其中包括中水处理系统。中水处理系统的配水井为矩形钢筋混凝土半地下室结构，平面尺寸17.6m×14.4m，高11.8m，设计水深9m；底板、顶板厚度分别为1.1m、0.25m。

施工过程中发生了如下事件：

事件1：配水井基坑边坡坡度1：0.7（基坑开挖不受地下水影响），采用厚度6~10cm的细石混凝土护面。配水井顶板现浇施工采用扣件式钢管支架，支架剖面如图2-1所示。方案报公司审批时，主管部门认为基坑缺少降、排水设施，顶板支架缺少重要杆件，要求修改补充。

事件2：在基坑开挖时，现场施工员认为土质较好，拟取消细石混凝土护面，被监理工程师发现后制止。

事件3：项目部识别了现场施工的主要危险源，其中配水井施工现场主要易燃易爆物品包括隔离剂、油漆稀释料⋯⋯项目部针对危险源编制了应急预案，给出了具体预防措施。

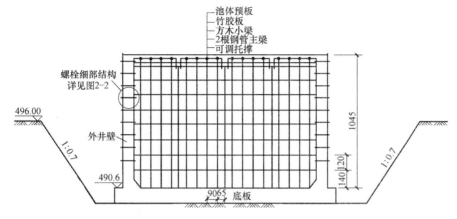

图2-1　配水井顶板支架剖面示意图（标高单位：m；尺寸单位：cm）

事件4：施工过程中，由于设备安装工期压力，中水管道未进行功能性试验就进行了道路施工（中水管在道路两侧）。试运行时中水管道出现问题，破开道路对中水管进行修复造成经济损失180万元，施工单位为此向建设单位提出费用索赔。

【问题】

1. 图2-1中基坑缺少哪些降、排水设施，顶板支架缺少哪些重要杆件？

2. 指出图2-2、图2-3中A、B名称，简述本工程采用这种形式螺栓的原因？

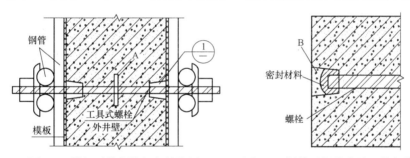

图2-2　模板对拉螺栓细部结构图　　图2-3　拆模后螺栓孔处置节点①图

3. 事件2中，监理工程师为什么会制止现场施工员行为，取消细石混凝土护面应履行什么手续？

4. 事件3中，现场的易燃易爆物品危险源还应包括哪些？

5. 事件4所造成的损失能否索赔？说明理由。

6. 配水井满水试验至少应分几次？分别列出每次充水高度。

【参考答案与分析思路】

1. 基坑缺少的降、排水设施有：坡顶没有显示截水沟；基坑内没有显示集水井、排水沟。顶板支架缺少水平杆、扫地杆和剪刀撑。

> 本题考查的是基坑内的降、排水设施情况以及各种构件的设置要求。根据背景资料可知开挖不受地下水影响，因此不用考虑基坑的井点降水。基坑施工期间可能会遇到下雨，所以需要集水井、截水沟及排水沟。第二小问较简单，但是需要结合背景资料回答。

2. A的名称：止水环；B的名称：聚合物水泥砂浆。

采用此种形式螺栓的原因：配水池为给水排水构筑物，防渗要求较高，所以，必须采用有止水构造的螺栓。

> 本题考查的是钢筋混凝土构筑物的相关知识。考生的识图能力在考试中测试次数较少，但不失为一个很好的考核方法，考生应注意掌握，很可能会再次出现在考试中。

3. 监理工程师制止现场施工员行为的原因：现场施工员未严格按专项施工方案施工。

取消细石混凝土护面应履行的手续：由于取消护面属于方案变更，因此应重新编制、论证，并经原批准程序批准后方可实施。

> 本题考查的是专项施工方案编制与论证的要求。掌握专项方案的编制、论证与修改的相关知识是解答本题的关键。

4. 现场的易燃易爆物体危险源还应包括：氧气、乙炔、竹胶板、方木。

> 本题考查的是施工现场易燃、易爆物体危险源。解答本题时，应仔细阅读案例中所给条件，再结合所学习的知识，合理地答出现场的易燃、易爆物体危险源。

5. 施工单位不能索赔。

原因：施工单位未按规范规定（倒序）施工，属于施工单位自身责任。

> 本题考查的是施工合同的索赔知识。这一知识点经常出现在考题中，其解题关键在于分清责任，分析清楚产生问题原因的主体责任中首要因素和关键点，解决索赔问题的关键是"谁过错，谁负责，谁赔偿"。几乎每年都会出现在考试中，考生应注意掌握。

6. 满水试验至少需要三次。

分为三次注水试验时：第一次充水至设计水深的1/3（充水至3m）；第二次充水至设计水深的2/3（充水至6m）；第三次充水至设计水深（充水至9m）。

> 本题考查的是关于配水井的满水试验要求。无论在选择题中还是案例题中，出现的概率都较高，考生应给予重视。

实务操作和案例分析题二 ［2014年真题］

【背景资料】

某市新建生活垃圾填埋场，工程规模为日消纳量200t，向社会公开招标，采用资格后审并设最高限价，接受联合体投标。A公司缺少防渗系统施工业绩，为加大中标机会，与有业绩的B公司组成联合体投标；C公司和D公司组成联合体投标，同时C公司又单独参加该项目的投标；参加投标的还有E、F、G等其他公司，其中E公司投标报价高于限价，F公司投标报价最低。

A公司中标后准备单独与建设单位签订合同，并将防渗系统的施工分包给报价更优的C公司，被建设单位拒绝并要求A公司立即改正。

项目部进场后，确定了本工程的施工质量控制要求，重点加强施工过程质量控制，确保施工质量；项目部编制了渗沥液收集导排系统和防渗系统的专项施工方案，其中收集导排系统采用HDPE渗沥液收集花管，其连接工艺流程如图2-4所示。

图2-4　HDPE管焊接施工工艺流程图

【问题】

1. 上述投标中无效投标有哪些，为什么？

2. A公司应如何改正才符合建设单位要求？

3. 施工质量过程控制包含哪些内容？

4. 指出工艺流程图中①、②、③的工序名称。

5. 补充渗沥液收集导排系统的施工内容。

【参考答案与分析思路】

1. 上述投标中，C公司的投标文件无效；C公司和D公司组成的联合体投标文件无效；E公司的投标文件无效。

理由：C公司作为联合体协议的一方，不得再以自己名义单独投标或者参加其他联合体投标；E公司投标报价高于限价，违背了招标文件的实质性内容。

本题考查的是招标投标的相关规定。考生要清楚地了解联合体投标的概念与要求，C公司属于联合体投标的一方，所以不得单独投标；E公司投标报价高于限价，违背了招标文件的实质要求。

2. A公司与B公司共同与建设单位签订合同。防渗系统由B公司施工。

本题考查的是联合体投标。根据案例中所提到的信息，确定哪些公司符合联合体投标的要求，然后合理分配工程并签订合同。

3. 施工质量过程控制内容包含：

（1）分项工程（工序）控制。

（2）特殊过程控制。

（3）不合格产品控制。

本题考查的是施工质量控制的内容。考生根据考试用书中所学的内容，按部就班地答出施工质量过程控制所包含内容即可。应特别注意分项工程（工序）控制及特殊过程控制。

4. 工艺流程图中，①的工序名称：管材准备就位；②的工序名称：预热；③的工序名称：加压对接。

本题考查的是连接工艺和相关工序，具有一定的实践性，相对有一定难度。

5. 渗沥液收集导排系统施工内容还应包括：导排层摊铺、收集渠码砌。

本题考查的是渗沥液收集导排系统施工。渗沥液收集导排系统施工主要有导排层摊铺、收集花管连接、收集渠码砌等施工过程。

典型习题

实务操作和案例分析题一

【背景资料】

A公司为某水厂改扩建工程总承包单位。工程包括新建滤池、沉淀池、清水池、进水管道及相应的设备安装。其中设备安装经招标后由B公司实施。施工期间，水厂要保持正常运营。新建清水池为地下式构筑物。池体平面尺寸为128m×30m，高度为7.5m，纵向设两道变形缝，其横断面及变形缝构造如图2-5、图2-6所示。鉴于清水池为薄壁结构且有顶板，方案确定清水池高度方向上分三次浇筑混凝土，并合理划分清水池的施工段。

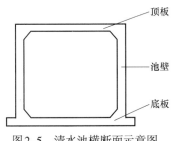

图2-5 清水池横断面示意图

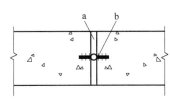

图2-6 变形缝构造示意图

A公司项目部进场后将临时设施中生产设备搭设在施工的构筑物附近，其余的临时设施搭设在原厂区构筑物之间的空地上，并与水厂签订施工现场管理协议。B公司进场后，A公司项目部安排B公司临时设施搭设在厂区内的滤料堆场附近，造成部分滤料损失。水厂物资部门向B公司提出赔偿滤料损失的要求。

【问题】

1. 分析本案例中施工环境的主要特点。

2. 清水池高度方向施工需设置几道施工缝，应分别在什么部位？

3. 指出图2-6中a、b材料的名称。

4. 简述清水池划分施工段的主要依据和施工顺序，清水池混凝土应分几次浇筑？

5. 列出本工程其余临时设施种类，指出现场管理协议的责任主体。

6. 简述水厂物资部门的索赔程序。

【参考答案】

1. 本案例中施工环境的主要特点：露天施工，环境复杂，危险性大，交叉作业多，特种作业多，需要协调多，场地限制，新旧工程同时建设，生产不停，环保文明。

2. 清水池高度方向施工需设置两道施工缝。一道设在底板上池壁八字墙上150~200mm处，另一道设在顶板八字墙下150~300mm处。

3. a材料名称：防水嵌缝材料；b材料名称：中埋式止水带。

4. 清水池划分施工段的主要依据：（1）相关规范要求；（2）设计特殊性要求；（3）施工缝、变形缝、立柱的位置；（4）现有机械设备条件及劳动力情况；（5）划分应有利于安全和质量；（6）方便施工。

清水池施工顺序：测量放样→基坑开挖→基础处理→垫层→防水层→底板浇筑→池壁浇筑→顶板浇筑→功能性试验。

> 本题要求指出清水池混凝土浇筑次数。从背景资料中"纵向设两道变形缝"和"沿水池高度方向上分三次浇筑混凝土"可知，底板需要进行流水施工，分三次浇筑；墙体也是分三次浇筑；顶板同样是三次浇筑；清水池混凝土应分9次浇筑。如图2-7所示。

图2-7 水池混凝土分次浇筑示意图

5. 本工程其余临时设施种类有：

（1）办公设施，包括办公室、会议室、保卫传达室。

（2）生活设施，包括宿舍、食堂、厕所、淋浴室、阅览娱乐室、卫生保健室。

（3）辅助设施，包括道路、现场排水设施、围墙、大门等。

现场管理协议的责任主体：A公司和水厂。

6. 水厂物资部门应由企业出面，通过监理单位进行反索赔。应根据总承包合同向A公司提出索赔，由A公司再根据分包合同向B公司追偿。但水厂应在一定时间内提供有效损失证明、明确索赔理由和对象，提出索赔金额。

实务操作和案例分析题二

【背景资料】

地铁工程某标段包括A、B两座车站以及两座车站之间的区间隧道（如图2-8所示）。区间隧道长1500m，设2座联络通道。隧道埋深为1～2倍隧道直径，地层为典型的富水软土，沿线穿越房屋、主干道路及城市管线等。区间隧道采用盾构法施工，联络通道采用冻结加固暗挖施工。本标段由甲公司总承包，施工过程中发生下列事件：

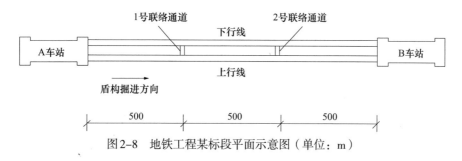

图2-8 地铁工程某标段平面示意图（单位：m）

事件1：甲公司将盾构掘进施工（不含材料和设备）分包给乙公司，联络通道冻结加固施工（含材料和设备）分包给丙公司。建设方委托第三方进行施工环境监测。

事件2：在1号联络通道暗挖施工过程中发生局部坍塌事故，导致停工10d，直接经济损失100万元。事发后进行了事故调查，认定局部冻结强度不够是导致事故的直接原因。

事件3：丙公司根据调查报告，并综合分析现场情况后决定采取补打冻结孔、加强冻结等措施，并向甲公司项目部和监理工程师进行了汇报。

【问题】

1. 结合本工程特点简述区间隧道选择盾构法施工的理由。

2. 盾构掘进施工环境监测内容应包括哪些？

3. 事件1中甲公司与乙、丙公司分别签订哪种分包合同？

4. 在事件2所述的事故中，甲公司和丙公司分别承担何种责任？

5. 冻结加固专项施工方案应由哪个公司编制；事件3中恢复冻结加固施工前需履行哪些程序？

【参考答案】

1. 区间隧道选择盾构法施工的理由：（1）可使富水软土地层施工更安全；（2）环境影响小，对建（构）筑物保护有利；（3）不影响交通；（4）不受天气影响；（5）机械化程度高。

2. 盾构掘进过程中环境监测内容包括：地表沉降、房屋沉降（房屋倾斜）、管线沉降（管线位移）、道路沉降。

3. 甲公司与乙公司签订劳务分包合同，甲公司与丙公司签订专业分包合同。

4. 在事件2所述的事故中，甲公司承担连带责任，丙公司承担主要责任。

5. 冻结加固专项方案应由丙公司编制，丙公司技术负责人审批。

事件3中恢复冻结加固施工前需履行的程序：方案修改（补充）、重新审批方案、专家论证、复工申请、复工检查。

实务操作和案例分析题三

【背景资料】

A公司中标某城市污水处理厂的中水扩建工程，合同工期10个月，合同价为固定总价，工程主要包括沉淀池和滤池等现浇混凝土水池。拟建水池距现有建（构）筑物最近距离5m，其地下部分最深为3.6m，厂区地下水位在地面下约2.0m。

A公司施工项目部编制了施工组织设计，其中含有现浇混凝土水池施工方案和基坑施工方案。基坑施工方案包括降水井点设计施工、土方开挖、边坡围护和沉降观测等内容。现浇混凝土水池施工方案包括模板支架设计及安装拆除、钢筋加工，混凝土供应及止水带、预埋件安装等。在报建设方和监理方审批时，被要求增加内容后再报批。

施工过程中发生以下事件：

事件1：混凝土供应商未能提供骨料的产地证明和有效的碱含量检测报告，被质量监督部门明令停用，造成2周工期损失和2万元的经济损失。

事件2：考虑外锚施工对现有建（构）筑物的损坏风险，项目部参照以往经验将原基坑施工方案的外锚护坡改为土钉护坡；实施后发生部分护坡滑裂事故。

事件3：在确认施工区域地下水位普遍上升后，设计单位重新进行抗浮验算，在新建池体增设了配重结构，增加了工作量。

【问题】

1. 补充现浇混凝土水池施工方案的内容。

2. 就事件1中的工期和经济损失，A公司可向建设方或混凝土供应商提出索赔吗，为什么？

3. 分析并指出事件2在技术决策方面存在的问题。

4. 事件3增加工作量能否索赔？说明理由。

【参考答案】

1. 本工程的现浇混凝土水池施工方案应补充混凝土的原材料控制、配合比设计、浇筑作业、养护等内容。

2. A公司不能向建设方索赔工期和经济损失。因为是A公司自身失误，属于A公司的行为责任或风险责任。

A公司可向混凝土供应商索赔经济损失。因为是供应商不履行或未能正确履行进场验收规定。因为向A公司提供骨料的质量保证资料。

3. 基坑外锚护坡改为土钉护坡，使基坑支护结构改变，应经稳定性计算和变形验算，不应参照以往经验进行技术决策。

4. 增加工作量能提出索赔，理由是池体增加配重结构属设计变更；相关法规规定，工程项目已施工再进行设计变更，造成工程施工项目增加或局部尺寸、数量变化等均可索赔。

实务操作和案例分析题四

【背景资料】

某公司承建一城市道路工程，道路全长3000m，穿过部分农田和水塘，需要借土回填和抛石挤淤。工程采用工程量清单计价，合同约定分部分项工程量增加（减少）幅度在15%以内时，执行原有综合单价。工程量增幅大于15%时，超出部分按原综合单价的0.9倍计算；工程量减幅大于15%时，减少后剩余部分按原综合单价的1.1倍计算。

项目部在路基正式压实前选取了200m作为试验段，通过试验确定了合适吨位的压路机和压实方式。工程施工中发生如下事件：

事件1：项目技术负责人现场检查时发现压路机碾压时先高后低，先快后慢，先静后振，由路基中心向边缘碾压。技术负责人当即要求操作人员停止作业，并指出其错误，要求改正。

事件2：路基施工期间，有块办理过征地手续的农田因补偿问题发生纠纷，导致施工无法进行，为此延误工期20d，施工单位提出工期和费用索赔。

事件3：工程竣工结算时，借土回填和抛石挤淤工程量变化情况见表2-1。

表2-1　工程量变化情况表

分部分项工程	综合单价（元/m³）	清单工程量（m³）	实际工程量（m³）
借土回填	21	25000	30000
抛石挤淤	76	16000	12800

【问题】

1. 除确定合适吨位的压路机和压实方式外，试验段还应确定哪些技术参数？

2. 分别指出事件1中压实作业的错误之处并写出正确做法。

3. 事件2中，施工单位的索赔是否成立？说明理由。

4. 分别计算事件3借土回填和抛石挤淤的费用。

【参考答案】

1. 试验段还应确定的技术参数：确定路基预沉量值；按压实要求，确定压实遍数；确定路基宽度内每层虚铺厚度。

2. 事件1中压实作业的错误之处及正确做法：

错误之处一：压路机碾压时先高后低，先快后慢；

正确做法：压路机碾压时应先轻后重、先静后振、先低后高、先慢后快，轮迹重叠。

错误之处二：压路机碾压时由路基中心向边缘碾压；

正确做法：压路机碾压应从路基边缘向中央进行，压路机轮外缘距路基边应保持安全距离。

3. 事件2中施工单位的索赔成立。

理由：因农田补偿问题延误工期20d，并且导致施工无法进行，是建设单位的责任。

4. 由于（30000－25000）÷25000＝20%＞15%。

因此，合同约定范围内（15%以内）的费用为：25000×（1＋15%）×21＝603750元；超出15%部分的费用为：［30000－25000×（1＋15%）］×21×0.9＝23625元；借土回填的费用为：603750＋23625＝627375元。

由于（12800－16000）÷16000＝－20%，工程量减幅大于15%，减少后剩余部分按原综合单价的1.1倍计算，抛石挤淤的费用为：12800×76×1.1＝1070080元。

实务操作和案例分析题五

【背景资料】

某建设单位与A市政工程公司（简称A公司）签订管涵总承包合同，管涵总长800m。A公司将工程全部分包给B公司（简称B公司），并提取了5%的管理费。A公司与B公司签订的分包合同中约定：（1）出现争议后通过仲裁解决；（2）B公司在施工工地发生安全事故后，应赔偿A公司合同总价的0.5%作为补偿。

B公司采用放坡开挖基槽再施工管涵的施工方法。施工期间A公司派驻现场安全员发现某段基槽土层松软，有失稳迹象，随即要求B公司在此段基槽及时设置板桩临时支撑。但B公司以工期紧及现有板桩长度较短为由，决定在开挖基槽2m深后再设置支撑，且加快基槽开挖施工进度，结果发生基槽局部坍塌，造成一名工人重伤。

建设行政主管部门在检查时，发现B公司安全生产许可证过期，责令其停工。A公司随后向B公司下达了终止分包合同通知书。B公司以合同经双方自愿签订为由诉至人民法院，要求A公司继续履行合同或承担违约责任并赔偿经济损失。

【问题】

1. 对发生的安全事故，反映出A公司和B公司分别在安全管理上存在什么具体问题？

2. B公司处理软弱土层基槽做法违反规范中的什么规定？

3. 法院是否应当受理B公司的诉讼，为什么？

4. 该分包合同是否有效？请说明法律依据。

5. 该分包合同是否应当继续履行? 针对已完成工作量应当如何结算?

6. 发生事故后 B 公司是否应该支付合同总价的 0.5% 作为补偿? 说明理由。

【参考答案】

1. A 公司责任: 将工程全部分包给 B 公司, 并提取 5% 的管理费; 未对 B 公司的资质进行审查; 未采取有效措施制止 B 公司施工。

B 公司责任: 不服从 A 公司现场管理; 安全生产许可证过期。

2. B 公司处理软弱土层基槽的做法违反了《给水排水管道工程施工及验收规范》 GB 50268—2008 的相关规定, 软弱土层基坑开挖不得超过 1.0m, 以后开挖与支撑交替进行, 每次交替的深度宜为 0.4～0.8m。

3. 法院不应当受理 B 公司的诉讼。

理由: 分包合同中约定出现争议后通过仲裁解决。

4. 该分包合同无效。

根据《中华人民共和国建筑法》, 该工程属于非法转包。根据《中华人民共和国民法典》合同编的有关规定, 违反法律或行政法规的强制性规定的合同无效。

5. 该分包合同不应当继续履行。

已完工作量质量合格应予以支付工程款; 质量不合格返修后合格应予以支付工程款; 质量不合格返修后仍不合格不予支付工程款。

6. 发生事故后 B 公司不应该支付合同总价的 0.5% 作为补偿。

理由:《中华人民共和国民法典》合同编规定, 无效合同自始没有法律约束力。除合同中独立存在的有关解决争议方法的条款有效, 其他条款均无效。

实务操作和案例分析题六

【背景资料】

某项目部承接一项直径为 4.8m 的隧道工程, 起始里程为 DK10＋100, 终点里程为 DK10＋868, 环宽为 1.2m, 采用土压平衡盾构施工。盾构隧道穿越地层主要为淤泥质黏土和粉砂土。项目施工过程中发生了以下事件:

事件 1: 盾构始发时, 发现洞门处地质情况与勘察报告不符, 需改变加固形式。加固施工造成工期延误 10d, 增加费用 30 万元。

事件 2: 盾构侧面下穿一座房屋后, 由于项目部设定的盾构土仓压力过低, 造成房屋最大沉降达到 50mm。穿越后房屋沉降继续发展, 项目部采用二次注浆进行控制。最终房屋出现裂缝, 维修费用为 40 万元。

事件 3: 随着盾构逐渐进入全断面粉砂地层, 出现掘进速度明显下降现象, 并且刀盘扭矩和总推力逐渐增大, 最终停止盾构推进。经分析为粉砂流塑性过差引起, 项目部对粉砂采取改良措施后继续推进, 造成工期延误 5d, 费用增加 25 万元。

区间隧道贯通后计算出平均推进速度为 8 环/d。

【问题】

1. 事件 1、2、3 中, 项目部可索赔的工期和费用各是多少, 说明理由。

2. 事件 2 中二次注浆的注浆量和注浆压力应如何确定?

3. 事件 3 中采用何种材料可以改良粉砂的流塑性?

4. 整个隧道掘进的完成时间是多少天（写出计算过程）？

【参考答案】

1. （1）事件1中，项目部可索赔的工期为10d，可索赔的费用为30万元。

理由：勘察报告是由发包方提供的，应对其准确性负责。

（2）事件2中，项目部既不可以索赔工期，也不可以索赔费用。

理由：项目部施工技术出现问题而造成的，应由项目部承担责任。

（3）事件3中，项目部既不可以索赔工期，也不可以索赔费用。

理由：盾构隧道穿越地层主要为淤泥质黏土和粉砂土，这是项目部明确的事实，属于项目部技术欠缺造成的，应由项目部承担责任。

2. 事件2中二次注浆的注浆量和注浆压力应根据环境条件和沉降监测结果等确定。

3. 事件3中应采用矿物系（如膨润土泥浆）、界面活性剂系（如泡沫）等改良材料。

4. 整个隧道掘进的完成时间为：$(868-100) \div (1.2 \times 8) = 80d$。

本题要求计算隧道掘进的完成时间，实质上本题是一道施工进度计算题，此处需要理解盾构施工的常用名词（如环宽、里程等）。

起始里程为DK10+100，终点里程为DK10+868，则隧道总长为$868-100=768m$，环宽为1.2m，则整个隧道共$768/1.2=640$环。另外，平均推进速度为8环/d，则整个隧道掘进的完成时间为$640/8=80d$。

实务操作和案例分析题七

【背景资料】

A公司中标某市城区高架路工程第二标段。本工程包括高架桥梁、地面辅道及其他附属工程：工程采用工程量清单计价，并在工程量清单中列出了措施项目；双方签订了建设工程施工合同，其中约定工程款支付方式为按月计量支付，并约定发生争议时向工程所在地仲裁委员会申请仲裁。

对工程量清单中某措施项目，A公司报价100万元。施工中，由于该措施项目实际发生费用为180万元，A公司拟向建设单位提出索赔。

建设单位推荐B公司分包钻孔灌注桩工程，A公司审查了B公司的资质后，与B公司签订了工程分包合同。在施工过程中，由于B公司操作人员违章作业，损坏通信光缆，造成大范围通信中断，A公司为此支付了50万元补偿款。

A公司为了应对地方材料可能涨价的风险，中标后即与某石料厂签订了价值400万元的道路基层碎石料的采购合同，约定了交货日期及违约责任（规定违约金为合同价款的5%）并交付了50万元定金。到了交货期，对方以价格上涨为由提出中止合同，A公司认为对方违约，计划提出索赔。

施工过程中，经建设单位同意，为保护既有地下管线，增加了部分工作内容，而原清单中没有相同项目。

工程竣工，保修期满后，建设单位无故拖欠A公司工程款，经多次催要无果。A公司计划对建设单位提起诉讼。

【问题】

1. 本工程是什么方式的计价合同，它有什么特点？

2. A公司应该承担B公司造成损失的责任吗？说明理由。

3. A公司可向石料厂提出哪两种索赔要求？并计算相应索赔额。

4. 上述资料中变更部分的合同价款应根据什么原则确定？

5. 对建设单位拖欠工程款的行为，A公司可以对建设单位提起诉讼吗？说明原因。如果建设单位拒绝支付工程款，A公司应如何通过法律途径解决本工程拖欠款问题？

【参考答案】

1. 本工程的计价合同为单价合同。

单价合同的特点：单价优先，工程量清单中数量是参考数量。

2. A公司应该承担B公司造成损失的责任。

理由：总包单位对分包单位应该承担连带责任，A公司可以根据分包合同追究B公司的经济责任，由B公司承担50万元的经济损失。

3. A公司可向石料厂提出的索赔要求及索赔金额如下：

（1）支付违约金并返还定金（选择违约金条款），索赔额为：400×5%＋50＝70万元。

（2）双倍返还定金（选择定金条款），索赔额为：50×2＝100万元。

4. 资料中变更部分的合同价款应根据以下原则确定：

（1）如果合同中有类似价格，则参照类似价格。

（2）如果合同中没有适用价格又无类似价格，则由承包方提出适合的变更价格，计量工程师批准执行；这一批准的变更应与承包商协商一致，否则按合同纠纷处理。

5. 对建设单位拖欠工程款的行为，A公司不能对建设单位提起诉讼。

理由：双方在合同中约定了仲裁的条款，不能提起诉讼。

如果建设单位拒绝支付工程款，A公司可以向工程所在地的仲裁委员会申请仲裁，如果建设单位不执行仲裁，则可以向人民法院申请强制执行。

实务操作和案例分析题八

【背景资料】

某工程项目由政府投资建设，建设单位委托某招标代理公司代理施工招标。该工程采用无标底公开招标方式选定施工单位。

工程实施中发生了下列事件：

事件1：工程招标时，A、B、C、D、E、F、G共7家投标单位通过资格预审，并在投标截止时间前提交了投标文件。评标时，发现A投标单位的投标文件虽加盖了公章，但没有投标单位法定代表人签字，只有法定代表人授权书中被授权人的签字（招标文件中对是否可由被授权人签字没有具体规定）；B投标单位的投标报价明显高于其他投标单位的投标报价，分析其原因是施工工艺落后造成的；C投标单位将招标文件中规定的工期380d作为投标工期，但在投标文件中明确表示如果中标，合同工期按定额工期400d签订；D投标单位投标文件中的总价金额汇总有误。

事件2：经评标委员会评审，推荐G、F、E投标单位为前3名中标候选人。在中标通知书发出前，建设单位要求监理单位分别找G、F、E投标单位重新报价，以价格低者为中标单位。按原投标价签订施工合同后，建设单位以中标单位重新报价签订的协议书作为实际履行合同的依据。招标代理公司认为建设单位的要求不妥，并提出了不同意见，建设单位最终接受了招标代理公司的意见，确定G投标单位为中标单位。

【问题】

1. 分别指出事件1中A、B、C、D投标单位的投标文件是否有效，说明理由。

2. 事件2中，建设单位的要求违反了招标投标有关法规的哪些具体规定？

3. 该建设单位与G投标单位应如何签订施工合同？

【参考答案】

1. 事件1中A、B、C、D投标单位的投标文件是否有效的判断及理由如下：

（1）A单位的投标文件有效；

理由：招标文件对此没有具体规定，签字人有法定代表人的授权书，签字有效。

（2）B单位的投标文件有效；

理由：未明确招标文件中设有拦标价，对高报价没有限制。

（3）C单位的投标文件无效；

理由：没有响应招标文件的实质性要求，附有招标人无法接受的条件。

（4）D单位的投标文件有效；

理由：总价金额汇总有误属于细微偏差，明显的计算错误允许补正。

2. 事件2中，建设单位的要求违反了招标投标有关法规的以下具体规定：

（1）确定中标人前，招标人不得与投标人就投标价格、投标方案等实质性内容进行协商。

（2）招标人与中标人必须按照招标文件和中标人的投标文件订立合同，双方私下不得再行订立背离合同实质性内容的其他协议。

3. 该项目应自中标通知书发出后30d内按招标文件和G投标单位的投标文件签订书面合同，双方不得再签订背离合同实质性内容的其他协议。

实务操作和案例分析题九

【背景资料】

某大型工程项目由政府投资建设，建设单位委托某招标代理公司代理施工招标。招标代理公司确定该项目采用公开招标方式招标，招标公告在当地政府规定的招标信息网上发布，招标文件对省内的投标人与省外的投标人提出了不同的要求。招标文件中规定，投标担保可采用投标保证金或投标保函方式担保。评标方法采用经评审的最低投标价法。投标有效期为50d。

建设单位对招标代理公司提出以下要求：为了避免潜在的投标人过多，项目招标公告只在本市日报上发布，且采用邀请招标方式招标。

项目施工招标信息发布以后，共有10家潜在的投标人报名参加投标。建设单位认为报名参加投标的人数太多，为减少评标工作量，要求招标代理公司仅对报名的潜在投标人的资质条件、业绩进行资格审查。

经过标书评审，A投标人被确定为中标候选人，A投标人的投标报价为6000万元。发出中标通知书后，招标人和A投标人进行合同谈判，希望A投标人能再压缩工期、降低费用。经谈判后双方达成一致,不压缩工期,费用降低3%。

【问题】

1. 该工程项目招标公告和招标文件有无不妥之处?给出正确做法。

2. 建设单位对招标代理公司提出的要求是否正确?说明理由。

3. 该项目施工合同价格应是多少?

【参考答案】

1. 该工程项目招标公告和招标文件的不妥之处及正确做法如下:

不妥之处一:招标公告仅在当地政府规定的招标信息网上发布;

正确做法:公开招标项目的招标公告,必须在指定媒介发布,任何单位和个人不得非法限制招标公告的发布地点和发布范围。

不妥之处二:对省内的投标人与省外的投标人提出了不同的要求;

正确做法:公开招标应当平等地对待所有的投标人,不允许对不同的投标人提出不同的要求。

2. 建设单位对招标代理公司提出的要求不正确。

理由:因该工程项目由政府投资建设,相关法规规定,全部使用国有资金投资或者国有资金投资占控股或者主导地位的项目,应当采用公开招标方式招标。如果采用邀请招标方式招标,应由有关部门批准。

3. 该项目施工合同价格应为6000万元。

实务操作和案例分析题十

【背景资料】

某城市引水工程,输水管道为长980m、DN3500mm钢管,采用顶管法施工;工作井尺寸8m×20m,挖深15m,围护结构为ϕ800mm钻孔灌注桩,设四道支撑。

工作井挖土前,经检测发现3根钻孔灌注桩桩身强度偏低,造成围护结构达不到设计要求。调查结果表明混凝土的粗、细骨料合格。

顶管施工前,项目部把原施工组织设计确定的顶管分节长度由6.6m改为8.8m,仍采用原龙门式起重机下管方案,并准备在现场予以实施。监理工程师认为此做法违反有关规定并存在安全隐患,予以制止。

顶管正常顶进过程中,随顶程增加,总顶力持续增加,在顶程达1/3时,总顶力接近后背设计允许最大荷载。

【问题】

1. 钻孔灌注桩桩身强度偏低的原因可能有哪些,应如何补救?

2. 说明项目部变更施工方案的正确做法。

3. 改变管节长度后,应对原龙门式起重机下管方案中哪些安全隐患进行安全验算?

4. 顶力随顶程持续增加的原因是什么,应采取哪些措施处理?

【参考答案】

1. 钻孔灌注桩桩身强度偏低的原因可能是:施工现场混凝土配合比控制不严;搅拌时间不够和水泥质量差。

补救措施:应会同主管部门、设计单位、工程监理以及施工单位的上级领导单位,共同研究，提出切实可行的处理办法；在技术方面应在桩强度偏低处补桩并多加支撑；桩周围土壤注浆加固；对强度偏低的桩施加预应力。

2. 项目部变更施工方案的正确做法：应按照规范标准进行结构稳定性、强度等内容的核算，并做出相应的施工专项设计，配备必要的施工详图。重新编制专项施工方案，并报监理工程师审批批准后执行。

3. 改变管节长度后，应重新验算起吊能力是否满足，包括自身强度、刚度和稳定性；地基承载力、吊点设置和钢丝绳安全系数；制动装置；钢管吊装受力后的变形。

4. 顶力随顶程持续增加的原因是顶入土体管道的长度增加，随着顶程增加，阻力增大。应采取的处理措施：（1）注入膨润土泥浆减小阻力；（2）在顶程达1/3处加设中继间。

实务操作和案例分析题十一

【背景资料】

某公司中标市政高架桥工程，设计采用先简支后连续的方式施工，预制梁由起重机进行架设。主跨一联设计跨径组合为41.5m＋49m＋41.5m，其余为标准联，标准联跨径组合为（3×28m）×6联。上部结构为预制混凝土单室箱梁，每跨设置2片箱梁，每片箱梁单侧设置2个支座，后张法预应力施工，箱梁混凝土分两次浇筑完成，施工缝设在顶板下方。

预制箱梁浇筑顺序如下：安装箱梁侧模板及底模板→底板、腹板普通钢筋绑扎、预应力管道预留→A→第一次混凝土浇筑、养护→B→顶板钢筋绑扎→浇筑第二次混凝土、养护→模板拆除→C→吊运甲公司将梁板预制的劳务工作分包给公司乙，乙公司组织工人进行预制梁预应力张拉时，出现预应力筋崩断事故，事故造成两名张拉工人受伤，因处理事故造成工期延误2d，甲公司认为乙公司为此次事故负责，因此向建设单位提出工期索赔。

支座垫石在下部结构完成后连续施工，每天完成8处垫石混凝土浇筑。安装完成一联后进行简支变连续施工，湿接头结构如图2-9所示。

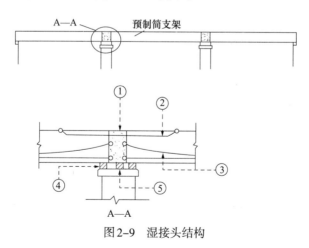

图2-9 湿接头结构

【问题】

1. 写出箱梁预制施工流程中A、B、C的名称。

2. 甲公司的索赔成立吗，为什么？

3. 指出图2-9中①、②、③、④、⑤构件的名称。

4. 支座垫石浇筑完成需要多少天。

【参考答案】

1. A的名称：内模板安装；B的名称：施工缝处理；C的名称：预应力施工。

2. 甲公司的索赔不成立。因为分包方就分包项目向承包方负责，分包方与承包方承担连带责任。所以甲公司应该对张拉事故负责。

3. 图2-9中，①构件的名称：湿接头混凝土；②构件的名称：湿接头预应力筋；③构件的名称：箱梁预应力筋；④构件的名称：临时支座；⑤构件的名称：永久支座。

4. 每联的支座垫石数为3×4×2＝24个。支座垫石总数为24×7联＝168个。支座垫石浇筑完成天数为168÷8＝21d。

本题要求计算支座垫石浇筑完成天数。箱梁断面图、俯视图如图2-10所示。

箱梁

图2-10　箱梁断面图、俯视图（左侧为断面图，右侧为俯视图）

箱梁每侧支座有两个支座，总计4个。每跨设置两片箱梁，因此，每跨就是箱梁支座垫石数量为2×4＝8个。每联3跨，每联的支座垫石数为3×8＝24个。本桥梁一共6＋1＝7联，因此24×7＝168个，支座垫石浇筑完成天数为168÷8＝21d。

实务操作和案例分析题十二

【背景资料】

A公司中标北方某城市的道路改造工程，合同工期2022年6月1日—9月30日。结构层为：水泥混凝土面层200mm、水泥稳定级配碎石180mm、二灰碎石180mm。

A公司的临时设施和租赁设备在6月1日前全部到达施工现场。因拆迁影响，工程实际工期为2022年7月10日—10月30日。

A公司完成基层后，按合同约定，将面层分包给具有相应资质的B公司。B公司采用三辊轴机组铺筑混凝土面层，严格控制铺筑速度，用排式振捣机控制振捣质量。

为避免出现施工缝，施工中利用施工设计的胀缝处作为施工缝；采用土工毡覆盖洒水养护，在路面混凝土强度达到设计强度40%时做横向切缝，经实测切缝深度为45～50mm。

A公司经自检合格后向建设单位提交工程竣工报告，申请竣工验收。建设单位组织监理、A公司、B公司及时进行验收，向行政主管部门备案。该工程经验收合格备案后，建设单位及时支付了除质保金外的工程款。

道路使用4个月后，路面局部出现不规则的横向收缩裂缝，裂缝距缩缝100mm左右。出现问题后，A公司将B公司的质保金全部扣除，作为质量缺陷维修费。

【问题】

1. 就施工延期，实际工期缩短，A公司可向业主索赔哪些费用？

2. 分析说明路面产生裂缝的原因。

3. A公司申请竣工验收后到组织竣工验收会需要完成哪些工作，竣工验收会还应有哪些单位参加？

4. 指出A公司扣除B公司质保金的不妥之处，说明正确做法及理由。

【参考答案】

1. 就施工延期，实际工期缩短，A公司可向业主索赔下列费用：

设备租赁费、临时设施超过合同规定时间占用费、设备与设施进场后工程开工前工地照管费、因缩短工期后赶工增加投入的措施费。

2. 路面产生裂缝的原因主要包括：混凝土强度没有充分形成，养护时间太短；切缝深度较浅，未设置纵向切缝；辊轴直径未与摊铺层厚度匹配；切缝时机不合适，25%～30%时进行。

3. A公司申请竣工验收后到组织竣工验收需要完成的工作包括：施工项目技术负责人应按照编制竣工资料的要求组织收集整理质量记录；施工项目技术负责人应组织有关人员按最终检验和试验规定，根据合同进行全面验证；对提出的质量缺陷，应按照不合格控制程序进行处理。工程施工项目经理应组织有关专业技术人员按照合同要求编制工程竣工文件，并做好工程移交准备。

竣工验收会还应有勘察单位、设计单位、工程质量监督机构参加。

4. A公司扣除B公司质保金的不妥之处：质保金全部扣除；

正确做法：在质保期内由B公司负责道路质量缺陷的修复，修复质量满足要求后，待保修期满可以退还质保金。如果B公司不在指定的时间内到场维修，A公司有权委托其他符合条件的第三人维修，由此产生的费用从质保金内扣除；

理由：承包方对工程施工质量和质量保修工作向发包人负责。分包工程的质量由分包方向承包方负责。承包方对分包方的工程质量向分包方承担连带责任。分包方应接受承包方的质量管理。

实务操作和案例分析题十三

【背景资料】

某道路工程总承包单位为A公司，合同总工期为180d。A公司把雨水管工程分包给B公司。B公司根据工程项目的外部条件、项目部可能投入的施工力量及资源情况，编制了管线施工的进度计划。工程实施后，由于分包单位与总承包单位进度计划不协调，造成总工期为212d。

路基工程施工时，A公司项目部发现某里程处存在一处勘察资料中未提及的大型暗浜。对此，施工单位设计了处理方案，采用换填法进行了处理。

施工后，A公司就所发生的事件对建设单位提出索赔要求，建设单位要求A公司提供索赔依据。

【问题】

1. 补充B公司编制雨水管施工进度计划的依据，并指明A、B两公司处理进度关系的正确做法。

2. 承包商处理大型暗浜做法是否妥当，应按什么程序进行？

3. 施工单位可索赔的内容有哪些，根据索赔内容应提供哪些索赔证据？

【参考答案】

1. B公司编制雨水管施工进度计划的依据还应补充：

（1）以合同工期为依据安排开、竣工时间。

（2）设计图纸、材料定额、机械台班定额、工期定额、劳动定额等。

（3）机具（械）设备和主要材料的供应及到货情况。

（4）工程项目所在地的水文、地质及其他方面自然情况。

（5）工程项目所在地资源可利用情况。

（6）影响施工的经济条件和技术条件。

（7）总包单位的总进度、分包合同等。

A、B两公司处理进度关系的正确做法：承包单位应将分包的施工进度计划纳入总进度计划的控制范畴，总、分包之间相互协调，处理好进度执行过程中的相关关系，并协助分包单位解决项目施工进度控制中的相关问题。

2. 承包商处理大型暗浜做法是不妥当。

程序：应由施工单位、会同建设单位、监理单位、设计（勘察）单位共同研究处理措施。由设计单位作出变更，监理下达变更指令，施工方依据变更施工。

3. 勘察资料中没有提及的大型暗浜的处理引发的索赔应该受理。

索赔证据：（1）各种合同文件；（2）工程各种往来函件、通知、答复等；（3）各种会谈纪要；（4）经过发包人或者工程师批准的承包人的施工进度计划、施工方案、施工组织设计和现场实施情况记录；（5）工程各项会议纪要；（6）气象报告和资料；（7）施工现场记录；（8）工程有关照片和录像等；（9）施工日记、备忘录等；（10）发包人或者工程师签认的签证；（11）发包人或者工程师发布的各种书面指令和确认书，以及承包人的要求、请求、通知书等；（12）工程中的各种检查验收报告和各种技术鉴定报告；（13）工地的交接记录，图纸和各种资料交接记录；（14）建筑材料和设备的采购、订货、运输、进场、使用方面的记录、凭证和报表等；（15）市场行情资料；（16）投标前发包人提供的参考资料和现场资料；（17）工程算资料、财务报告、财务凭证等；（18）各种会计核算资料；（19）国家法律，法规、政策文件。

实务操作和案例分析题十四

【背景资料】

某公司中标一条城市支路改扩建工程，施工工期为4个月，工程内容包括：红线内原道路破除，新建道路长度900m。扩建后道路横断面宽度为4m（人行道）+16m（车行道）+4m（人行道）。新敷设一条长度为900m的DN800mm钢筋混凝土雨水管线。改扩建道路平面示意图如图2-11所示。

项目部进场后，对标段内现况管线进行调查，既有一组通信光缆横穿钢筋混凝土雨水管线上方。雨水沟槽内既有高压线需要改移，由业主协调完成。

项目部在组织施工过程中发生了以下事件：

事件1：监理下达开工令后，项目部组织人员、机械进场，既有高压线改移导致雨水管线实际开工比计划工期晚2个月。

事件2：雨水沟槽施工方案审批后，由A劳务队负责施工，沟槽开挖深度为3.8m。采用挖掘机放坡开挖，过程中通信光缆被挖断，修复后继续开挖至槽底。

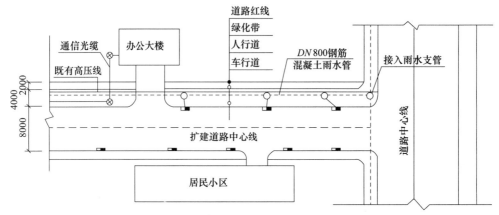

图2-11 改扩建道路平面示意图（单位：mm）

【问题】

1. 事件1中，项目部能否因既有高压线改移之后申请索赔。若可以索赔，索赔内容是什么？

2. 事件2中，雨水沟槽开挖深度是否属于危险性较大分部分项工程？请说明理由，项目部开挖时需采取何种措施保证地下管线安全？

3. 机械开挖至槽底是否妥当，应该如何做？

【参考答案】

1. 事件1中，项目部可以因既有高压线改移之后申请索赔。

索赔内容：工期和费用。

2. 事件2中，雨水沟槽开挖深度属于危险性较大分部分项工程。

理由：开挖深度为3.8m，超过3m，为危险性较大分部分项工程。

项目部开挖时需采取下列措施保证地下管线安全：

（1）建设单位、规划单位和管理单位协商确定管线拆迁、改移和悬吊加固。

（2）建设单位召开调查配合会，由产权单位指认位置，设明显标志。

（3）设专人随时检查地下管线、维护加固设施，以保持完好。

（4）观测管线沉降和变形并记录，遇到异常情况，必须立即采取安全技术措施。

（5）距直埋缆线2m范围内必须采用人工开挖。

3. 机械开挖至槽底，不妥当。

正确做法：机械开挖时槽底预留200～300mm土层，由人工开挖至设计高程，整平。

实务操作和案例分析题十五

【背景资料】

某市进行市政工程招标，招标范围限定为本省大型国有企业。甲公司为了中标，联合当地一家施工企业进行投标，并成立了两个投标文件编制小组，一个小组负责商务标编制，一个小组负责技术标编制。

在投标的过程中，由于时间紧张，商务标编写组重点对造价影响较大的原材料、人工费进行了询价，直接采用招标文件给定的分部分项工程量清单进行投标报价；招标文件中的措施费项目只给了项目，没有工程数量，甲公司凭借以往的投标经验进行报价。

招标文件要求本工程工期为180d，技术标编制小组编制了施工组织设计，对进度安排采用网络计划图表示，如图2-12所示。

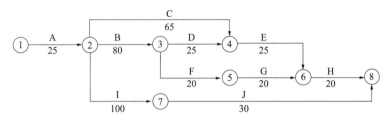

图2-12　网络计划图（单位：d）

最终形成的技术标包括：（1）主要施工方案；（2）质量保证体系及措施；（3）进度计划及措施；（4）安全管理体系及措施；（5）消防、保卫、健康体系及措施。

【问题】

1. 建设单位对投标单位的限定是否合法？说明理由。

2. 商务标编制存在哪些不妥之处？请予以改正。

3. 技术标编写组绘出的网络计划图工期为多少？给出关键线路，并说明工期是否满足招标文件要求。

4. 最终的技术标还应补充哪些内容？

【参考答案】

1. 建设单位对投标单位的限定不合法。

理由：公开招标应该平等对待所有投标人，不允许对不同的投标人提出不同的要求。《中华人民共和国招标投标法》规定，招标人不得以不合理的条件限制或者排斥潜在投标人，不得对潜在投标人实行歧视待遇。

2. 商务标编制存在的不妥之处及改正措施如下：

不妥之处一：只对原材料、人工费进行了询价；

改正：还应对机械设备的租赁价、分部分项工程的分包价等进行询价。

不妥之处二：按照招标文件给定的分部分项工程量清单进行投标报价；

改正：应该根据招标文件中提供的相关说明和图纸，重新核对工程量，根据核对的工程量确定报价。

不妥之处三：措施费项目按照以往的投标经验进行报价；

改正：应该根据企业自身特点和工程实际情况，结合施工组织设计对招标人所列的措施项目做适当增减。

3. 技术标编写组绘出的网络计划图工期为175d。

关键线路为A→B→D→E→H。

工期满足招标文件要求。理由：因为编写组的网络计划工期提前5d。

4. 最终的技术标还应补充的内容：（1）文明施工，环境保护体系及措施；（2）风险管理体系及措施；（3）机械设备配备及保障；（4）劳动力，材料配置计划及保障；（5）项目管理机构及保证体系；（6）施工现场总平面图。

实务操作和案例分析题十六

【背景资料】

某小区新建热源工程，安装了3台14MW燃气热水锅炉。建设单位通过招标投标程序发包给A公司，并在工程开工前办理了建设工程质量安全监督手续、消防审批手续，以及施工许可证。

A公司制定了详细的施工组织设计，并履行了报批手续。施工过程中出现了如下情况：

（1）A公司征得建设单位同意，将锅炉安装工程分包给了具有资质的B公司，并在建设行政主管部门办理了合同备案。

（2）设备安装前，B公司与A公司在监理单位的组织下办理了交接手续。

（3）在设备安装过程中，当地特种设备安全监察机构到工地检查发现参建单位尚未到监察机构办理相关手续，违反了有关规定。燃烧器出厂资料中仅有出厂合格证。

（4）B公司已委托第三方检测单位进行无损检测，委托前，对其资质进行了审核，并通过了监理单位的审批。

【问题】

1. B公司与A公司应办理哪些方面的交接手续？

2. 请指出参建单位中的哪一方应到监察机构办理相关手续，并写出手续名称。

3. 燃烧器出厂资料中，还应包括什么？

4. 请列出B公司对无损检测单位及其人员资质审核的主要内容。

【参考答案】

1. B公司与A公司应办理的交接手续。

（1）技术资料交接方面：A公司应向B公司提供总承包合同复印件；按分包合同的约定，及时向分包人提供与分包工程有关的各种证件、批件和各种相关设计图纸、水文地质等相关资料文件；向分包人进行设计图纸交底、安全技术交底；双方相关管理人员职务及通信录等。

（2）现场交接：施工组织设计、施工方案、提供场地通道界定；现场坐标及绝对高程基准点等。

（3）工序交接：吊点的数量及位置，设备基础位置、表面质量、几何尺寸、标高及混凝土质量，预留孔洞的位置、尺寸及标高、地脚螺栓等共同交验。

2. B公司应到监察机构办理相关手续，手续名称为"特种设备安装改造维修许可证"。

3. 燃烧器出厂资料中还应包括：产品质量合格证书，性能检测报告、型式试验报告、安装图纸、维修保养说明、使用说明书、装箱清单、其他资料。

4. B公司对无损检测单位资质审核的主要内容：营业执照、单位资质证书、检测业绩证明、履约情况、检测技术人员及检测设备。

B公司对无损检测人员资质审核的主要内容：身份证、执业资格证件、证书有效期及执业范围、与检测单位的合同和保险。

实务操作和案例分析题十七

【背景资料】

某公司以1300万元的报价中标一项直埋供热管道工程，并于收到中标通知书50d后，接到建设单位签订工程合同的通知。

招标书确定工期为150d，建设单位以供暖期临近为由，要求该公司即刻进场施工并要求在90d内完成该项工程。

该公司未严格履行合同约定，临时安排了一位具有一级建造师执业资格证书且有类似工程经验的人担任项目经理。此外，由于焊工不足，该工程项目部抽调具有所需焊接项目合格证，但已在其他岗位工作近1年的人员充实焊工班，直接进入现场进行管道焊接。

为保证供暖时间要求，工程完工后，即按1.25倍设计压力进行强度和严密性试验，试验后连续试运行48h后投入供热运行。

【问题】

1. 指出建设单位存在的违规事项。

2. 指出该公司选用项目经理的违约之处，说明担任本工程项目经理还应具备的基本条件。

3. 指出项目部抽调焊工的做法中存在的问题，说明正确做法。

4. 指出功能性试验存在的问题，说明正确做法。

【参考答案】

1. 建设单位存在的违规事项：没在中标通知书发出之日起30d内签订合同，到50d后才签订合同；签订合同后，又要求缩短工期，违背了招标文件和中标人的投标文件中约定工期150d的规定。

2. 违约之处为没有安排合同约定的项目经理。

本工程项目经理还应是市政公用工程一级建造师，并持有建造师的注册证书。

3. 项目部抽调焊工的做法中存在的问题：对近1年没在焊工岗位工作的焊工，未进行操作技能考试，也没有进行岗前培训；

正确做法：连续6个月以上中断焊接作业，要重新进行原合格项目的操作技能考试，合格后方可上岗。上岗前，应进行培训和安全技术交底。

4. 功能性试验存在的问题及正确做法：

（1）强度试验的试验压力不是设计压力的1.25倍，应是设计压力的1.5倍。

（2）试运行连续时间不是48h，而是72h。

第三章 市政公用工程施工成本管理案例分析专项突破

2014—2023年度实务操作和案例分析题考点分布

考点	年份									
	2014年	2015年	2016年	2017年	2018年	2019年	2020年	2021年	2022年	2023年
工程量清单计价的应用		●								

【专家指导】

近些年关于成本考核的越来越少了，这一考点通常会以选择题的形式来考核，实务操作和案例分析题部分可能会以一个小题的方式来考核。

历 年 真 题

实务操作和案例分析题［2015年真题］

【背景资料】

某公司承建一项道路改扩建工程，长3.3km，设计宽度40m，上下行双幅路；现况路面铣刨后加铺表面层形成上行机动车道，新建机动车道面层为三层热拌沥青混合料。工程内容还包括新建雨水、污水、给水、供热、燃气工程。工程采用工程量清单计价；合同要求4月1日开工，当年完工。

项目部进行了现况调查：工程位于城市繁华老城区，现况路宽12.5m，人机混行，经常拥堵；两侧密布的企事业单位和民居多处位于道路红线内；地下老旧管线多，待拆改移。在现场调查基础上，项目部分析了工程施工特点及存在的风险，对项目施工进行了综合部署。施工前，项目部编制了交通导行方案，经有关管理部门批准后组织实施。

为保证沥青表面层的外观质量，项目部决定分幅、分段施工沥青底面层和中面层后放行交通，整幅摊铺施工表面层。施工过程中，由于拆迁进度滞后，致使表面层施工时间推迟到当年12月中旬。项目部对中面层进行了简单清理后摊铺表面层。

施工期间，根据建设单位意见，增加了3个接顺路口，结构与新建道路相同。路口施工质量验收合格后，项目部以增加的工作量作为合同变更调整费用的计算依据。

【问题】

1. 本工程施工部署应考虑哪些特点？

2. 简述本工程交通导行的整体思路。

3. 道路表面层施工做法有哪些质量隐患，针对质量隐患应采取哪些预防措施？

4. 接顺路口增加的工作量部分应如何计量计价？

【参考答案与分析思路】

1. 本工程施工部署应考虑以下特点：

（1）多专业工程交错，综合施工，需与多方配合协调，施工组织难度大。

（2）与城市交通、市民生活相互干扰。

（3）地上、地下障碍物拆迁量大，影响施工部署。

（4）文明施工、环境保护要求高。

> 本题考查的是路基工程施工部署应考虑的相关内容。属于理解运用的内容，需结合案例具体分析。施工部署包括施工阶段的区域划分与安排、施工流程（顺序）、进度计划，工力（种）、材料、机具设备、运输计划。施工部署时应分析工程特点、施工环境、工程建设条件。

2. 本工程交通导行的总体思路：

（1）应首先争取交通分流，减少施工压力。

（2）以现况道路作为社会交通便线，施工新建半幅路。

（3）以新建半幅道路作为社会交通便线，施工现况道路的管线、路面结构。

> 本题考查的是交通导行方案设计的要点。属于理解运用的内容，有一定的难度，应结合案例进行全面分析。

3. 道路表面层施工做法的质量隐患有：

（1）中面层清理不到位，会引发中面层与表面层不能紧密粘结的质量隐患。

（2）沥青面层施工气温低，会引发表面层沥青脆化的质量隐患（热拌沥青混合料面层施工温度应高于5℃）。

针对质量隐患应采取下列预防措施：

（1）加强对中面层的保护与清理，保证粘层油的施工质量。

（2）选择温度高的时间段施工，材料采取保温措施，摊铺碾压安排紧凑。

> 本题考查的是道路表面层施工中存在的质量隐患及质量隐患的预防措施。需要针对案例内容并结合工程经验进行分析，有一定的难度。

4. 接顺路口增加的工作量部分应按下列要求计量计价：

合同约定时按约定处理；合同未约定时，增加部分应按实际完成工作量计量，单价采用清单中的综合单价计价，计算出调整增加的工程费用。

> 本题考查的是路基工程中增加工作量的计量计价办法。属于记忆性内容，比较简单。

典 型 习 题

实务操作和案例分析题一

【背景资料】

某公司中标天津开发区供热管网工程后，组建了施工项目部。项目经理组织人员编制施工组织设计和成本管理计划。施工过程中项目部根据现场情况变化、企业下达的目标成本和承包合同价格，对部分分项工程价格和组成内容进行了调整，并在计算成本后，修订了成本管理计划。根据修订的成本管理计划，项目部对人工费、材料费、施工机具使用费的支出严格控制，规定项目所支出的费用均要由项目经理批准。

【问题】

1. 项目部修订成本管理计划有何不妥之处？

2. 施工成本管理的流程有哪些？

3. 项目部工、料、机的成本支出，需要如何管理？

4. 项目部在对项目施工过程进行成本管理时，有哪些基本原则？

【参考答案】

1. 项目部在修改成本管理计划时未对施工组织设计进行细化分析和相应变化是不妥的。施工组织设计是实现项目成本控制的核心内容之一，调整部分分项工程价格组成的依据除了合同价格之外，还应对相应施工方案细化分析，并进行必要变动。

2. 施工成本管理的基本流程：成本预测→成本计划→成本控制→成本核算→成本分析→成本考核。

3. 对于工（人）的管理包括本单位职工和劳务人员两个部分，应根据成本管理计划的不同要求来制定不同的责任制及考核指标；对于料（材）的管理应从源头抓起，从采购到材料进场要经过严格的程序，确保材料的质量、数量和供货日期；未经项目经理签认的单据无效。但对机械的管理特别是租赁机械，要办理协议，明确单价，明确实际使用台班数，合理调度和调配避免造成浪费，严格按实际发生的使用台班签认，并及时结算。

4. 项目部在对项目施工过程进行成本管理时的基本原则包括：领导者推动原则；以人为本，全员参与原则；目标分解，责任明确的原则；管理层次与管理内容（对象）一致性原则；工程项目成本控制的动态性、及时性、准确性原则；成本管理信息化原则。

实务操作和案例分析题二

【背景资料】

A公司竞标承建某高速公路工程。开工后不久，由于沥青、玄武岩石料等材料的市场价格变动，在成本控制目标管理上，项目部面临预算价格与市场价格严重背离而使采购成本失去控制的局面。为此项目经理要求加强成本考核和索赔等项成本管理工作。

路基强夯处理工程包括挖方、填方、点夯、满夯。由于工程量无法准确确定，故施工合同规定：按施工图预算方式计价；承包人必须严格按照施工图及施工合同规定的内容及技术要求施工；工程量由计量工程师负责计量。

施工过程中，在进行到设计施工图所规定的处理范围边缘时，承包人在取得旁站监理工程师认可的情况下，将夯击范围适当扩大。施工完成后，承包人将扩大的工程量向计量工程师提出了计量支付的要求，遭到拒绝。在施工中，承包人根据监理工程师的指令就部分工程进行了变更。

在土方开挖时，正值南方梅雨季节，遇到了数天季节性的大雨，土壤含水量过大，无法进行强夯施工，耽误了部分工期。承包人就此提出了延长工期和补偿停工期间窝工损失的索赔。

【问题】

1. 施工项目成本管理的内容包括哪些?

2. 施工成本控制重点包括哪些?

3. 工程变更部分的合同价款应根据什么原则确定?

4. 监理工程师是否应该受理承包人提出的延长工期和费用补偿的索赔,为什么?

【参考答案】

1. 施工项目成本管理的内容包括:

(1)在工程施工过程中以尽量少的物质消耗和工力消耗来满足合同约定,降低成本。

(2)在控制目标成本情况下,开源节流,向管理要效益,靠管理求生存和发展。

(3)在企业和项目管理体系中建立成本管理责任制和激励机制。

2. 施工成本控制重点包括:

(1)劳务分包管理和控制。

(2)材料费的控制。

(3)施工机械使用费的控制。

3. 变更价款按如下原则确定:

(1)合同中已有适用于变更工程单价的,按已有单价计算和变更合同价款。

(2)合同中只有类似于变更工程单价的,可参照类似价格来确定单价计算变更合同价款。

(3)合同中既无适用价格又无类似价格,由承包人提出适当的变更价格,计量工程师批准执行。这一批准的变更,应与承包人协商一致,否则将按合同纠纷处理。

4. 监理工程师不应受理承包人提出的延长工期和费用补偿的索赔。

理由:有经验的承包人应能够预测到雨期施工,而且应该采取措施避免土壤含水过大,因此责任在承包人。

实务操作和案例分析题三

【背景资料】

某公司中标承建一条城镇道路工程,原设计是水泥混凝土路面,但因拆迁延期,严重影响了工程进度,为满足按期竣工通车的要求,建设方将水泥混凝土路面改为沥青混合料路面。对这一重大变更,施工项目部在成本管理方面拟采取如下应对措施:

(1)依据施工图,根据国家统一定额、取费标准编制施工图预算,然后依据施工图预算打八折,作为沥青混合料路面工程承包价与建设方签订补充合同;以施工图预算七折作为沥青混合料路面工程目标成本。

(2)要求工程技术人员的成本管理责任如下:落实质量成本降低额和合理化建议产生的降低成本额。

(3)要求材料人员控制好以下成本管理环节:① 计量验收;② 降低采购成本;③ 限额领料;④ 及时供货;⑤ 减少资金占用;⑥ 旧料回收利用。

(4)要求测量人员按技术规程和设计文件要求,对路面宽度和厚度实施精确测量控制。

【问题】

1. 简述施工成本管理流程。

2. 对工程技术人员成本管理责任要求是否全面？如果不全面请补充。

3. 沥青混合料路面工程承包价和目标成本的确定方法是否正确，原因是什么？

4. 请说明要求测量人员对路面宽度和厚度实施精确测量控制与成本控制的关系。

【参考答案】

1. 施工成本管理的基本流程：成本预测→成本计划→成本控制→成本核算→成本分析→成本考核。

2. 对工程技术人员成本管理责任要求不全面。

应补充：（1）根据现场实际情况，科学合理地布置施工现场平面，为文明施工、绿色施工创造条件，减少浪费；（2）严格执行技术安全方案，减少一般事故，消灭重大安全事故和质量事故，将事故成本减少到最低。

3. 沥青混合料路面工程承包价和目标成本的确定方法不正确。

原因：（1）计算承包价时要根据必需的资料，依据招标文件、设计图纸、施工组织设计、市场价格、相关定额及计价方法进行仔细计算；（2）计算目标成本（即计划成本）时要根据国家统一定额和企业的施工定额取费编制"施工图预算"。项目部做法会增加成本风险。

4. 项目经理要求测量人员对路面宽度和厚度实施精确测量，一方面保证施工质量，另一方面也是控制施工成本的措施。因为沥青混合料每层的配合比不同，价格差较大，通常越到上面层价格越贵，只有精确控制路面宽度、高度（实际上是每层厚度），才能减少不应有的消耗和支出，严格按成本计划和成本目标控制成本。

实务操作和案例分析题四

【背景资料】

某项目部承建一生活垃圾填埋场工程，规模为20万t，场地位于城乡结合部。填埋场防水层为土工合成材料膨润土垫（GCL），1层防渗层为高密度聚乙烯膜，项目部通过招标形式选择了高密度聚乙烯膜供应商及专业焊接队伍。

工程施工过程中发生以下事件：

事件1：原拟堆置的土方改成外运，增加了工程成本。为了做好索赔管理工作，经现场监理工程师签认，建立了正式、准确的索赔管理台账。索赔台账包含索赔意向提交时间、索赔结束时间、索赔申请工期和金额，每笔索赔都及时进行登记。

事件2：为满足高密度聚乙烯膜焊接进度要求，专业焊接队伍购进一台焊接机，经外观验收，立即进场作业。

事件3：为给高密度聚乙烯膜提供场地，对GCL层施工质量采取抽样检验方式检验，被质量监督局勒令停工，限期整改。

事件4：施工单位制定的GCL施工程序为：验收场地基础→选择防渗层土源→施工现场按照相应的配合比拌合土样→土样现场摊铺、压实→分层施工同步检验→工序检验达标完成。

【问题】

1. 结合背景材料简述填埋场的土方施工应如何控制成本。

2. 索赔管理台账是否属于竣工资料，还应包括哪些内容？

3. 给出事件2的正确处置方法。

4. 事件3中，质量监督部门对GCL层施工质量检验方式发出限期整改通知的原因是什么，理由是什么？

5. 补充事件4中GCL施工程序的缺失环节。

【参考答案】

1. 填埋场的土方施工应准确计算填方和挖方工程量，尽力避免二次搬运；确定填土的合理压实系数，获得较高的密实度；做好土方施工机具的保养；避开雨期施工等来控制成本。

2. 索赔管理台账属于竣工资料。还应包括的内容：索赔发生的原因、索赔发生的时间、索赔意向提交时间、索赔结束时间、索赔申请工期和费用，监理工程师审核结果、发包方审批结果等。

3. 事件2的正确处置方法：应对进场使用的机具进行检查，包括审查须进行强制检验的机具是否在有效期内，新购置的焊接机须经过法定授权机构强制检测鉴定，现场试焊，检验合格后而且数量满足工期才能使用。

4. 事件3中，质量监督部门对GCL层施工质量检验方式发出限期整改通知的原因是施工单位对GCL层施工质量采取抽样检验方式不符合相关规定。

理由：根据规定，对GCL层施工质量应严格执行检验频率和质量标准。分区分层铺膜粘结膜缝，分区同步检验及时返修。

5. 事件4中，GCL施工程序的缺失环节：做多组不同掺量的试验、做多组土样的渗水试验、选择抗渗达标又比较经济的配合比作为施工配合比。

实务操作和案例分析题五

【背景资料】

某新区主干路道路工程全长1000m，线路中含桥梁一座，为3×30m先简支后连续梁桥。合同工期为16周。桥梁下部构造为重力式桥台和桩柱式桥墩，总体布置如图3-1所示。

设计要求桩基在低水位期间采用筑岛钻孔法施工。施工单位甲将桩基施工分包给施工单位乙，并签订了安全生产管理协议，明确了双方安全管理职责。桥梁上部结构的主要施工工序包括：①安装临时支座；②拆除临时支座；③安放永久支座；④架设T梁；⑤浇筑T梁接头混凝土；⑥现浇T梁湿接缝混凝土；⑦浇筑横隔板混凝土；⑧张拉二次预应力钢。

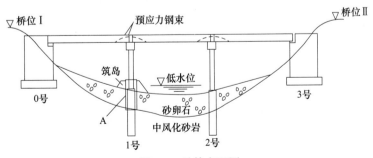

图3-1　总体布置图

项目监理机构批准的施工进度计如图3-2所示（时间单位：周）。施工单位的报价单（部分）见表3-1。

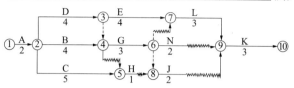

图3-2 施工进度计划

表3-1 施工单位的报价单（部分）

序号	工作名称	估算工程量	综合单价	合价/万元
1	A	800m³	300	24
2	B	1200m³	320	38.4
3	C	20次	—	—
4	D	1600m³	280	44.8

工程施工到第4周末时进行进度检查，发生如下事件：

事件1：A工作已经完成。但由于设计图纸局部修改，实际完成的工程量为840m³，工作持续时间未变。

事件2：B工作施工时，遇到异常恶劣的气候，造成施工单位的施工机械损坏和施工人员窝工，损失1万元，实际只完成估算工程量的25%。

事件3：C工作为检验检测配合工作，只完成了估算工程量的20%，施工单位实际发生检验检测配合工作费用5000元。

事件4：施工中发现文物，导致D工作尚未开始，造成施工单位自有设备闲置4个台班，台班单价为300元/台班、折旧费为100元/台班。施工单位进行文物现场保护费用为1200元。

【问题】

1. 进行1号墩顶测量放样时，应控制哪两项指标？

2. A是什么临时设施，有何作用？

3. 对背景中上部结构主要施工工序进行排序（用圆圈的数字表示）。

4. 根据第4周末的检查结果，逐项分析B、C、D三项工作的实际进度对工期的影响，并说明理由。

5. 施工单位是否可以就事件2、4提出费用索赔，为什么；可以获得的索赔费用为多少？

6. 事件3中C工作发生的费用如何结算，前4周施工单位可以得到的结算款为多少元？

【参考答案】

1. 进行1号墩顶测量放样时，应控制的指标是墩顶坐标、高程。

2. A是钢护筒；作用是起稳定孔壁、保护孔口地面、固定桩孔位置、钻头导向。

3. 上部结构主要施工工序进行排序：①→④→⑦→⑥→⑤→⑧→③→②（或①→③→④→⑦→⑥→⑤→⑧→②）。

4. 实际进度前锋线如图3-3所示:

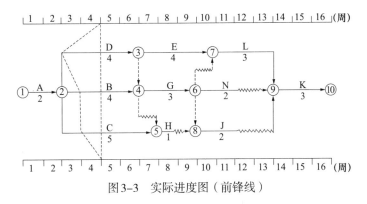

图3-3 实际进度图(前锋线)

B工作拖后1周,不影响工期,因B工作总时差为1周。

C工作拖后1周,不影响总工期,因C工作总时差3周。

D工作拖后2周,影响工期两周,因D工作总时差为0(或D工作为关键工作)。

5. 事件2不能索赔费用,因异常恶劣的气候造成施工单位机械损坏和施工人员窝工的损失不能索赔。

事件4可以索赔费用,因施工中发现地下文物属非施工单位原因。

可获得的索赔费用:4×100+1200=1600元。

6. 事件3中C工作发生的费用不予结算,因施工单位对C工作的费用没有报价,故认为该费用已分摊到其他项对应项目中。

前4周施工单位可以得到的结算款:

A工作:840×300=252000元;

B工作:1200×25%×320=96000元;

D工作:4×100+1200=1600元;

合计:252000+96000+1600=3496000元。

实务操作和案例分析题六

【背景资料】

某公司中标承建中压A天然气直埋管线工程,管道直径DN300mm,长度1.5km,由节点①至节点⑩,其中节点⑦、⑧分别为30°的变坡点,如图3-4所示。项目部编制了施工组织设计,内容包括工程概况与特点、施工准备、施工保证措施、施工技术方案等。在沟槽开挖过程中,遇到地质勘察时未探明的墓穴。项目部自行组织人员、机具清除了墓穴,并进行换填级配砂石处理。导致增加了合同外的工作量。管道安装焊接完毕,依据专项方案进行清扫与试验。管道清扫由①点向⑩点方向分段进行。清扫过程中出现了卡球的迹象。

根据现场专题会议要求切开⑧点处后,除发现清扫球外,还有一根撬杠。调查确认是焊工为预防撬杠丢失临时放置在管腔内,但忘记取出。会议确定此次事故为质量事故。

【问题】

1. 补充完善燃气管道施工组织设计主要内容。

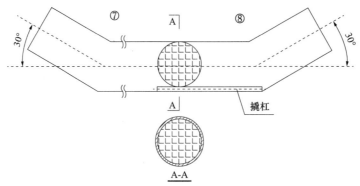

图3-4 管道变坡点与卡球示意图

2. 项目部处理墓穴所增加的费用可否要求计量支付？说明理由。

3. 简述燃气管道清扫的目的和清扫应注意的主要事项。

4. 针对此次质量事故，简述项目部应采取的处理程序和加强哪些方面的管理。

【参考答案】

1. 燃气管道施工组织设计还包括：施工平面布置，施工总体部署。

2. 项目部处理墓穴的费用不可以按要求进行计量支付。

理由：施工单位未履行设计变更程序即自己处理，是施工方的责任。

3. 燃气管道清扫的目的：清除管道内残存的水、尘土、铁锈、焊渣等杂物。

燃气管道清扫的注意事项：扫球直径与管径相匹配和清扫压力控制。

4. 针对此次质量事故，项目部应采取的处理程序：分析原因、分清责任、制定修复方案，并履行手续后进行修复。

项目部应加强以下方面的管理：

（1）加强交接班制度。

（2）提高施工人员的责任意识。

（3）改进过程控制（三检工作）。

实务操作和案例分析题七

【背景资料】

某城市桥梁工程，上部结构为预应力混凝土连续梁，基础为直径1200mm钻孔灌注桩，桩基地质结构为中风化岩，设计规定钻孔灌注桩应该深入中风化岩层以下3m。

A公司投标该工程，投标时，钢筋价格为4500元/t，合同约定市场价在投标价上下浮动10%内不予调整；上下浮动超过10%时，对超出部分按月进行调整。市场价以当地造价信息中心公布的价格为准。

该公司现有的钻孔机械为回旋钻机、冲击钻机、长螺旋杆钻机各若干台提供本工程选用。

施工过程中，发生如下事件：

事件1：施工准备工作完成后，经验收合格开始钻孔，钻进成孔时，直接钻进至桩底，钻进完成后，请监理单位验收终孔。

事件2：现浇混凝土箱梁支撑体系采用重型可调门式钢管支架，支架搭设完成后安装箱梁桥面。验收时发现，梁模板高程设置的预拱度存在少量偏差，因此要求整改。

事件3：工程结束时，经统计钢材用量和信息价见表3-2。

表3-2 钢材用量和信息价表

月份	4	5	6
信息价/（元/t）	4000	4700	5300
数量/t	800	1200	2000

【问题】

1. 就公司现有桩基成孔设备进行比选，并根据钻机适用性说明理由。

2. 事件1中，钻进成孔时直接钻到桩底的做法是否正确？如不正确，写出正确做法。

3. 重型可调门式支架中，除钢管支架外，还有哪些配件？

4. 事件2中，在预拱度存在偏差的情况下，如何利用支架调整梁模板高程？

5. 根据合同约定，4～6月份钢材能够调整多少差价（具体计算每个月的差价额）？

【参考答案】

1. 回旋钻机一般适用于黏性土、粉土、砂土、淤泥质土、人工回填土及含有部分卵石、碎石的地层，且能钻风化岩，但不深。

冲击钻一般适用于黏性土、粉土、砂土、填土、碎石土及风化岩层，可钻风化岩但存在速度慢、噪声较大的缺点。

长螺旋钻一般适用于地下水位以上的黏性土、砂土及人工填土非密实的碎石类土、强风化岩，不能到中风化岩。

项目部应该选用的钻孔机械是冲击钻。

理由：这种岩石很坚硬，桩孔直径大，要深入岩层3m。若条件允许，可以多几种组合，上面浮土先用反循环，到中风化岩用冲击钻。

2. 钻进成孔时直接钻到桩底的做法不正确。

正确做法：使用冲击钻成孔，每钻进4～5m应验孔一次，在更换钻头或容易缩孔处，均应验孔并做记录。冲孔中遇到斜孔、塌孔等情况时，暂停施工，采取措施后方可继续施工。

3. 重型可调门式支架的配件除钢管支架外，还应包括：调节杆、交叉拉杆、门架、插销、连接棒、支撑、底撑、顶部型钢、可调底座、可调顶托、锁销、底部垫板、调节螺杆等。

4. 利用可调托座、木楔调整梁模板高程。因为属于少量偏差，且支架搭设完毕，不能利用可调底座、支架调整梁模板高程。

5. 4月份：由于（4500－4000）/4500×100%＝11.11%＞10%，应调整价格。

应调减差价为：[4500×（1－10%）－4000]×800＝40000元。

5月份：由于（4700－4500）÷4500×100%＝4.44%＜10%，不调整价格。

6月份：由于（5300－4500）÷4500×100%＝17.78%＞10%，应调整价格。

应调增差价为：[5300－4500×（1＋10%）]×2000＝700000元。

合计应调：（700000－40000）元＝660000元。

实务操作和案例分析题八

【背景资料】

某公司承建一污水处理厂扩建工程，新建AAO生物反应池等污水处理设施，采用综合箱体结构形式，基础埋深为5.5～9.7m，采用明挖法施工，基坑围护结构采用φ800mm钢筋混凝土灌注桩，止水帷幕采用φ600mm高压旋喷桩。基坑围护结构与箱体结构位置立面示意图如图3-5所示。

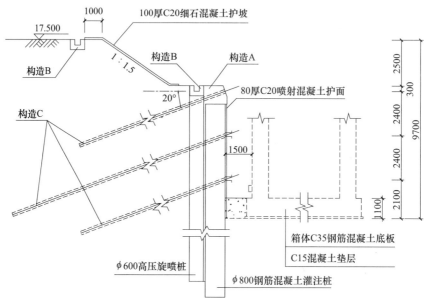

图3-5　基坑围护结构与箱体结构位置立面示意图（高程单位：m；尺寸单位：mm）

施工合同专用条款约定如下：主要材料市场价格浮动在基准价格±5%以内（含）不予调整，超过±5%时对超出部分按月进行调整；主要材料价格以当地造价行政主管部门发布的信息价格为准。

施工过程中发生如下事件：

事件1：施工期间，建设单位委托具有相应资质的监测单位对基坑施工进行第三方监测，并及时向监理等参建单位提交监测成果。当开挖至坑底高程时，监测结果显示：局部地表沉降测点数据变化超过规定值。项目部及时启动稳定坑底应急措施。

事件2：项目部根据当地造价行政主管部门发布的3月份材料信息价格和当月部分工程材料用量，申报当月材料价格调整差价。3月份部分工程材料用量及材料信息价格见表3-3。

表3-3　3月份部分工程材料用量及材料信息价格表

材料名称	单位	工程材料用量	基准价格（元）	材料信息价格（元）
钢材	t	1000	4600	4200
商品混凝土	m³	5000	500	580
木材	m³	1200	1590	1630

事件3：为加快施工进度，项目部增加劳务人员。施工过程中，一名新进场的模板工发生高处坠亡事故。当地安全生产行政主管部门的事故调查结果显示：这名模板工上岗前未进行安全培训，违反作业操作规程；被认定为安全责任事故。根据相关法规，对有关单位和个人作出处罚决定。

【问题】

1. 写出图3-5中构造A、B、C的名称。

2. 事件1中，项目部可采用哪些应急措施？

3. 事件1中，第三方监测单位应提交哪些监测成果？

4. 事件2中，列式计算表3-3中工程材料价格调整总额。

5. 依据有关法规，写出安全事故划分等级及事件3中安全事故等级。

【参考答案】

1. 构造A、B、C的名称：

构造A的名称：冠梁。

构造B的名称：排水沟（或截水沟）。

构造C的名称：锚杆（或锚索）。

2. 事件1中，项目部可采用下列应急措施：坑底土体加固，及时施作底板结构等措施。

3. 事件1中，第三方监测单位应提交的监测成果：监测日报、警情快报（或预警）、阶段性报告、总结报告。

4. 工程材料价格调整总额计算：

（1）钢材：（4200－4600）/4600×100%＝－8.70%＜－5%，应调整价差。

应调减价差为：［4600×（1－5%）－4200］×1000＝170000元。

（2）商品混凝土：（580－500）/500×100%＝16%＞5%，应调整价差。

应调增价差为：［580－500×（1＋5%）］×5000＝275000元。

（3）木材：（1630－1590）/1590×100%＝2.52%＜5%，不调整价差。

（4）合计：3月份部分材料价格调整总额为：275000－170000＝105000元。

本题考查的是物价变化引起的价格调整计算。根据《建设工程施工合同（示范文本）》（GF—2017—0201）规定，材料、工程设备价格变化的价款调整按照发包人提供的基准价格，按以下风险范围规定执行：

① 承包人在已标价工程量清单或预算书中载明材料单价低于基准价格的：除专用合同条款另有约定外，合同履行期间材料单价涨幅以基准价格为基础超过5%时，或材料单价跌幅以在已标价工程量清单或预算书中载明材料单价为基础超过5%时，其超过部分据实调整。

② 承包人在已标价工程量清单或预算书中载明材料单价高于基准价格的：除专用合同条款另有约定外，合同履行期间材料单价跌幅以基准价格为基础超过5%时，材料单价涨幅在已标价工程量清单或预算书中载明材料单价基础上超过5%时，其超过部分据实调整。

根据3月份部分工程材料用量及材料信息价格表，钢材的材料单价低于基准价格的，按上述规定第①项规定计算；商品混凝土材料单价高于基准价格的，按上述规定第②项规定计算；木材材料单价高于基准价格的，按上述规定第②项规定计算。

5. 安全事故划分为：特别重大安全事故、重大安全事故、较大安全事故、一般安全事故。本工程属于一般安全事故。

第四章　市政公用工程绿色施工及现场管理案例分析专项突破

2014—2023年度实务操作和案例分析题考点分布

考点	年份									
	2014年	2015年	2016年	2017年	2018年	2019年	2020年	2021年	2022年	2023年
施工组织设计编制的注意事项	●	●		●	●					
施工方案确定的依据		●								
专项施工方案编制与论证的要求	●	●	●	●	●		●		●	●
交通导行方案设计的要点		●	●	●			●	●		
施工现场布置与管理的要点							●	●		
环境保护管理的要点				●	●			●		
劳务管理的有关要点							●			

【专家指导】

本章在历年考试中考查的频次较高，考查内容主要集中在：（1）专项方案的编制、实施以及需要专家论证的工程范围；（2）交通导行方案的设计要求及具体实施；（3）施工现场封闭管理的具体措施及要求。

历　年　真　题

实务操作和案例分析题一 ［2022年真题］

【背景资料】

某公司承建一座城市桥梁工程，双向六车道，桥面宽度36.5m。主桥设计为T形刚构，跨径组合为50m＋100m＋50m，上部结构采用C50预应力混凝土现浇箱梁；下部结构采用实体式钢筋混凝土墩台，基础采用ϕ200cm钢筋混凝土钻孔灌注桩。桥梁立面构造如图4-1所示。

项目部编制的施工组织设计有如下内容：

（1）上部结构采用搭设满堂式钢支架施工方案；

（2）将上部结构箱梁划分为①②③④⑤五种类型节段，⑤节段为合龙段且长度2m，确定了施工顺序。上部结构箱梁节段划分如图4-1所示。

施工过程中发生如下事件：

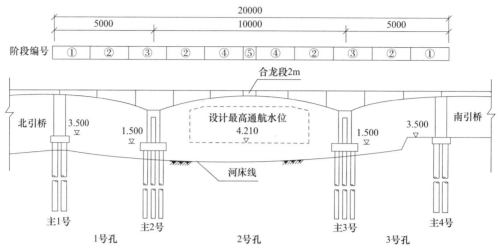

图4-1 桥梁立面构造及上部结构箱梁节段划分示意图（标高单位：m；尺寸单位：cm）

事件1：施工前，项目部派专人联系相关行政主管部门办理施工占用审批许可。

事件2：施工过程中，受主河道水深的影响及通航需求，项目部取消了原施工组织设计中上部结构箱梁②④⑤节段的满堂式钢支架施工方案，重新变更了施工方案，并重新组织召开专项施工方案专家论证会。

事件3：施工期间，河道通航不中断。箱梁施工时，为防止高空作业对桥下通航的影响，项目部按照施工安全管理相关规定，在高空作业平台上采取了安全防护措施。

事件4：合龙段施工前，项目部在箱梁④节段的悬臂端预加压重，并在浇筑混凝土过程中逐步撤除。

【问题】

1. 指出事件1中相关行政主管部门有哪些？

2. 事件2中，写出施工方案变更后的上部结构箱梁的施工顺序（用图中的编号①～⑤及→表示）。

3. 事件2中，指出施工方案变更后上部结构箱梁适宜的施工方法。

4. 上部结构施工时，哪些危险性较大的分部分项工程需要组织专家论证？

5. 事件3中，分别指出箱梁施工时高空作业平台及作业人员应采取哪些安全防护措施。

6. 指出事件4中预加压重的作用。

【参考答案与分析思路】

1. 事件1中相关行政主管部门有：航道管理部门、河道管理部门、海事行政主管部门、城市管理部门。

> 本题考查的是办理施工用地占用审批的相关部门。根据案例背景资料中桥梁对通航的影响可以判断桥梁属于跨河桥，参考占用道路的规定作答。

2. 施工方案变更后的上部结构箱梁的施工顺序：③→②→①→④→⑤。

> 本题考查的是现浇预应力混凝土连续梁采用悬臂浇筑施工流程。悬臂浇筑施工流程：现浇墩顶0号段并临时固结→0号段两端对称安装挂篮并对称悬臂浇筑→支架现浇边孔梁段→先边跨后次跨最后中跨合龙。

3. 施工方案变更后上部结构箱梁适宜的施工方法：悬臂浇筑法。

> 本题考查的是现浇预应力混凝土连续梁施工方法。本小问与第二问相关联，第二问回答了施工工序，就可判断出第三问的施工方法。

4. 上部结构施工时，下列危险性较大的分部分项工程需要组织专家论证：盘扣支架、挂篮。

> 本题考查的是超过一定规模的危险性较大的分部分项工程专项施工方案的判断。本题根据《住房城乡建设部办公厅关于实施〈危险性较大的分部分项工程安全管理规定〉有关问题的通知》（建办质〔2018〕31号）结合背景资料给出的信息去分析判断。

5. 箱梁施工时高空作业平台的安全防护措施：
① 平台上的脚手板必须在脚手架的宽度范围内铺满、铺稳。
② 临边位置设置护栏并且护栏底部封闭，设置安全警示标志、夜间警示灯。
③ 平台下应设置水平安全网或脚手架防护层，防止高空物体坠落造成伤害。
④ 河道中的平台支架设防冲撞装置和限高限宽门架，支架四周设置安全网和救生圈。
箱梁施工时高空作业人员的安全防护措施：系安全带、穿防滑鞋、戴安全帽。

> 本题考查的是脚手架搭设作业平台、作业人员的安全防护措施。本题参考通行孔、高空作业人员及背景资料去作答。

6. 预加压重的作用：使合龙混凝土浇筑过程中，悬臂端挠度保持稳定。

> 本题考查的是预应力混凝土连续梁合龙的规定。合龙前，在两端悬臂预加压重，并于浇筑混凝土过程中逐步撤除，以使悬臂端挠度保持稳定。

实务操作和案例分析题二 ［2021年真题］

【背景资料】

某区养护管理单位在雨期到来之前，例行城市道路与管道巡视检查，在K1＋120和K1＋160步行街路段沥青路面发现多处裂纹及路面严重变形。经CCTV影像显示，两井之间的钢筋混凝土平接口抹带脱落，形成管口漏水。

养护管理单位经研究决定，对两井之间的雨水管采取开挖换管施工，如图4-2所示。管材仍采用钢筋混凝土平口管。开工前，养护管理单位用砖砌封堵上、下游管口，做好临时导水措施。

养护管理单位接到巡视检查结果处置通知后，将该路段采取1.5m低围挡封闭施工，方便行人通行，设置安全护栏将施工区域隔离，设置不同的安全警示标志、道路安全警告牌、夜间挂闪烁灯示警，并派养护工人维护现场行人交通。

【问题】

1. 地下管线管口漏水会对路面产生哪些危害？
2. 两井之间实铺管长为多少，铺管应从哪号井开始？
3. 用砖砌封堵管口是否正确，最早什么时候拆除封堵？
4. 项目部在对施工现场安全管理采取的措施中，有几处描述不正确，请改正。

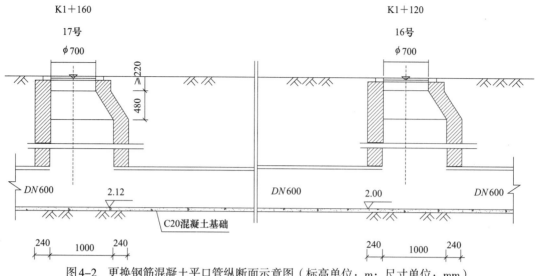

K1+160
17号
φ700
≥220
480
DN600   2.12
C20混凝土基础
240 1000 240

K1+120
16号
φ700
DN600   2.00   DN600
240 1000 240

图4-2　更换钢筋混凝土平口管纵断面示意图（标高单位：m；尺寸单位：mm）

【参考答案与分析思路】

1. 地下管线管口漏水会对路面产生的危害有：冲刷管口周边土体，导致路面出现轻微塌陷。

> 本题考查的是地下水对道路路基的影响，本题在考试用书中没有原文相对应的答案，但是结合背景资料即可分析出答案。

2. 两井之间实铺管长为：1160－1120－（1－0.7/2）－0.7/2＝39m。

铺管应从16号井开始。

> 本题考查的是两井之间实铺管长度计算及排水管道铺管。本题属于实操题，考生要根据施工现场结合背景资料去答题。排水管道铺管应从下游向上游进行，图4-2中16号井管内底标高2.00m、17号井管内底标高2.12m，故16号井位于下游，应从16号井向17号井铺管。

3. 用砖砌封堵管口正确。

最早拆除封堵时间：更换后的管道严密性试验（闭气或闭水试验）合格后。

> 本题考查的是管道封堵及管道功能性试验。本题考核了两个小问，考生要根据问题去答题。第1小问考核了管道封堵，在考试用书中没有原文相对应的答案，排水管道闭水试验的管道封堵方法常用气囊封堵法、砖墙封堵法、机械封堵法（采用钢板配止水橡胶圈）三类，虽然目前气囊封堵法最常用，但也可采用砖墙封堵法。第2小问考核了管道功能性试验，由新换管道铺管施工完成后必须试验、排水管道的功能性试验为严密性试验和排水管严密性试验必须做预留孔封堵，联想到严密性试验合格后才能拆除封堵。

4. 施工现场安全管理采取的措施中错误之处及改正：

错误之处一：采取1.5m低围挡封闭施工；

改正：采用高围挡（高度1.8～2.5m）。

错误之处二：设置道路安全警告牌；

改正：应设道路安全指示牌。

错误之处三：夜间拴闪烁灯示警；

改正：夜间设红灯示警。

错误之处四：派养护工人维护现场行人交通；

改正：派专职交通疏导员维护现场行人交通。

本题考查的是施工现场封闭管理。本题要求项目部在对施工现场安全管理采取的措施中，找出有几处描述不正确的地方并进行改正。错误之处在于：围挡高度、隔离施工区域选用材料、未设照明设施、反光标志及反光锥筒、维护现场行人交通的人员不正确，针对前述错误之处进行改正。

实务操作和案例分析题三［2020年真题］

【背景资料】

某单位承建城镇主干道大修工程，道路全长2km、红线宽50m，路幅分配情况如图4-3所示。现状路面结构为40mm厚AC-13细粒式沥青混凝土上面层，60mm厚AC-20中粒式沥青混凝土中面层，80mm厚AC-25粗粒式沥青混凝土下面层。工程主要内容为：① 对道路破损部位进行翻挖补强；② 铣刨40mm旧沥青混凝土上面层后，加铺40mm厚SMA-13沥青混凝土上面层。

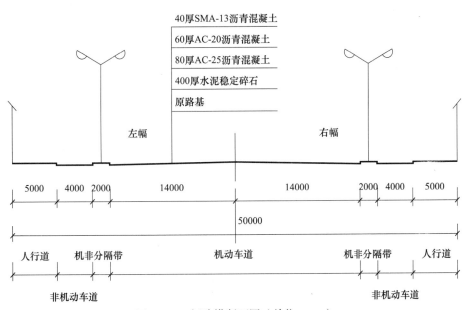

图4-3 三幅路横断面图（单位：mm）

接到任务后，项目部对现状道路进行综合调查，编制了施工组织设计和交通导行方案，并报监理单位及交通管理部门审批，导行方案如图4-4所示。因办理占道、挖掘等相关手续，实际开工日期比计划日期滞后2个月。

道路封闭施工过程中，发生如下事件：

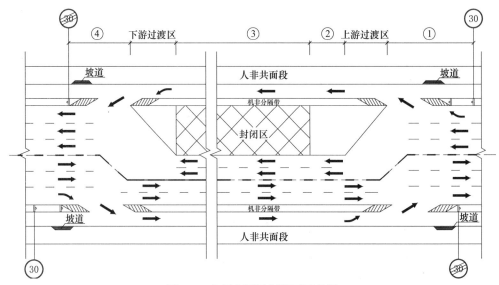

图 4-4　左幅交通导行平面示意图

事件 1：项目部进场后对沉陷、坑槽等部位进行了翻挖探查，发现左幅基层存在大面积弹软现象，立即通知相关单位现场确定基层处理方案，拟采用 400mm 厚水泥稳定碎石分两层换填，并签字确认。

事件 2：为保证工期，项目部集中力量迅速完成了水泥稳定碎石基层施工，监理单位组织验收结果为合格。项目部完成 AC-25 下面层施工后对纵向接缝进行简单清扫便开始摊铺 AC-20 中面层，最后转换交通进行右幅施工。由于右幅道路基层没有破损现象，考虑到工期紧在沥青摊铺前对既有路面铣刨、修补后，项目部申请全路封闭施工，报告批准后开始进行上面层摊铺工作。

【问题】

1. 交通导行方案还需要报哪个部门审批？
2. 根据左幅交通导行平面示意图，请指出图中①、②、③、④各为哪个疏导作业区？
3. 事件 1 中，确定基层处理方案需要哪些单位参加？
4. 事件 2 中，水泥稳定碎石基层检验与验收的主控项目有哪些？
5. 请指出沥青摊铺工作的不当之处，并给出正确做法。

【参考答案与分析思路】

1. 交通导行方案还需报道路管理部门批准。

本题考查的是交通导行方案实施。占用慢行道和便道要获得交通管理和道路管理部门的批准，按照获准的交通疏导方案修建临时施工便线、便桥。

2. 在左幅交通导行平面示意图中，①——警告区；②——缓冲区；③——作业区；④——终止区。

本题考查的是交通导行措施。交通导行措施主要包括：（1）严格划分警告区、上游过渡区、缓冲区、作业区、下游过渡区、终止区范围。（2）统一设置各种交通标志、隔离设施、夜间警示信号。（3）严格控制临时占路时间和范围，特别是分段导行时必须严格执行获准方案。（4）对作业工人进行安全教育、培训、考核，并应与作业队签订《施工交通安全责任合同》。（5）依据现场变化，及时引导交通车辆，为行人提供方便。

3. 事件1中，确定基层处理方案需要监理单位、设计单位参加。

本题考查的是设计变更。确定基层处理方案需要监理单位及设计单位参加。

4. 事件2中，水泥稳定碎石基层检验与验收的主控项目包括原材料、压实度、7d无侧限抗压强度。

本题考查的是水泥稳定碎石基层检验与验收的主控项目。石灰稳定土、水泥稳定土、石灰粉煤灰稳定砂砾等无机结合料稳定基层质量检验项目主要有：基层压实度、7d无侧限抗压强度等。另外，参考《城镇道路工程施工与质量验收规范》CJJ 1—2008第7.8条的规定可知，水泥稳定碎石基层检验与验收的主控项目有：原材料、压实度、7d无侧限抗压强度。

5. 不妥之处：完成AC-25下面层施工后对纵向接缝进行了简单清扫便开始摊铺AC-20中面层。

正确做法：左幅施工采用冷接缝时，将右幅的沥青混凝土毛槎切齐，接缝处涂刷粘层油再铺新料，上面层摊铺前纵向接缝处铺设土工格栅、土工布、玻纤网等土工织物。

本题考查的是沥青路面纵向冷接缝的施工措施。半幅施工采用冷接缝时，宜加设挡板或将先铺的沥青混合料刨出毛槎，涂刷粘层油再铺新料，新料跨缝摊铺与已铺层重叠50～100mm，软化下层后铲走重叠部分，再跨缝压密挤紧。

实务操作和案例分析题四［2016年真题］

【背景资料】

某公司中标承建该市城郊接合部交通改扩建高架工程，该高架上部结构为现浇预应力钢筋混凝土连续箱梁，桥梁底板距地面的净空15m，宽度17.5m，主线长720m，桥梁中心轴线位于既有道路边线。在既有道路中心线附近有埋深1.5m的现状DN500mm自来水管道和光纤线缆，平面布置如图4-5所示。高架桥跨越132m鱼塘和菜地。设计跨径组合为41.5m＋49m＋41.5m，其余为标准联，跨径组合为（28＋28＋28）m×7联，支架法施工。下部结构为：H形墩身下接10.5m×6.5m×3.3m承台（埋深在光纤线缆下0.5m），承台下设有直径1.2m，深18m的人工挖孔灌注桩。

项目部进场后编制的施工组织设计提出了"支架地基加固处理"和"满堂支架设计"两个专项方案。在"支架地基加固处理"专项方案中，项目部认为在支架地基预压时的荷载应是不小于支架地基承受的混凝土结构物恒载的1.2倍即可，并根据相关规定组织召开了专家论证会，邀请了含本项目技术负责人在内的四位专家对专项方案内容进行了论证。专项方案经论证后，专家组提出了应补充该工程上部结构施工流程及支架地基预压荷载验算需修改完善的指导意见。项目部未按专家组要求补充该工程上部结构施工流程和支架地基预压荷载验算，只将其他少量问题做了修改，上报项目总监和建设单位项目负责人审批时未能通过。

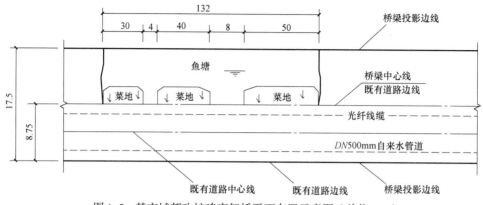

图4-5 某市城郊改扩建高架桥平面布置示意图（单位：m）

【问题】

1. 写出该工程上部结构施工流程（自箱梁钢筋验收完成到落架结束，混凝土采用一次浇筑法）。

2. 编写"支架地基加固处理"专项方案的主要因素是什么？

3. "支架地基加固处理"后的合格判定标准是什么？

4. 项目部在支架地基预压方案中，还有哪些因素应进入预压荷载计算？

5. 该项目中除了"DN500mm自来水管道，光纤线缆保护方案"和"预应力张拉专项方案"以外还有哪些内容属于"危险性较大的分部分项工程"范围未上报专项方案，请补充。

6. 项目部邀请了含本项目技术负责人在内的四位专家对两个专项方案进行论证的结果是否有效？如无效请说明理由，并写出正确做法。

【参考答案与分析思路】

1. 上部结构自钢筋验收后的流程：浇筑箱梁混凝土→养护→拆除侧模→预应力张拉→压浆施工。

> 本题考查的是后张预应力的施工程序以及支架法的施工程序，本题没有解题技巧，熟记即可。

2. 编写"支架地基加固处理"专项方案的因素有：

（1）鱼塘、菜地、填土。

（2）桥梁中心轴线两侧支架基础承载力不对称，软硬不均匀。

> 本题考查的是编写专项方案的主要因素。施工单位应当在危险性较大的分部分项工程施工前编制专项方案，考生在考试当年应依据《危险性较大的分部分项工程安全管理办法》（建质〔2009〕87号）找出本案例中符合条件的分部分项工程。需要注意的是《危险性较大的分部分项工程安全管理办法》（建质〔2009〕87号）已作废。《住房城乡建设部办公厅关于实施〈危险性较大的分部分项工程安全管理规定〉有关问题的通知》（建办质〔2018〕31号）以及《危险性较大的分部分项工程安全管理规定》（中华人民共和国住房和城乡建设部令第37号，经中华人民共和国住房和城乡建设部令第47号修订）现已施行。

3. "支架地基加固处理"后合格的判定标准：

（1）24h的预压沉降量平均值小于1mm。

（2）72h的预压沉降量平均值小于5mm。

（3）支架基础预压报告合格。

（4）排水系统正常。

> 本题考查的是对《钢管满堂支架预压技术规程》的掌握情况。考生应根据《钢管满堂支架预压技术规程》JGJ/T 194—2009规定，确定"支架地基加固处理"后的合格判定标准。

4. 进入预压荷载计算的因素还有：钢管支架重量、模板重量。

> 本题考查的是预压荷载计算。根据《钢管满堂支架预压技术规程》JGJ/T 194—2009的规定，支架基础预压荷载不应小于支架基础承受的混凝土结构恒载与钢管支架、模板重量之和的1.2倍。

5. 属于"危险性较大的分部分项工程"的项目还有：

（1）"深度超过5m的基坑（槽）土方开挖"专项方案。

（2）"18m深人工挖孔桩"专项方案。

> 本题考查的是危险性较大的分部分项工程的专项方案。考生应清楚危险性较大的分部分项工程的范围，然后从案例中找出符合条件的内容。本题答案在考试当年应依据《危险性较大的分部分项工程安全管理办法》（建质〔2009〕87号）作出，需要注意的是该办法已作废。《住房城乡建设部办公厅关于实施〈危险性较大的分部分项工程安全管理规定〉有关问题的通知》（建办质〔2018〕31号）以及《危险性较大的分部分项工程安全管理规定》（中华人民共和国住房和城乡建设部令第37号，经中华人民共和国住房和城乡建设部令第47号修订）现已施行。

6. 论证结果无效。

理由：本项目参建单位人员不得以专家组专家身份参与专项方案论证，因此项目技术负责人作为专家参加论证错误。专家组应由5人以上单数符合专业要求的专家组成，本论证会只有4人，不符合要求。

正确做法：应由5名以上符合相关专业要求的专家组成专家组。本项目的参建各方不得以专家身份参加专家论证会。专项方案经论证后，专家组应当提交论证报告，对论证的内容提出明确的意见，并在论证报告上签字。该报告作为专项方案修复完善的指导意见。

专项方案应经施工企业技术负责人签字，并报总监和建设单位项目负责人签字后实施。

> 本题考查的是专项方案的论证。专项方案的专家组成员构成，应当由5名及以上（应组成单数）符合相关专业要求的专家组成。本项目参建各方的人员不得以专家身份参加专家论证会。专家组对专项方案审查论证时，需察看施工现场，并听取施工、监理等人员对施工方案、现场施工等情况的介绍。本题答案在考试当年应依据《危险性较大的分部分项工程安全管理办法》（建质〔2009〕87号）作出，需要注意的是该办法已作废。

《住房城乡建设部办公厅关于实施〈危险性较大的分部分项工程安全管理规定〉有关问题的通知》（建办质〔2018〕31号）以及《危险性较大的分部分项工程安全管理规定》（中华人民共和国住房和城乡建设部令第37号，经中华人民共和国住房和城乡建设部令第47号修订）现已施行。

实务操作和案例分析题五〔2016年真题〕

【背景资料】

某公司承建的市政道路工程，长2km，与现况道路正交，合同工期为2015年6月1日—8月31日。道路路面底基层设计为300mm厚水泥稳定土；道路下方设计有一条DN1200mm钢筋混凝土雨水管道，该管道在道路交叉口处与现状道路下的现有DN300mm燃气管道正交。

施工前，项目部踏勘现场时，发现雨水管道上部外侧管壁与现况燃气管道底间距小于规范要求，并向建设单位提出变更设计的建议。经设计单位核实，同意将道路交叉口处的Y1～Y2井段的雨水管道变更为双排DN800mm双壁波纹管，设计变更后的管道平面位置与断面布置如图4-6、图4-7所示。项目部接到变更后提出了索赔申请，经计算，工程变更需增加造价10万元。

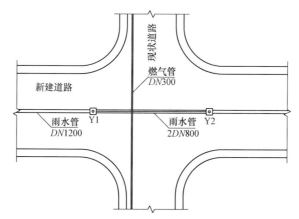

图4-6 设计变更后的管道平面位置示意图（单位：mm）

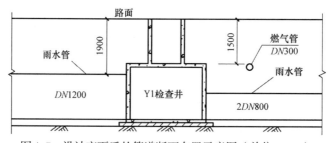

图4-7 设计变更后的管道断面布置示意图（单位：mm）

为减少管道施工对交通通行的影响，项目部制定了交叉路口的交通导行方案，并获得交通管理部门和路政管理部门的批准。交通导行措施的内容包括：

（1）严格控制临时占路时间和范围。

（2）在施工区域范围内规划了警告区、终止区等交通疏导作业区域。

（3）与施工作业队伍签订《施工安全责任合同》。

施工期间为雨期，项目部针对水泥稳定土底基层的施工制定了雨期施工质量控制措施如下：

（1）加强与气象站联系，掌握天气预报，安排在不下雨时施工。

（2）注意天气变化，防止水泥和混合料遭雨淋。

（3）做好防雨准备，在料场和搅拌站搭雨棚。

（4）降雨时应停止施工，对已摊铺的混合料尽快碾压密实。

【问题】

1. 排水管道在燃气管道下方时，其最小垂直距离应为多少米？

2. 按索赔事件的性质分类，项目部提出的索赔属于哪种类型；项目部应提供哪些索赔资料？

3. 交通疏导方案（2）中还应规划设置哪些交通疏导作业区域？

4. 交通疏导方案中还应补充哪些措施？

5. 补充和完善水泥稳定土底基层雨期施工质量控制措施。

【参考答案与分析思路】

1. 排水管道在燃气管道下方时，最小垂直距离应为0.15m。

　　本题考查的是地下燃气管道与建（构）筑物之间的最小垂直净距。地下燃气管道与建（构）筑物之间的最小垂直净距见表4-1。

表4-1　地下燃气管道与建（构）筑物之间的最小垂直净距（m）

序号	项目		地下燃气管道		
			钢管道	塑料管道	
				在该设施上方	在该设施下方
1	给水管、燃气管道		0.15	0.15	0.15
2	排水管		0.15	0.15	0.20（加套管）
3	供热管	＜150℃直埋供热管	0.15	0.50（加套管）	1.30（加套管）
		＜150℃热水供热管沟，蒸汽供热管沟	0.15	0.40或0.20（加套管）	0.130（加套管）
		＜280℃蒸汽供热管沟	0.15	1.00（加套管）套管有降温措施可缩小	不允许
4	电缆	直埋	0.50	0.50	0.50
		在导管内	0.15	0.20	0.20
5	铁路（轨底）		1.20	—	1.20（加套管）
6	有轨电车（轨底）		1.00	—	—

　　2.（1）按索赔事件的性质分类，项目部提出的索赔属于由于工程变更导致的索赔。

　　（2）项目部应提供的索赔资料包括：索赔正式通知函，设计变更单，变更图纸，变更项目的预算、清单等有关证据。

本题考查的是工程索赔的相关知识。根据背景资料中的"项目部接到变更后提出了索赔申请"可知，本题属于工程变更导致的索赔；项目部提供的索赔资料，其实是考核索赔程序的内容。

3. 交通疏导作业区域还包括：上游过渡区、缓冲区、作业区、下游过渡区。

本题考查的是交通导行措施的相关内容，相对来说较为简单，主要是对交通疏导作业区域的补充。

4. 交通疏导方案中还应补充的措施包括：

（1）统一设置各种交通标志、隔离设施、夜间警示信号。

（2）对作业工人进行安全教育、培训、考核。

（3）依据现场变化，及时引导交通车辆，为行人提供方便。

（4）按施工组织设计设置围挡。

本题考查的是交通导行措施的相关内容。交通导行措施包括：（1）严格划分警告区、上游过渡区、缓冲区、作业区、下游过渡区、终止区范围；（2）统一设置各种交通标志、隔离设施、夜间警示信号；（3）严格控制临时占路时间和范围，特别是分段导行时必须严格执行获准方案；（4）对作业工人进行安全教育、培训、考核，并应与作业队签订《施工交通安全责任合同》；（5）依据现场变化，及时引导交通车辆，为行人提供方便。

5. 水泥稳定土底基层雨期施工质量控制措施包括：

（1）对稳定类材料基层，应坚持拌多少、铺多少、压多少、完成多少。

（2）设置完善的排水系统，防、排结合，发现积水及时排除。

本题考查的是雨期施工质量控制的相关内容。相比冬期施工，雨期施工考核的较少。注意在补充措施时，不要写与背景资料相同的那些措施。

实务操作和案例分析题六〔2015年真题〕

【背景资料】

某公司承建城市主干道的地下隧道工程，长520m，为单箱双室箱型钢筋混凝土结构，采用明挖顺作法施工。隧道基坑深10m，侧壁安全等级为一级，基坑支护与结构设计断面如图4-8所示。围护桩为钻孔灌注桩，截水帷幕为双排水泥土搅拌桩，两道内支撑中间设立柱支撑；基坑侧壁与隧道侧墙的净距为1m。

项目部编制了专项施工方案，确定了基坑施工和主体结构施工方案，对结构施工与拆撑、换撑进行了详细安排。

施工过程发生如下事件：

事件1：进场踏勘发现有一条横跨隧道的架空高压线无法改移，鉴于水泥土搅拌桩机设备高，距高压线距离处于危险范围，导致高压线两侧计20m范围内水泥土搅拌桩无法施工。项目部建议变更此范围内的截水帷幕桩设计，建设单位同意设计变更。

事件2：项目部编制的专项施工方案，隧道主体结构与拆撑、换撑施工流程为：① 底板垫层施工→②→③ 传力带施工→④→⑤ 隧道中墙施工→⑥ 隧道侧墙和顶板施工→⑦ 基坑侧壁与隧道侧墙间隙回填→⑧。

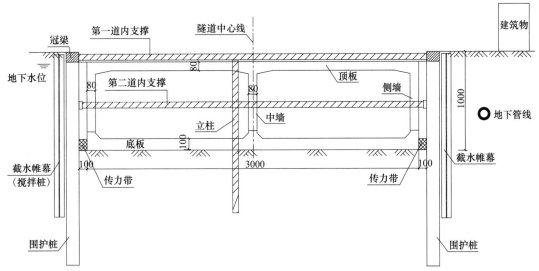

图4-8 基坑支护与主体结构设计断面示意图（单位：cm）

事件3：某日上午监理人员在巡视工地时，发现以下问题，要求立即整改：

（1）在开挖工作面位置，第二道支撑未安装的情况下，已开挖至基坑底部。

（2）为方便挖土作业，挖掘机司机擅自拆除支撑立柱的个别水平连系梁；当日下午，项目部接到基坑监测单位关于围护结构变形超过允许值的报警。

（3）已开挖至基底的基坑侧壁局部位置出现漏水，水中夹带少量泥沙。

【问题】

1. 本工程需组织专家论证的专项施工方案包括哪些？简述专项施工方案编制应当包括的主要内容。

2. 事件1中截水帷幕桩设计可以变更成哪种形式？简述理由。给出因施工现场条件影响进行设计变更的一般工作程序。

3. 写出事件2流程中②、④、⑧的名称。

4. 列出本工程基坑施工监测的应测项目。

5. 对事件3中监理人员发现的问题，项目部应采取哪些整改措施；项目部在接到基坑报警后，应如何处理？

【参考答案与分析思路】

1. 本工程需组织专家论证的专项施工方案包括：深基坑施工方案、顶板模板支架（高支架）施工方案。

专项施工方案主要内容包括：工程概况、编制依据、施工进度计划（施工设备、材料、劳动力计划）、施工工艺（或方法、技术）、安全保证措施（文明施工保证措施）、计算书及相关图纸。

> 本题考查的是专项施工方案的编制。本题主要考查了两个小问：一是要求判别哪些专项施工方案需要组织专家论证，还有一问是考查专项施工方案的内容。第一小问只要考生牢记超过一定规模的危险性较大的分部分项工程的范围，再结合背景资料给出的信息就可以做出本题。第二小问记忆类型知识点，考生记住即可。

2. 事件 1 中截水帷幕桩设计可以变更成：高压水泥旋喷桩（摆喷桩）。

理由：水泥旋喷桩（或摆喷桩）施工设备高度低，可以满足在高压线下施工的安全距离要求。

进行设计变更的一般工作程序：施工单位提出设计变更申请，设计单位进行变更设计，建设（监理）单位下达（发出）设计变更函。

本题考查的是截水帷幕的选用、项目部办理设计变更时的步骤。本题考查了两个小问：第一小问，在考试用书上没有明确的答案，需具备一定现场施工知识储备。截水帷幕桩（搅拌桩）可以变更为：高压水泥旋喷桩（摆喷桩）。因为水泥旋喷桩（或摆喷桩）施工设备高度低，可以满足在高压线下施工的安全距离要求。高压旋喷桩和搅拌桩区别：（1）加固原理不同。旋喷桩类似于注浆，是利用高压将水泥浆喷射入土体，对土体进行劈裂切割，使得水泥浆沿劈开的孔隙注入土体，达到加固的效果。按压力构成形式不同，分为单管法、双重管法、三重管法等。搅拌桩也用水泥浆（灰粉），但是喷浆（粉）压力小得多，是利用钻头和叶片对土体进行切割，同时喷浆搅拌，形成水泥土搅拌桩体。（2）单位造价不同。旋喷桩一般单位造价较高，搅拌桩相对较低。除此之外，搅拌桩机一般机架较高，遇有上方有高压线时不宜采用，此时旋喷桩机相对适宜。第二小问属于理解运用性内容，比较简单，但容易遗漏。

3. 事件 2 流程中，②的名称：隧道底板施工；④的名称：拆除第二道支撑；⑧的名称：拆除第一道支撑和立柱支撑。

本题考查的是隧道主体结构与拆撑、换撑的工艺流程。对于工艺流程类型的考核，题型有补充题、分析判断题、简答题。本题中垫层施工以后底板施工，底板厚度达到了 1m，可以作为基坑最下部的支撑，所以在传力带施工以后，可以拆除基坑内的第二道支撑，结构施工完毕，侧墙回填以后，上面的支撑就可以拆除了。

4. 本工程基坑施工监测的应测项目有：

围护桩顶部水平与竖向位移、基坑周围地面（或地表）沉降、支撑轴力、围护结构深层水平位移（或测斜）、地下水位、支撑立柱沉降（或竖向位移）、建筑物倾斜与沉降、地下管线沉降等。

本题考查的是基坑监测项目。属于理解记忆性内容，内容较多，容易遗漏。

5. 项目部应采取的整改措施有：

（1）立即停止超挖，进行支撑（或安装第二道支撑），再进行支撑以下土方开挖。

（2）立即采取堵漏（或止漏）措施，防止基坑侧壁漏水漏沙造成基坑外的泥沙流失，并做好基坑内排水。

（3）立即安装被拆除的立柱水平连系梁，保证整个支撑体系完整。

项目部在接到基坑报警后，应立即停止有关部位施工；查清（或分析）原因；采取有效措施后，方能继续施工。

本题考查的是基坑施工和主体结构施工出现问题后的补救措施。属于理解应用型内容，有一定难度。

典 型 习 题

实务操作和案例分析题一

【背景资料】

某公司承建一地铁站工程，其中1号线路采用地下连续墙作为围护结构。项目部编制了地下连续墙施工方案，方案包括：采用成槽机成槽，泥浆护壁保证槽壁稳定，对泥浆的含砂率和pH值等指标进行控制。

采用商品混凝土灌注，混凝土进场后，检查混凝土运输单，信息符合要求后开始灌注混凝土，混凝土断面达到设计高程后停止灌注，同时拔出接头管，具体施工流程见图4-9。

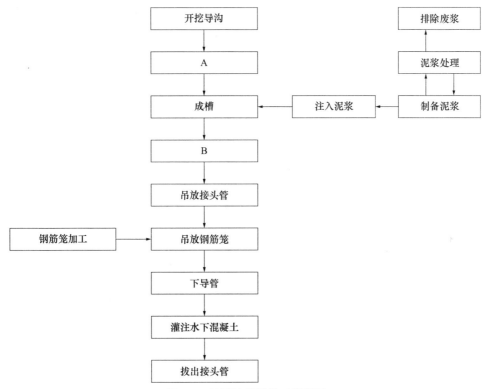

图4-9 地下连续墙施工流程图

该项目钢筋笼吊装属于超过一定规模的危险性较大工程，总包单位编制了专项方案并组织了专家论证，论证意见为"修改后通过"。

【问题】

1. 写出护壁泥浆的主要材料及还应包括的性能指标名称。

2. 改正地下连续墙施工方案中关于混凝土灌注之前的具体灌注要求，及起拔接头管的技术要求。

3. 写出施工流程图中A、B代表的工序名称。

4. 该吊装专项方案修改后实施前还应经过什么审批程序，是否需组织专家二次论证？

【参考答案】

1. 护壁泥浆的主要材料：水、膨润土、掺和物、高塑性黏土或膨润土。

性能指标名称：相对密度、黏度、含砂率、pH值。

2.（1）改正具体灌注要求：

①"采用商品混凝土灌注，混凝土进场后，检查混凝土运输单，信息符合要求后开始灌注混凝土。"

改正为：采用预拌混凝土灌注，混凝土进场后，检查混凝土配合比通知单，信息符合要求后，测定混凝土坍落度，同时观察混凝土的外观、粘聚性和保水性，无分层离析现象，符合要求后开始灌注混凝土。

②"混凝土断面达到设计高程后停止灌注，同时拔出接头管。"

改正为：地下连续墙浇筑完成后略高于设计高程，宜选择混凝土灌注2～3h后拔出接头管（初凝后）。

（2）起拔接头管的技术要求：

① 接头管第一次起拔时间应根据第一车混凝土制作的混凝土试块初凝时间确定，宜选择混凝土灌注2～3h后进行；开始每30min提升一次，每次50～100mm，直至终凝后全部拔出。

② 起拔应垂直、匀速、缓慢、连续，不得损坏接头处混凝土；拔出后应及时清洗干净。

3. 施工流程图中：A工序名称：修筑导墙；B工序名称：清除槽底淤泥和残渣。

4. 审批程序：施工单位应当根据论证报告修改完善专项施工方案，并经施工单位技术负责人审核签字，加盖单位公章；报总监理工程师审核签字、加盖执业印章后，方可组织实施，不需要组织专家论证。

实务操作和案例分析题二

【背景资料】

某城市供热外网一次线工程，管道为DN500mm钢管，设计供水温度110℃，回水温度70℃，工作压力1.6MPa。沿现况道路敷设段采用D2600mm钢筋混凝土管作为套管，泥水平衡机械顶进，套管位于卵石层中，卵石最大粒径300mm，顶进总长度421.8m。顶管与现况道路位置关系如图4-10所示。

开工前，项目部组织相关人员进行现场调查，重点是顶管影响范围地下管线的具体位置和运行状况，以便加强对道路、地下管线的巡视和保护，确保施工安全。

项目部编制顶管专项施工方案：在永久检查井处施作工作竖井，制定道路保护和泥浆处理措施。

项目部制定应急预案，现场配备了水泥、砂、注浆设备、钢板等应急材料，保证道路交通安全。

套管顶进完成后，在套管内安装供热管道，断面布置如图4-11所示。

【问题】

1. 根据图4-11，指出供热管道顶管段属于哪种管沟敷设类型？

2. 顶管临时占路施工需要哪些部门批准？

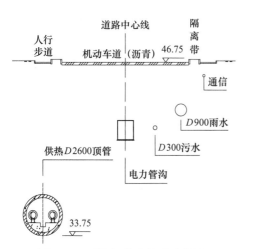

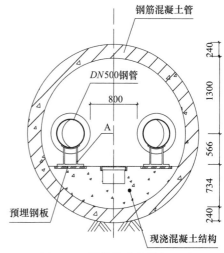

图 4-10 顶管与道路关系示意图　　　　　　　图 4-11 供热管道安装断面图

（高程单位：m；尺寸单位：mm）

3. 为满足绿色施工要求，项目部可采取哪些泥浆处理措施？

4. 如出现道路沉陷，项目部可利用现场材料采取哪些应急措施？

5. 指出构件 A 的名称，简述构件 A 的安装技术要点。

【参考答案】

1. 供热管道顶管段属于通行管沟。

2. 顶管施工临时占路，施工前须经道路主管部门（市政工程行政主管部门、建设行政主管部门）和公安交通管理部门批准。

3. 为满足绿色施工要求，项目部可采取的泥浆处理措施：现场装配式泥沙分离（沉淀）、泥水分离（泥浆分离）、泥浆脱水预处理设施，进行泥浆循环利用。

4. 当出现道路沉陷时，项目部立即启动应急预案，通知相关管理部门，应在沉陷部位临时封闭道路、暂时停工、满铺钢板，保证道路畅通；对路基空洞、松散部位可进一步采用砂石料回填、注浆加固措施。

5. 构件 A 的名称：滑动支架（滑动支托、滑动支座、滑靴）。

构件 A 的安装技术要点：支架接触面应平整、光滑；不得有歪斜及卡涩现象，支架应与管道焊接牢固，不得有漏焊（欠焊、咬肉或裂纹）等缺陷。

实务操作和案例分析题三

【背景资料】

某市新建道路跨线桥，主桥长 520m，桥宽 22.15m，桥梁中间三跨为钢筋混凝土预应力连续梁，跨径组合为 30m＋35m＋30m，需现场浇筑，进行预应力张拉；其余部分为 T 形 22m 简支梁。支架设计为满堂支撑形式，部分基础采用加固处理。模板支架有详细专项方案设计，经项目经理批准支架施工分包给专业公司，并签订了分包合同。施工日志有以下记录：

（1）施工组织设计经项目经理批准签字后，上报监理工程师审批。

（2）专项方案提供了支架的强度验算，符合规范要求。

（3）由于拆迁影响了工期，项目总工程师对施工组织设计作了变更，并及时请示项目经理，经批准后付诸实施。

（4）为加快桥梁应力张拉的施工进度，从其他工地借来一台千斤顶与项目部现有的油泵配套使用。

【问题】

1. 施工组织设计的审批程序的做法是否正确，应如何办理？

2. 专项方案仅提供支架的强度验算尚不满足要求，请予以补充。

3. 在支架上现浇混凝土连续梁时，支架应满足哪些要求，有哪些注意事项？

4. 从其他工地借用千斤顶与现有设备配套使用违反了哪些规定？

【参考答案】

1. 施工组织设计的审批程序不正确。工程施工组织设计经项目经理签批后，必须由企业（施工单位）技术负责人审批，并加盖公章后方可实施；有变更时，应有变更审批程序。

2. 仅提供支架强度验算尚不满足专项方案的要求，还应提供：支架刚度和稳定性方面的验算，且专项方案应由施工单位专业工程技术人员编制，经专家论证补充完善后，由施工企业技术负责人签批和监理单位总监理工程师签认后实施。

3. 支架应满足的要求：

（1）支架的强度、刚度、稳定性验算倾覆稳定系数不应小于1.3，受载后挠曲的杆件弹性挠度不大于 $L/400$（L 为计算跨度）。

（2）支架的弹性、非弹性变形及基础的允许下沉量，应满足施工后梁体设计标高的要求。

应注意事项：整体浇筑时应采取措施防止支架基础不均匀下沉，若地基下沉可能造成梁体混凝土产生裂缝时，应分段浇筑。

4. 从其他工地借用千斤顶与现有设备配套使用违反的规定：张拉机具设备应与锚具配套使用，并应在进场时进行检验和校验。千斤顶与压力表应配套校验，以确定张拉力与压力表之间的关系曲线。

实务操作和案例分析题四

【背景资料】

某公司承建一项城市污水处理工程，包括调蓄池、泵房、排水管道等。调蓄池为钢筋混凝土结构，结构尺寸为40m（长）×20m（宽）×5m（高），结构混凝土设计强度等级为C35，抗渗等级为P6。调蓄池底板与池壁分两次浇筑，施工缝处安装金属止水带，混凝土均采用泵送商品混凝土。

事件1：施工单位对施工现场进行封闭管理，砌筑了围墙，在出入口处设置了大门等临时设施，施工现场进口处悬挂了整齐明显的"五牌一图"及警示标牌。

事件2：调蓄池基坑开挖渣土外运过程中，因运输车辆装载过满，造成抛撒滴漏，被城管执法部门下发整改通知单。

事件3：池壁混凝土浇筑过程中，有一辆商品混凝土运输车因交通堵塞，混凝土运至现场时间过长，坍落度损失较大，泵车泵送困难，施工员安排工人向混凝土运输车罐体内直接加水后完成了浇筑工作。

事件4：金属止水带安装中，接头采用单面焊搭接法施工，搭接长度为15mm，并用铁钉固定就位，监理工程师检查后要求施工单位进行整改。

为确保调蓄池混凝土的质量，施工单位加强了混凝土浇筑和养护等各环节的控制，以确保实现设计的使用功能。

【问题】

1. 写出"五牌一图"的内容。

2. 事件2中，为确保项目的环境保护和文明施工，施工单位对出场的运输车辆应做好哪些防止抛撒滴漏的措施？

3. 事件3中，施工员安排工人向混凝土运输车罐体内直接加水的做法是否正确，应如何处理？

4. 说明事件4中监理工程师要求施工单位整改的原因？

5. 施工单位除了混凝土的浇筑和养护控制外，还应从哪些环节加以控制以确保混凝土质量？

【参考答案】

1. 五牌：工程概况牌、管理人员名单及监督电话牌、消防安全牌、安全生产（无重大事故）牌、文明施工牌。

一图：施工现场总平面图。

2. 施工单位对出场的运输车辆应采取的防止抛撒滴漏的措施有：

（1）施工车辆应采取密封覆盖措施。

（2）施工运送车辆不得装载过满（防超载）。

（3）在场地出口设置冲洗池，待运土车辆出场时派专人将车轮冲洗干净。

3. 施工员安排工人向混凝土运输车罐体内直接加水的做法不正确。应作下列处理：泵送防水混凝土，当坍落度损失后不能满足施工要求时，应加入原水灰比的水泥浆或减水剂进行搅拌，严禁直接加水。

4. 监理工程师要求施工单位整改的原因：金属止水带接头采用搭接施工时，搭接长度不得小于20mm，搭接必须双面焊接，不得采用铁钉固定就位。施工单位违反了上述规定，故要求整改。

5. 施工单位还应从原材料、配合比、混凝土供应（运输）等环节加以控制，以确保混凝土质量。

实务操作和案例分析题五

【背景资料】

某公司承建城市道路改扩建工程，工程内容包括：① 在原有道路两侧各增设隔离带，非机动车道及人行道；② 在北侧非机动车道下新增一条长800m直径为DN500mm的雨水主管道，雨水口连接支管口径为DN300mm，管材采用HDPE双壁波纹管，胶圈柔性接口，主管道两端接入现状检查井，管底埋深为4m，雨水口连接管位于道路基层内；③ 在原有机动车道上加铺50mm厚改性沥青混凝土上面层。道路横断面布置如图4-12所示。

施工范围内土质以硬塑粉质黏土为主，土质均匀，无地下水。

项目部编制的施工组织设计将工程项目划分为三个施工阶段：第一阶段为雨水主管道

施工；第二阶段为两侧隔离带、非机动车道、人行道施工；第三阶段为原机动车道加铺沥青混凝土面层。同时编制了各施工阶段的施工技术方案，内容有：

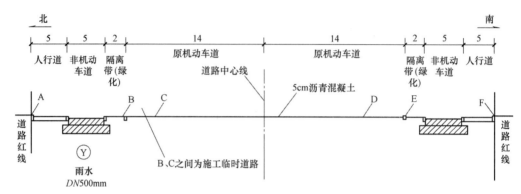

图4-12　道路横断面布置示意图（单位：m）

（1）为确保道路正常通行及文明施工要求，根据三个施工阶段的施工特点，在图4-13中A、B、C、D、E、F所示的6个节点上分别设置各施工阶段的施工围挡。

（2）主管道沟槽开挖自东向西按井段逐段进行，拟定的槽底宽度为1600mm、南北两侧的边坡坡度分别为1∶0.50和1∶0.67，采用机械挖土，人工清底；回用土存放在沟槽北侧，南侧设置管材存放区，弃土运至指定存土场地。

（3）原机动车道加铺改性沥青混凝土路面施工，安排在两侧非机动车道施工完成并导入社会交通后，整幅分段施工。加铺前对旧机动车道面层进行铣刨、裂缝处理、井盖高度提升、清扫、喷洒（刷）粘层油等准备工作。

【问题】

1. 本工程雨水口连接支管施工应有哪些技术要求？

2. 用图4-12所示中的节点代号，分别写出三个施工阶段设置围挡的区间。

3. 写出确定主管道沟槽底开挖宽度及两侧槽壁放坡坡度的依据。

4. 现场土方存放与运输时应采取哪些环保措施？

5. 加铺改性沥青混凝土面层施工时，应在哪些部位喷洒（刷）粘层油？

【参考答案】

1. 在道路基层内的雨水口连接支管应采用混凝土全长包封，且包封混凝土达到70%设计强度前，不得放行交通和碾压作业。沟槽的开挖断面应符合施工方案的要求，槽底原状地基土不得扰动。机械开挖时槽底预留的土层由人工开挖至设计高程并整平。沟槽回填应分层、对称回填，且夯压密实。

2. 第一个阶段：A～C；

第二个阶段：A～C，D～F；

第三个阶段：B～E。

3. 确定主管道沟槽开挖宽度主要的依据是：槽底宽度应符合设计要求；当设计无要求时，可按经验公式计算确定。

确定主管道两侧槽壁放坡坡度的主要依据是：土体的类别，基坑深度、支撑情况、荷载情况。

4. 现场土方存放与运输时应采取的环保措施：现场存土料须及时覆盖；洒水降尘；运输时封闭苫盖（覆盖措施）；撒漏及时清理。

5. 加铺改性沥青混凝土面层施工时，应当在原机动车道表面、路缘石侧面、检查井井盖侧面以及雨水口的水箅子侧面等构筑物与沥青混合料面层连接面喷洒粘层油。

实务操作和案例分析题六

【背景资料】

A公司中标承建小型垃圾填埋场工程，填埋场防渗系统采用HDPE膜，膜下保护层为厚1000mm黏土层，膜上保护层为土工织物。

项目部按规定设置了围挡，并在门口设置了工程概况牌、管理人员名单、监督电话牌和扰民告示牌。为满足进度要求，现场安排3支劳务作业队伍，压缩施工流程并减少工序间隔时间。

施工过程中，A公司例行检查发现：有少数劳务人员所戴胸牌与人员登记不符，且现场无劳务队的管理员在场；部分场底基础层验收记录缺少建设单位签字；黏土保护层压实度报告有不合格项，且无整改报告。A公司明令项目部停工整改。

【问题】

1. 项目部门口还应设置哪些标牌？

2. 针对检查结果，简述对劳务人员管理的具体规定。

3. 简述填埋场施工前场底基础层验收的有关规定，并给出验收记录签字缺失的纠正措施。

4. 指出黏土保护层压实度质量验收必须合格的原因，对不合格项应如何处理？

【参考答案】

1. 项目部门口还应设置企业标识，消防安全牌、安全生产（无重大事故）牌、文明施工牌、施工现场总平面图。

2. 针对检查结果，对劳务人员管理的具体规定：

（1）施工现场的所有的劳务施工人员以及所有的管理人员都要进行实名制管理。无身份证、无劳务合同、无岗位证书的"三无"人员不得进入现场施工。进入施工现场的劳务人员佩戴注明姓名、身份证号、工种、所属分包企业的工作卡。

（2）施工现场要有劳务管理人员巡视和检查。

（3）要逐人建立劳务人员入场、继续教育培训档案。

（4）劳务企业与劳务人员要签订书面劳务合同明确双方义务，企业需要建立个人信息。

3. 填埋场施工前场底基础层验收的有关规定：填埋场施工前场底基础层验收应该由建设单位组织勘察、设计、监理和施工单位参加并签字，地基承载力满足设计要求后方可后续施工。

验收记录签字缺失的纠正措施：必须按规定由建设单位完善签字，必须补充验收手续和土基承载力检测报告。

4. 黏土保护层压实度质量验收必须合格的原因在于：（1）黏性土保护层是垃圾填埋场的主控项目，主控项目检验必须100%合格；（2）黏性土保护层不合格，很可能会导致填埋场后期使用过程中造成基础沉陷而造成HDPE膜的变形和开裂，造成垃圾填埋场的渗滤液渗漏，污染地下水源。

不合格项处理方式：进行整改，整改后监理和建设单位按照原有的标准进行验收，合格后方可进行下一道工序施工。

实务操作和案例分析题七

【背景资料】

某北方城市面临供水不足的问题，为解决水源问题，计划新建一座大型给水厂，主要有沉淀池、滤池等。其中沉淀池为圆形，直径45m，深4m，池壁采用预制板拼装外缠预应力钢丝喷水泥砂浆结构，由于地下水位较高，须采取降水措施。项目经理部在施工现场门口设立了公示牌以便于加强施工管理。公示牌包括工程概况牌、安全生产文明施工牌。在工程概况牌上标明的内容有工程名称、面积、层数。项目部确定的现场管理内容有：合理规划施工场地，做好施工总平面图，对现场的使用要有检查，建立文明的施工现场。施工中按照施工组织的设计要求采用了硬质围挡，设置了办公区、生活区、生产区和临时设施区。在施工平面布置图上布置了临时设施、大型机械、料场和仓库。施工项目技术负责人指示由安全员将现场管理列为日常检查内容。

【问题】

1. 本工程中设立的工程概况牌的内容是否全面？如不全面，请补充。

2. 除工程概况牌、安全生产文明施工牌以外，现场公示牌还应设立的标牌有哪些？

3. 项目部确定的施工现场管理内容完整吗？如不完整，请补充。

4. 施工平面布置图上的内容全面吗？如不全面，请至少再补充3条。

【参考答案】

1. 工程概况牌的内容不全面，应补充：

（1）发包单位（建设单位）的名称。

（2）设计单位的名称。

（3）承包单位（施工单位）的名称。

（4）监理单位的名称。

（5）开竣工日期。

（6）项目负责人及联系电话。

2. 现场公示牌还应设立的标牌有：

（1）消防安全牌。

（2）安全生产（无重大事故）牌。

（3）施工现场总平面图。

（4）管理人员名单及监督电话牌。

3. 项目部确定的施工现场管理内容是不完整的。应补充的内容包括：

（1）适时调整施工现场总平面图。

（2）及时清场转移。

4. 施工平面布置图上的内容不全面。应补充：构件堆场、消防设施、道路及进出口、加工场地、水电管线、周转场地。

实务操作和案例分析题八

【背景资料】

某城市跨线立交桥工程，桥梁全长811m，共计24跨，桥梁下部结构有220根1.5m的钻孔灌注桩，采用反循环钻机成孔。项目部针对钻孔桩数量多，经招标程序将钻孔作业分项工程分包给甲机械施工公司，由甲公司负责组织钻孔机械进行钻孔作业。施工过程中现场发生如下事件：

事件1：因地下管线改移困难，经设计单位现场决定10轴、11轴、12轴原桩位移动并增加钻孔桩数量，立即办理了洽商变更手续。项目部及时复印后，直接交给测量员和负责本段施工的工长。

事件2：项目部在现场文明施工检查中发现原有泥浆沉淀池已淤积，正在进行钻孔施工的泥浆水沿排水沟流到工地附近的河道里，现场土堆旁有未燃尽的油毡碎片。

事件3：甲公司液压起重机起吊钢筋笼时，因钢筋笼的U形吊环与主筋焊接不牢，起吊过程中钢筋笼倾倒，作业人员及时避开，但将泥浆搅拌棚砸坏。项目经理组织人员清理现场，并开展事故调查分析，对分包人进行罚款处理，调查报告完成后，经项目经理签字，上报了企业负责安全的部门。

事件4：受钻孔机械故障影响，项目部要求甲公司增加钻孔机械，以保障钻孔作业计划进度。因甲公司钻机在其他工地，需等5d后才能运到现场，等到该桥全部钻孔桩完成时已拖延工期13d。

【问题】

1. 事件1的执行程序是否妥当？说明理由，写出正确程序。

2. 事件2的做法有无违规之处？如有违规之处，写出正确做法。

3. 事件3的事故处理程序是否妥当？如不妥当，写出正确做法。

4. 事件4中，结合项目部进度控制中的问题指出应采取的控制措施。

【参考答案】

1. 事件1的执行程序不妥；

理由：洽商变更作为有效文件管理，对发放范围应有签字手续；

正确程序：在施工过程中，项目技术负责人对有关施工方案、技术措施及设计变更要求，应在执行前向执行人员进行书面交底。

2. 事件2中，做法的违规之处：排放泥浆水到河道中，现场焚烧油毡；

正确做法：妥善处理泥浆水，未经处理不得直接排入城市排水设施和河流；除设有符合规定的装置外，不得在施工现场熔融沥青或者焚烧油毡（防水卷材）、油漆以及其他会产生有毒有害烟尘和恶臭气体的物质。

3. 事件3中，事故处理程序不妥；

事故处理正确做法：事故发生后，应排除险情，做好标志，保护好现场；

事故调查正确做法：项目经理应指定技术、安全、质量等部门人员，会同企业工会代表组成调查组，开展事故调查；

调查报告正确做法：调查组应把事故经过、原因、损失、责任、处理意见、纠正和预防措施写成调查报告，并经调查组全体人员签字确认后报企业安全主管部门。安全事故调查报告不能只有项目经理一人的签字。

4. 应采取的控制措施：项目部应紧密跟踪计划实施进行监督，当发现进度计划执行受到干扰时，应采取调度措施，控制进度计划的实现。

实务操作和案例分析题九

【背景资料】

某工程基坑深8m，支护采用桩锚体系，桩数共计200根，基础采用桩筏形式，桩数共计400根，毗邻基坑东侧12m处有既有密集居民区，居民区和基坑之间的道路下1.8m处设有市政管道。项目实施过程中发生如下事件：

事件1：在基坑施工前，施工总承包单位要求专业分包单位组织召开深基坑专项施工方案专家论证会，本工程勘察单位项目技术负责人作为专家之一，对专项方案提出了不少合理化建议。

事件2：工程地质条件复杂，设计要求对支护结构和周围环境进行监测，对工程桩采用不少于总数1%的静载荷试验方法进行承载力检验。

事件3：基坑施工过程中，因为工期较紧，于是专业分包单位夜间连续施工。挖掘机、桩机等施工机械噪声较大，附近居民意见很大，到有关部门投诉，有关部门责成总承包单位严格遵守文明施工作业时间段规定，现场噪声不得超过国家标准《建筑施工场界环境噪声排放标准》GB 12523—2011的规定。

【问题】

1. 事件1中存在哪些不妥？并分别说明理由。

2. 事件2中，对工程支护结构监测时，应测项目包含哪些内容；对工程周围环境监测时，应测项目包含哪些内容；最少需多少根桩做静载荷试验？

3. 根据文明施工的要求，在居民密集区进行强噪声施工，作业时间段有什么具体规定；特殊情况需要昼夜连续施工，需做好哪些工作？

【参考答案】

1. 事件1中的不妥之处与理由：

（1）施工总承包单位要求专业分包单位组织召开专项施工方案专家论证会不妥；

理由：专项施工方案的专家论证会应由施工总承包单位组织召开。

（2）勘察单位技术负责人作为专家不妥；

理由：本项目参建各方的人员不得以专家身份参加专家论证会。

2. 背景资料中告知：某工程基坑深8m，因此该基坑工程自身风险等级为3级。又根据《城市轨道交通工程监测技术规范》GB 50911—2013，事件2中，对工程支护结构监测时，应测项目包含下列内容：

（1）支护桩（墙）、边坡顶部水平位移。

（2）支护桩（墙）、边坡顶部竖向位移。

（3）支撑轴力。

（4）锚杆拉力。

（5）竖井井壁支护结构净空收敛。

背景资料中告知：毗邻基坑东侧12m处有既有密集居民区，居民区和基坑之间的道路下1.8m处埋设有市政管道，因此监测对象是建（构）筑物、地下管线。又根据《城市轨道交通工程监测技术规范》GB 50911—2013，事件2中，对工程周围环境监测时，应测项目包含下列内容：

（1）监测对象是建（构）筑物时，主要影响区的应测项目是竖向位移、裂缝，次要影响区的应测项目是竖向位移。

（2）监测对象是地下管线时，主要影响区的应测项目是竖向位移、差异沉降。

最少需要4根桩做静荷载试验。

3. 根据文明施工的要求，在居民密集区进行强噪声施工，作业时间段的具体规定：晚间作业时间不超过22时，早晨作业时间不早于6时。

特殊情况需要昼夜连续施工，需要做好的工作：到环保部门办理夜间施工审批手续，公告附近居民，做好降噪措施。

实务操作和案例分析题十

【背景资料】

某城市环路立交桥工程长1.5km，其中跨越主干道路部分采用钢—混凝土结合梁结构，跨径47.6m，鉴于吊装的单节钢梁重量大，又在城市主干道上施工，承建该工程的施工项目部为此制定了专项施工方案，拟采取以下措施：

措施1：为保证吊车的安装作业，占用一条慢行车道，选择在夜间时段，自行封路后进行钢梁吊装作业。

措施2：请具有相关资质的研究部门对钢梁结构在安装施工过程中不同受力状态下的强度、刚度及稳定性进行分析。

措施3：将安全风险较大的临时支架的搭设，通过招标程序分包给专业公司，签订分包合同，并按有关规定收取安全风险保证金。

【问题】

1. 本工程专项施工方案应包括哪些主要内容？

2. 项目部拟采取的措施1不符合哪些规定？

3. 项目部拟采取的措施2验算内容和项目齐全吗？如不齐全，请补充。

4. 从项目安全控制的总包和分包责任分工角度来看，项目部拟采取的措施3不够全面，还应做哪些补充？

【参考答案】

1. 本工程的专项施工方案属于超过一定规模的危险性较大的分部分项工程专项施工方案，应包括的主要内容如下：

（1）工程概况：危险性较大的分部分项工程概况、施工平面布置、施工要求和技术保证条件。

（2）编制依据：相关法律、法规、规范性文件、标准、规范及施工图设计文件、施工组织设计等。

（3）施工计划：包括施工进度计划、材料与设备计划。

（4）施工工艺技术：技术参数、工艺流程、施工方法、操作要求、检查要求等。

（5）施工安全保证措施：组织保障、技术措施、监测监控措施等。

（6）施工管理及作业人员配备和分工：施工管理人员专职安全生产管理人员、特种作业人员、其他作业人员等。

（7）计算书及相关图纸。

（8）验收要求：验收标准、验收程序、验收内容、验收人员等。

（9）应急处置措施。

2. 项目部拟采取的措施1不符合关于占用或挖掘城市道路的管理规定：因特殊情况需要临时占用城市道路的，须经市政工程行政主管部门和公安交通管理部门批准，方可按照规定占用。

3. 项目部拟采取的措施2验算内容和项目不齐全。钢梁安装前应对临时支架、支承、吊机等临时结构和钢梁结构本身在不同受力状态下的强度、刚度及稳定性进行验算。

4. 项目部拟采取的措施3不全面。应审查分包人的安全施工资格和安全生产保证体系，不应将工程分包给不具备安全生产条件的分包人；在分包合同中应明确分包人安全生产责任和义务；对分包人提出安全要求，并认真监督、检查；对违反安全规定冒险蛮干的分包人，应令其停工整改。

实务操作和案例分析题十一

【背景资料】

某地铁隧道盾构法施工，隧道穿越土层有黏土、粉土、细砂、小粒径砂卵石、含有上层滞水，覆土厚度8～14m，采用土压平衡盾构施工。施工项目部依据施工组织设计在具备始发条件后开始隧道施工，掘进过程中始终按施工组织设计规定的各项施工参数执行，施工过程中发生以下事件：

事件1：拆除始发工作井洞口围护结构后发现洞口土体渗水，洞口土体加固段掘进时地表沉降超过允许值。

事件2：在细砂、砂卵石地层中掘进时，土压计显示开挖面土压波动较大；从螺旋输送机排出的土砂坍落度较低。

【问题】

1. 施工项目部依据施工组织设计开始隧道施工是否正确？如不正确，写出正确做法。

2. 掘进过程中始终按施工组织设计规定的各项施工参数执行是否正确？如不正确，写出正确做法。

3. 分析事件1发生的主要原因以及正确的做法。

4. 分析事件2发生的主要原因以及应采取的对策。

【参考答案】

1. 施工项目部依据施工组织设计开始隧道施工不正确。根据《住房城乡建设部办公厅关于实施〈危险性较大的分部分项工程安全管理规定〉有关问题的通知》（建办质〔2018〕31号）的规定，盾构工程属于危险性较大的分部分项工程，开工前施工单位必须编制专项施工方案，并应组织专家对专项方案进行论证。

2. 掘进过程中始终按施工组织设计规定的各项施工参数执行不正确。

正确做法：

（1）在初始掘进过程中应根据收集的盾构推力、刀盘扭矩等掘进数据及地层变形量测量数据，判断土压、注浆量、注浆压力等设定值是否适当，及时进行调整，并通过测量盾构与衬砌的位置，及早把握盾构掘进方向控制特性，为正常掘进控制提供依据。

（2）由于掘进过程中地层条件、覆土厚度等差异很大，应根据实际情况适时调整施工参数。

（3）根据反馈的监测数据及时调整相关的施工参数。

3.事件1发生的主要原因是洞口土体加固效果不满足要求。

正确做法：

（1）根据地质条件、地下水位、盾构种类与外形尺寸、覆土深度及施工环境条件等，明确加固目的后，合理确定加固方法，保证加固范围；本案例的加固目的——既要加固又应止水。

（2）拆除洞口围护结构前要确认洞口土体加固效果，必要时进行补注浆加固。

4.事件2发生的主要原因是塑流化改良效果欠佳。

应采取的对策：

（1）选择适宜的改良材料，并结合出土情况、盾构参数等，按照配合比添加改良材料。

（2）开挖面土压波动大的情况下，开挖面一般不稳定，此时应加强出土量管理。

实务操作和案例分析题十二

【背景资料】

某公司承包一座雨水泵站工程，泵站结构尺寸为23.4m（长）×13.2m（宽）×9.7m（高），地下部分深度5.5m，位于粉土、砂土层，地下水位为地面下3.0m。设计要求基坑采用明挖放坡，每层开挖深度不大于2.0m，坡面采用锚杆喷射混凝土支护，基坑周边设置轻型井点降水。

基坑邻近城市次干路，围挡施工占用部分现况道路，项目部编制了交通导行图（如图4-13所示）。在路边按要求设置了A区、上游过渡区、B区、作业区、下游过渡区、C区6个区段，配备了交通导行标志、防护设施、夜间警示信号。

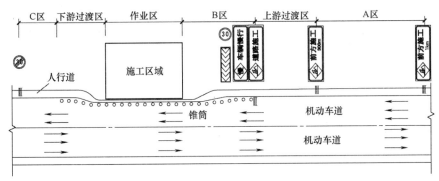

图4-13　交通导行平面示意图

基坑周边地下管线比较密集，项目部针对地下管线距基坑较近的情况制定了管线保护措施，设置了明显的标识。

（1）项目部的施工组织设计文件中包括质量、进度、安全、文明环保施工、成本控制等保证措施；基坑土方开挖等安全专项施工技术方案，经审批后开始施工。

（2）为了能在雨期来临前完成基坑施工，项目部拟采取以下措施：

① 采用机械分两层开挖；② 开挖到基底标高后一次完成边坡支护；③ 机械直接开挖到基底标高夯实后，报请建设、监理单位进行地基验收。

【问题】

1. 补充施工组织设计文件中缺少的保证措施。

2. 交通导行示意图中，A、B、C功能区的名称分别是什么？

3. 项目部除了编制地下管线保护措施外，在施工过程中还需具体做哪些工作？

4. 指出项目部拟采取加快进度措施的不当之处，写出正确的做法。

5. 地基验收时，还需要哪些单位参加？

【参考答案】

1. 施工组织设计文件中还应补充的保证措施：季节性措施（冬、雨期措施）、交通组织措施、建构筑物保护措施、应急预案。

2. A的名称：警告（警示）区；B的名称：缓冲区；C的名称：终止区。

3. 项目部在基坑施工中必须设专人随时检查地下管线、维护加固设施，以保持完好。观测管线沉降和变形并记录。

4. （1）机械分两层开挖不对，至少应分3层开挖（不大于2.0m）。

（2）一次完成边坡支护不对，应按照每层开挖高度及时进行边坡支护。

（3）机械直接开挖至基底标高不对，应保留200~300mm原状土采用人工清理至基底。

5. 地基验收时，还需要参加的单位有：设计单位、勘察单位。

实务操作和案例分析题十三

【背景资料】

某桥梁工程项目的下部结构已全部完成，受政府指令工期的影响，业主将尚未施工的上部结构分成A、B两个标段，将B段重新招标。桥面宽度17.5m，桥下净空6m。上部结构设计为钢筋混凝土预应力现浇箱梁（三跨一联），共40联。原施工单位甲公司承担A标段，该标段施工现场系既有废弃公路无须处理，满足支架法施工条件，甲公司按业主要求对原施工组织设计进行了重大变更调整；新中标的乙公司承担B标段，因B标段施工现场地处闲置弃土场，地域宽广平坦，满足支架法施工部分条件，其中纵坡变化较大部分为跨越既有正在通行的高架桥段。新建桥下净空高度达13.3m（如图4-14所示）。

甲、乙两公司接受任务后立即组织力量展开了施工竞赛。甲公司利用既有公路作为支架基础，地基承载力符合要求。乙公司为赶工期，将原地面稍作整平后即展开支架搭设工作，很快进度超过甲公司。支架全部完成后，项目部组织了支架质量检查，并批准模板安装。模板安装完成后开始绑扎钢筋。指挥部检查中发现乙公司施工管理存在问题，下发了停工整改通知单。

【问题】

1. 原施工组织设计中，主要施工资源配置有重大变更调整，项目部应如何处理；重新开工之前技术负责人和安全负责人应完成什么工作？

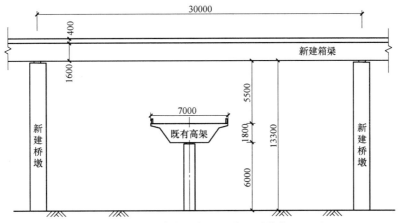

图4-14 跨越既有高架桥断面示意图（单位：mm）

2. 满足支架法施工的部分条件指的是什么？

3. B标支架搭设场地是否满足支架的地基承载力，应如何处置？

4. 支架搭设前技术负责人应做好哪些工作，桥下净高13.3m部分如何办理手续？

5. 支架搭设完成和模板安装后用什么方法解决变形问题，支架拼装间隙和地基沉降在桥梁建设中属哪一类变形？

6. 跨越既有高架部分的桥梁施工需要到什么部门补充办理手续？

【参考答案】

1. 经重大变更调整的施工组织设计应重编重批程序。重新开工前技术负责人和安全负责人应完成技术交底和安全交底工作。

2. 箱梁投影部分均为闲置弃土场，场地宽广，无支架搭设障碍。

3. B标支架搭设场地不满足支架的地基承载力。弃土场地各类建筑垃圾杂土无序填埋应进行平整、碾压并进行硬化处理。

4. 支架搭设前技术负责人应将支架设计方案送审经批准后方可施工。

因跨越既有高架部分的箱梁桥下净空为13.3m，属于超过一定规模的危险性较大的分部分项工程范围，因此应编制专项方案，经专家论证后修改完善实施。

5. 支架搭设完成和模板安装后应做支架预压，并经检验合格。

支架拼装间隙和地基沉降在桥梁建设中属非弹性变形（塑形变形）。

6. 因既有高架桥是正在通行的桥梁，施工跨越需报交通管理部门审批。

实务操作和案例分析题十四

【背景材料】

某地铁盾构工作井，平面尺寸为18.6m×18.8m，深28m，位于砂性土、卵石地层，地下水埋深为地表以下23m。施工影响范围内有现状给水、雨水、污水等多条市政管线。盾构工作井采用明挖法施工，围护结构为钻孔灌注桩加钢支撑，盾构工作井周边设降水管井。设计要求基坑土方开挖分层厚度不大于1.5m，基坑周边2～3m范围内堆载不大于30MPa，地下水位需在开挖前1个月降至基坑底以下1m。

项目部编制的施工组织设计有如下事项：

（1）施工现场平面布置如图4-15所示，布置内容有施工围挡范围50m×22m，东侧围挡距居民楼15m，西侧围挡与现状道路步道路缘平齐；搅拌设施及堆土场设置于基坑外缘1m处；布置了临时用电、临时用水等设施；场地进行硬化等。

（2）考虑盾构工作井基坑施工进入雨期，基坑围护结构上部设置挡水墙，防止雨水漫入基坑。

（3）基坑开挖监测应测项目有地表沉降、地下水位、支撑轴力等。

（4）应急预案分析了基坑土方开挖过程中可能引起基坑坍塌的因素，包括钢支撑敷设不及时、未及时喷射混凝土支护等。

【问题】

1. 基坑施工前有哪些危险性较大的分部分项工程的安全专项施工方案需要组织专家论证？

2. 施工现场平面布置图还应补充哪些临时设施？请指出布置不合理之处。

3. 施工组织设计（3）中基坑监测还包括哪些应测项目？

4. 基坑坍塌应急预案还应考虑哪些危险因素？

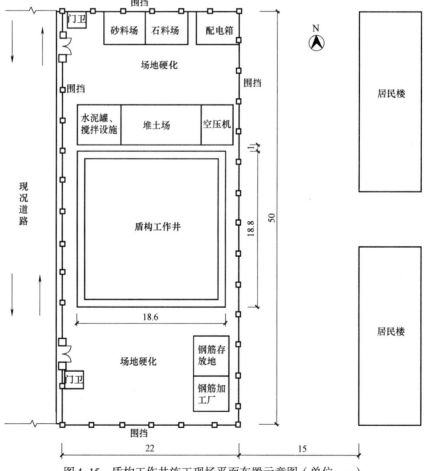

图4-15 盾构工作井施工现场平面布置示意图（单位：m）

1. 需要组织专家论证的安全专项施工方案有盾构工作井基坑降水、基坑开挖、基坑支护。

2. （1）应补充的临时设施：垂直提升设备、水平运输设备、洗车池（台）、沉淀池、消防设施、排水沟。

（2）布置不合理之处：

① 堆土场、搅拌设施布置不合理，距离基坑距离1m，不满足设计要求。

② 空压机布置不合理，距离居民楼近，噪声大，且应设置隔声棚。

3. 基坑监测的应测项目还包括：支护桩（墙）、边坡顶部水平位移，支护桩（墙）、边坡顶部竖向位移，支护桩（墙）体水平位移，立柱结构竖向位移，立柱结构水平位移，锚杆拉力，竖井壁支护结构净空收敛。

4. 基坑坍塌应急预案还应考虑下列危险因素：

（1）每层开挖深度超出设计要求。

（2）支护不及时。

（3）基坑周边堆载超限。

（4）基坑周边长时间积水。

（5）基坑周边给水排水现状管线渗漏。

（6）降水措施不当引起基坑周边土粒流失。

实务操作和案例分析题十五

【背景资料】

某公司承建一项道路扩建工程，在原有道路一侧扩建，并在路口处与现况道路平接。现况道路下方有多条市政管线，新建雨水管线接入现况路下既有雨水管线。项目部进场后，编制了施工组织设计、管线施工方案、道路施工方案、交通导行方案、季节性施工方案。

道路中央分隔带下布设一条$D1200mm$雨水管线，管线长度800m，采用平接口钢筋混凝土管，道路及雨水管线布置平面如图4-16所示。沟槽开挖深度$H \leqslant 4m$时，采用放坡法施工，沟槽开挖断面如图4-17所示；$H > 4m$时，采用钢板桩加内支撑进行支护。

为保证管道回填的质量要求，项目部选取了适宜的回填材料，并按规范要求放坡。

扩建道路与现况道路均为沥青混凝土路面，在新旧路接头处，为防止产生裂缝，采用阶梯形接缝、新旧路接缝处逐层骑缝设置了土工格栅。

【问题】

1. 补充该项目还需要编制的专项施工方案。

2. 计算图4-16中Y21管内底标高A，图4-17中该处的开挖深度H以及沟槽开挖断面上口宽度B（保留1位小数，单位：m）。

3. 写出管道两侧及管顶以上500mm范围内回填土应注意的施工要点。

4. 写出新旧路接缝处，除了骑缝设置土工格栅外，还有哪几道工序。

【参考答案】

1. 该项目还需要编制的专项施工方案：

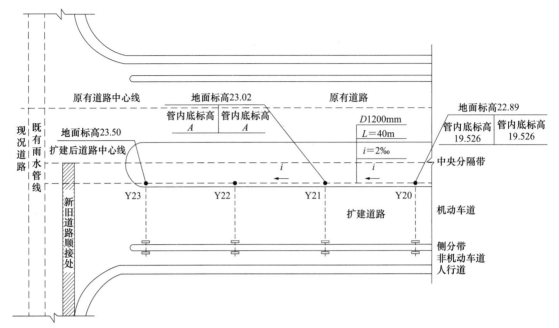

图4-16 道路及雨水管线平面布置示意图（高程单位：m）

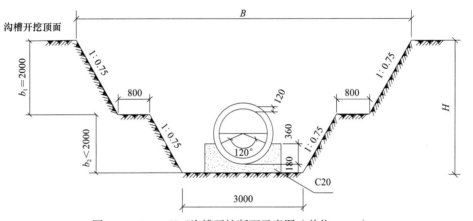

图4-17 3m＜H≤沟槽开挖断面示意图（单位：mm）

管道沟槽开挖专项施工方案、管道沟槽支护专项施工方案、管道吊装专项施工方案、管道回填专项施工方案。

2. 设Y21管内底标高A为x，则 $2‰=\dfrac{19.526-x}{40}$，可得出 $x=19.446m$。

Y21处开挖深度 $H=23.02-19.446+0.12+0.18=3.874m$，因题目要求结果保留1位小数，即H为3.9m。

Y21处沟槽开挖断面上口宽度 $B=3+（3.874-2）×0.75×2+0.8×2+2×0.75×2=10.411m$，因题目要求结果保留1位小数，因此 $B=10.4m$。

3. 管道两侧及管顶以上500mm范围内回填土应注意的施工要点如下：

（1）根据每层虚铺厚度的用量将回填材料运至槽内，且不得在影响压实的范围内堆料。

（2）管道两侧和管顶以上500mm范围内的回填材料，应由沟槽两侧对称运入槽内，不得直接扔在管道上；回填其他部位时，应均匀运入槽内，不得集中推入。

（3）需要拌合的回填材料，应在运入槽内前拌合均匀，不得在槽内拌合。

（4）管道回填从管底基础部位开始到管顶以上500mm范围内，必须采用人工回填；管顶500mm以上部位，可用机械从管道轴线两侧同时夯实；每层回填高度应不大于200mm。

4.新旧路接缝处，除了骑缝设置土工格栅外，还有下列几道工序：

旧路沥青面层分层连接处应采用机械切割或人工刨除层厚不足部分，清除切割作业中产生的泥水杂质，干燥后涂刷粘层油，跨缝摊铺混合料使接槎软化，人工清除多余材料，骑缝充分碾压密实。

实务操作和案例分析题十六

【背景资料】

项目部承建郊外新区一项钢筋混凝土排水箱涵工程，全长800m，结构尺寸为36m（宽）×3.8m（高），顶板厚度400mm，侧墙厚度300mm，底板为厚度400mm的外拓反压抗浮底板，箱涵内底高程为−5.0m，C15混凝土垫层厚度100mm，如图4-18所示。地层由上而下为杂填土厚度1.5m，粉砂土厚度2.0m，粉质黏土厚度2.8m，粉细砂厚度0.8m，细砂厚度2m，地下水位于标高−2.5m处。

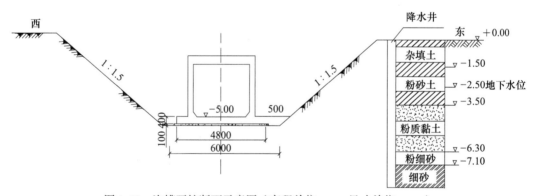

图4-18 沟槽开挖断面示意图（高程单位：m；尺寸单位：mm）

在施工过程中发生了如下事件：

事件1：箱涵的沟槽施工采用放坡明挖法，边坡依据工程地质情况设计为1∶1.5，基底宽度6m。项目部考虑在沟槽西侧用于钢筋和混凝土运输，拟将降水井设置在东侧坡顶2m外，管井间距为8m。沟槽开挖和降水专项施工方案已组织专家论证，专家指出降水方案存在降水井布局不合理、缺少沟槽降水排水防护措施等问题，项目部按专家建议对专项施工方案做了修改。

事件2：项目部制定的每段20m箱涵施工流程为：沟槽开挖→坑底整平→垫层施工→钢筋绑扎→架设模板→浇筑箱涵混凝土→回填。

事件3：项目部对① 土方、渣土运输的车辆、② 现场出入口处和社会交通路线、③ 施工现场主要道路、料场、生活办公区、④ 裸露的场地和集中堆放的土方制定了具体的扬尘污染防治措施。

【问题】

1. 依据工程背景资料计算沟槽底设计高程。

2. 事件1中项目部应如何修改专家指出的问题?

3. 事件2中沟槽回填的质量验收主控项目有哪些?

4. 写出事件3中对裸露的场地和集中堆放土方的具体防治措施。

【参考答案】

1. 沟槽底设计高程为:$-5.0-0.4-0.1=-5.5$m。

2. 事件1中,对于专家指出的问题项目部应作如下修改:在西侧增设一排降水井,沟槽顶增设挡水墙、截水沟,槽底增设排水沟、集水井及排水设施;沟槽边坡增设防护措施。

3. 事件2中沟槽回填的质量验收主控项目有:

(1)回填土的土质、含水率。

(2)分层回填,压实后的厚度不应大于0.3m。

(3)结构两侧应水平、对称同时填压。

(4)回填后的压实度。

(5)基坑分段回填接搓处,已填土坡应挖台阶,其宽度不应小于1.0m,高度不应大于0.5m。

4. 事件3中,对裸露的场地进行硬化,洒水除尘;对集中堆放土方进行覆盖、固化、绿化、洒水降尘。

实务操作和案例分析题十七

【背景资料】

某市政工程公司承建一道路工程,基层为180mm水泥稳定碎石,面层为沥青混凝土。项目经理亲自参加了技术准备会议,并强调:项目技术负责人作为工程质量的第一负责人,必须尽快主持编制项目质量计划,亲自做好技术交底工作。

施工前项目技术负责人就工程特点、概况、设计要求向施工人员进行了技术交底。基层施工中,以自卸汽车运输混合料,沥青混凝土摊铺机铺筑,12~15t三轮压路机碾压。

面层横缝采用平接缝,接缝施工时,先用熨平板预热接缝。摊铺新的沥青混凝土后,由前一日施工结束停放在摊铺机后路面上的压路机顺路线方向从中心向外侧碾压。

【问题】

1. 指出项目经理强调内容中的不妥之处并说明理由。

2. 项目技术负责人技术交底内容不全面,予以补充。

3. 指出道路基层施工设备配备存在的问题,并说明应如何调整。

4. 面层施工中存在多处违规操作,针对其中的问题给出正确的做法。

【参考答案】

1. 不妥当之处:项目技术负责人作为工程质量的第一负责人,必须尽快主持编制项目质量计划;

理由:项目负责人为工程质量的第一负责人,质量保证计划应由施工项目负责人主持编制,项目技术负责人、质量负责人、施工生产负责人应按企业规定和项目分工负责编制。

2. 施工前项目技术负责人技术交底的内容应补充：相关技术规范、规程要求，获准的施工方案，工程难点及解决办法。

3. 存在的问题：沥青混凝土摊铺机铺筑，12～15t三轮压路机碾压。

调整：应该采用水泥稳定碎石混合料摊铺机摊铺；应使用12～18t压路机作初步稳定碾压，混合料初步稳定后用大于18t压路机，在水泥初凝前碾压到要求的压实度为止。

4. 面层施工中的违规操作及正确的做法：

（1）平接缝施工时不应该先用熨平板预热接缝；

正确做法：先用直尺检查接缝处已压实的路面，切除不平整及厚度不符合要求的部分，使工作缝成直角连接。清除切割时留下的泥水，干燥后涂刷粘层油并用熨平板预热，铺上新料后一起碾压，骑缝先横向后纵向碾压。

（2）由前一天停放在摊铺机后面的压路机顺路线方向碾压的做法存在错误；

正确做法：在当天成型的路面上不得停放任何机械设备或车辆。

（3）碾压从中心向外侧碾压不对；

正确做法：压路机应从外侧向中心碾压，碾压速度应稳定而均匀。

实务操作和案例分析题十八

【背景资料】

某项目部承建的圆形钢筋混凝土泵池，内径10m，刃脚高2.7m，井壁总高11.45m，井壁厚度0.65m，均采用C30、P6抗渗混凝土，采用2次接高1次下沉的不排水沉井法施工。

井位处工程地质由地表往下分别为在填土厚度2.0m，粉土厚度2.5m，粉砂厚度4.5m，粉砂夹粉土厚度8.0m，地下水位稳定在地表下2.5m处。水池外缘北侧18m和12m处分别存在既有$D1000$mm自来水管和$D600$mm的污水管线，水池外缘南侧8m处现有二层食堂。

工程施工过程中发生了如下事件：

事件1：开工前，项目部依据工程地质土层的力学性质决定在粉砂层作为沉井起沉点，即在地表以下4.5m处，作为制作沉井的基础。确定了基坑范围和选定了基坑支护方式。在制定方案时对施工场地进行平面布置，设定沉井中心桩和轴线控制桩，并制定了受施工影响的附近建筑物及地下管线的控制措施和沉降、位移监测方案。

事件2：编制方案前，项目部对地基的承载力进行了验算，验算结果为刃脚下须加铺400mm厚的级配碎石垫层，分层夯实，并加铺垫木，可满足上部荷载要求。

事件3：方案中对沉井分三节制作的方法提出施工要求，第一节高于刃脚，当刃脚混凝土强度等级达75%后浇筑上一节混凝土，并对施工缝的处理作了明确要求。

【问题】

1. 事件1中，基坑开挖前，项目部还应做哪些准备工作？

2. 事件2中，写出级配碎石垫层上铺设的垫木应符合的技术要求。

3. 事件3中，补充第二节沉井接高时对混凝土浇筑的施工缝做法和要求。

4. 结合背景资料，指出本工程项目中的危险性较大的分部分项工程，以及是否需要组织专家论证，并说明理由。

【参考答案】

1. 事件1中，基坑开挖前，项目部还应做下列准备工作：

（1）组织准备：①组织安排施工队伍；②对施工人员进行培训。

（2）技术管理准备：①收集整理施工图纸、地质勘察报告等技术资料；②图纸会审；③编制施工组织设计、施工方案、专项施工方案、作业指导书等；④确认质量检验与验收程序、内容、标准等。

（3）物资准备：原材料、机具设备、安全防（保）护用品等。

（4）现场准备：①场地整平；②勘测设计交桩、交线；③建设现场试验室；④修建临时施工便线、导行临时交通；⑤搭建临时设施。

（5）资金准备。

2.级配碎石垫层上铺设的垫木应符合的技术要求：

垫木铺设应使刃角底面在同一水平面上，并符合起沉标高的要求，平面布置要均匀对称，每根垫木的长度中心应与刃角底面中心线重合，定位垫木的布置应使沉井有对称的着力点。

3.第二节沉井接高时混凝土浇筑施工缝的做法和要求：

施工缝应采用凹凸缝或设置钢板止水带，施工缝应凿毛并清理干净。内外模板采用对拉螺栓固定时，其对拉螺栓的中间应设置防渗止水片；钢筋密集部位和预留孔底部应辅以人工振捣，保证结构密实。

4.危险性较大的分部分项工程：基坑土方开挖工程、基坑支护工程、基坑降水工程、模板支撑工程、水下混凝土灌注工程。

基坑土方开挖工程、基坑支护工程、基坑降水工程、水下混凝土灌注工程不需要组织专家论证。模板支撑工程需要组织专家论证。

理由：①本工程基坑底在地表以下4.5m处，意味着基坑开挖深度未超过5m，故基坑土方开挖工程、支护工程、降水工程不需要组织专家论证。②本工程井壁总高11.45m，2次接高1次下沉，意味着支撑高度超过了8m，故模板支撑工程需要组织专家论证。③本工程采用不排水沉井法施工，沉井水下封底需要灌注水下混凝土，水下工程属于危险性较大的分部分项工程，但不需要组织专家论证。

实务操作和案例分析题十九

【背景资料】

某公司低价中标跨越城市主干道的钢—混凝土组合结构桥梁工程，城市主干道横断面如图4-19所示。

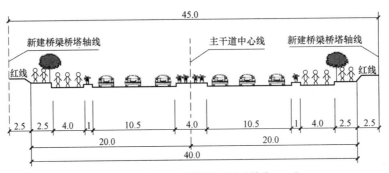

图4-19　城市主干道横断面图（单位：m）

三跨连续梁的桥跨组合：30m＋45m＋30m，钢梁（单箱单室钢箱梁）分5段工厂预制、现场架设拼接，分段长度22m＋20m＋21m＋20m＋22m，如图4-20所示。桥面板采用现浇后张预应力混凝土结构，由于钢梁拼接缝位于既有城市主干道上方，在主干道上方设置施工支架、搭设钢梁段拼接平台对现状道路交通存在干扰问题。针对本工程的特点，项目部编制了施工组织设计方案和支架专项方案，支架专项方案通过专家论证。依据招标文件和程序将钢梁加工分包给专业公司，签订了分包合同。

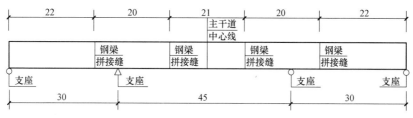

图4-20　钢梁预制分段图（单位：m）

【问题】

1. 除支架专项方案外，还需编制其他哪些专项方案？

2. 钢梁安装时，主干道应设几座支架，是否需要占用机动车道？并说明理由。

3. 施工支架专项方案需要哪些部门审批？

4. 钢梁加工分包经济合同签订需要注意哪些事项？

【参考答案】

1. 除支架专项方案外，还需编制的专项方案有：（1）基础开挖、降水、支护方案；（2）预应力张拉方案；（3）起重吊装方案；（4）钢梁拼装方案；（5）钢梁拼接操作台方案。

2. 钢梁安装时，在主干道上应设两座支架。需要占用机动车道。

理由：通过分析图纸，梁的居中段长度为21m，即每侧为10.5m；机动车道加上绿化带宽25m，即每侧为12.5m。居中端钢梁拼缝位置为12.5－10.5＝2m，因此支架中心应该在机动车道离道路边缘2m处。

3. 施工支架专项方案的审批：

（1）施工支架专项方案应经项目经理组织、技术负责人编制，应根据专家论证意见修改确定后，经施工单位技术负责人、项目总监理工程师、建设单位项目负责人审核签字后实施。

（2）本案例涉及包括园林绿化管理部门、路政管理部门、交通管理部门、物业产权单位等相关部门，应经过其审批同意。

（3）应报政府主管部门备案，如有变更，按原程序重新审批。

4. 钢梁加工分包经济合同签订注意事项：（1）分包合同必须依据总包合同签订，满足总包合同工期和质量方面的要求；（2）本案例属于低价合同，应按照施工图预算严格控制分包价格，留有余地；（3）应另行签订安全管理责任协议，明确双方需要协调配合的工作。

实务操作和案例分析题二十

【背景资料】

A公司中标某市污水管工程，总长1.7km。采用1.6~1.8m混凝土管，其埋深为-4.3~-4.1m，各井间距8~10m。地质条件为黏性土层，地下水位置距离地面-3.5m。项目部确定采用两台顶管机同时作业，一号顶管机从8号井作为始发井向北顶进，二号顶管机从10号井作为始发井向南顶进。工作井直接采用检查井位置（施工位置如图4-21所示）。A公司编制了顶管工程专项施工方案，并已经通过专家论证。

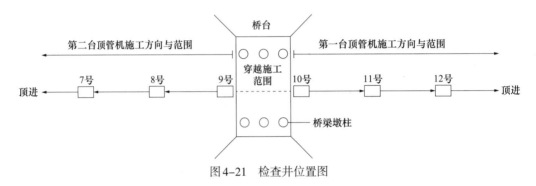

图4-21　检查井位置图

施工过程中发生如下事件：

事件1：因拆迁原因，使9号井不能开工。第二台顶管设备放置在项目部附近小区绿地暂存28d。

事件2：在穿越施工条件齐全后，为了满足建设方要求，项目部将10号井作为第二台顶管设备的始发井，向原8号井顶进。施工方案经项目经理批准后实施。

【问题】

1. 本工程中工作井是否需要编制专项施工方案？说明理由。

2. 设备放在小区绿地暂存，应履行哪些程序或手续？

3. 10号井改为向8号井顶进的始发井，应做好哪些技术准备工作？

4. 项目经理批准施工变更方案是否妥当？说明理由。

5. 项目部就事件1的拆迁影响，可否向建设方索赔？如可索赔，简述索赔项目。

【参考答案】

1. 本工程中工作井需要编制专项施工方案。

理由：工作井是采用检查井改造的，其埋深为-4.3~-4.1m，开挖深度超过3m；地下水位置距离地面-3.5m，而顶管高程在4.1m以下，需要降水；本工程顶管工作井必须有支护，且超过3m；从施工图上看，本工程属于毗邻建筑物安全的基坑的土方开挖、支护、降水工程。

2. 设备放在小区绿地暂存，应履行的程序或手续：须经城市人民政府城市绿化行政主管部门同意，并按照有关规定办理临时用地手续；征得小区业主委员会和管理处同意，签订补偿协议或承诺书。

3. 10号井改为向8号井顶进的始发井，应做好的技术准备工作：必须执行变更程序；开工前必须编制专项施工方案，并按规定程序报批；技术负责人对全体施工人员进行书面技术交底，交底资料签字保存并归档；调查桥梁桩基和承台位置是否影响顶管顶进；拆除10号初始顶进方向的后背，封闭10号井已完成段的洞口，形成新后背并加固；对改装后的顶管坑整体强度进行验算；顶程增加时做好泥浆套或中继间；准备好顶进过程中桥梁沉降变形的人员和设备。

4. 项目经理批准施工变更方案不妥。

理由：本工程不但需要编制专项方案而且需要组织专家论证。专项方案经专家论证后需变更时必须重新组织专家论证，而且应将在此论证并通过的专项方案经技术负责人、项目总监理工程师、项目负责人签字后方可实施。

5. 项目部可以就事件1的拆迁影响向建设单位索赔。索赔项目：工期、机械窝工费、人员窝工费、利润、顶管设备防止绿地的占用费。

第五章　市政公用工程施工进度管理案例分析专项突破

2014—2023年度实务操作和案例分析题考点分布

考点	年份									
	2014年	2015年	2016年	2017年	2018年	2019年	2020年	2021年	2022年	2023年
施工进度计划编制方法的应用	●			●	●		●			●
施工进度计划调控措施			●							

【专家指导】

对于进度管理，考核内容主要集中在：（1）横道图、进度计划表的绘制；（2）关键线路的确定以及总工期的计算。进度通常会结合索赔进行考核。

历 年 真 题

实务操作和案例分析题一［2023年真题］

【背景资料】

某公司承接一项管道埋设项目，将其中的雨水管道埋设安排所属项目部完成，该地区土质为黄土，合同工期13d。项目部为了能顺利完成该项目，根据自身的人员、机具设备等情况，将该工程施工中的诸多工序合理整合成三个施工过程（挖土、排管、回填）、划分三个施工段并确定了每段工作时间，编制了用双代号网络计划表示的进度计划如图5-1所示。

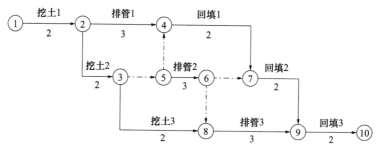

图5-1　双代号网络计划表示的进度计划（单位：d）

【问题】

1. 改正图5-1中的错误（用文字表示）。

2. 写出排管2的紧后工作与紧前工作。

3. 图5-1中的关键线路为哪条，计划工期为多少天，能否按合同工期完成该项目？

4. 该雨水管道在回填前是否需要做严密性试验？我国有哪三种地区的土质在雨水管道回填前必须做严密性试验？

【参考答案与分析思路】

1. （1）节点④和节点⑤虚线箭头方向错误，应由节点④指向节点⑤。

（2）排管1和排管2的施工关系错误，应是排管1→排管2。

> 本题考查的是双代号网络图的基本概念和开槽埋管的基础知识。双代号网络图中，节点应用圆圈表示，并在圆圈内标注编号。一项工作应当只有唯一的一条箭线和相应的一对节点，且要求箭尾节点的编号小于其箭头节点的编号，即 $i<j$。网络图节点的编号顺序应从小到大，可不连续，但不允许重复。在图5-1中，节点④和节点⑤之间的虚箭线方向错误，该虚箭线应由节点④指向节点⑤。排管1和排管2的施工关系错误，根据双代号网络图所示，各道工序只有一个施工队，排管1施工完成之后方可进行排管2的施工，所以排管1→排管2。

2. 排管2紧前工作为排管1、挖土2；排管2紧后工作为回填2、排管3。

> 本题考查的是双代号网络图的剪线（工作）。在双代号网络图中，通常将工作用箭线 $i-j$ 表示。紧排在本工作之前的工作称为紧前工作。紧排在本工作之后的工作称为紧后工作。与之平行进行的工作称为平行工作。在双代号网络图中，工作与其紧前工作之间可能有虚工作存在，工作与其紧后工作之间也可能有虚工作存在。

3. 图5-1中的关键线路：①→②→④→⑤→⑥→⑧→⑨→⑩。

计划工期为13d。

合同工期为13d，施工计划工期为13d，能按照合同工期完成该项目。

> 本题考查的是双代号网络图的关键线路、计划工期的计算。在关键线路法（CPM）中，线路上所有工作的持续时间总和称为该线路的总持续时间。总持续时间最长的线路称为关键线路，关键线路的长度就是网络计划的总工期。
>
> 图5-1中的线路如下：
>
> ①→②→④→⑦→⑨→⑩，持续时间为：$2+3+2+2+2=11d$。
>
> ①→②→④→⑤→⑥→⑦→⑨→⑩，持续时间为：$2+3+3+2+2=12d$。
>
> ①→②→④→⑤→⑥→⑧→⑨→⑩，持续时间为：$2+3+3+3+2=13d$。
>
> ①→②→③→⑤→⑥→⑧→⑨→⑩，持续时间为：$2+2+3+3+2=12d$。
>
> ①→②→③→⑧→⑨→⑩，持续时间为：$2+2+2+3+2=11d$。
>
> 总持续时间最长的线路称为关键线路，因此关键线路为①→②→④→⑤→⑥→⑧→⑨→⑩，计划工期是13d。
>
> 合同工期为13d，施工计划工期为13d，能按照合同工期完成该项目。

4. 该雨水管道在回填前需要做严密性试验。

我国有湿陷性黄土、膨胀土、流砂土地区的土质在雨水管道回填前，必须做严密性试验。

本题考查的是雨水管道功能性试验基础知识。该雨水管道埋设地区土质为黄土，在回填前需要做严密性试验。污水、雨污水合流管道及湿陷土、膨胀土、流砂地区的雨水管道，必须经严密性试验合格后方可投入运行。

实务操作和案例分析题二［2020年真题］

【背景资料】

某市为了交通发展，需修建一条双向快速环线（如图5-2所示），里程桩号为K0＋000～K19＋998.984。建设单位将该建设项目划分为10个标段，项目清单见表5-1，当年10月份进行招标，拟定工期为24个月，同时成立了管理公司，由其代建。

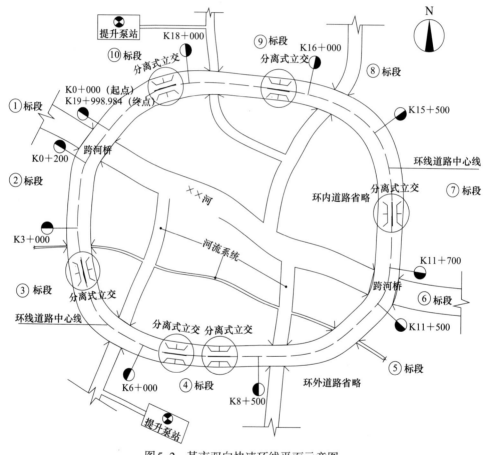

图5-2 某市双向快速环线平面示意图

各投标单位按要求中标后，管理公司召开设计交底会，与会参加的有设计、勘察、施工单位等。

开会时，有③、⑤标段的施工单位提出自己中标的项目中各有1座泄洪沟小桥的桥位将会制约相邻标段的通行，给施工带来不便，建议改为过路管涵，管理公司表示认同，并请设计单位出具变更通知单，施工现场采取封闭管理，按变更后的图纸组织现场施工。

③标段的施工单位向管理公司提交了施工进度计划横道图（见表5-2）。

178

表5-1　某市快速环路项目清单

标段号	里程桩号	项目内容
①	K0＋000～K0＋200	跨河桥
②	K0＋200～K3＋000	排水工程、道路工程
③	K3＋000～K6＋000	沿路跨河中小桥、分离式立交、排水工程、道路工程
④	K6＋000～K8＋500	提升泵站、分离式立交、排水工程、道路工程
⑤	K8＋500～K11＋500	A
⑥	K11＋500～K11＋700	跨河桥
⑦	K11＋700～K15＋500	分离式立交、排水工程、道路工程
⑧	K15＋500～K16＋000	沿路跨河中小桥、排水工程、道路工程
⑨	K16＋000～K18＋000	分离式立交、沿路跨河中小桥、排水工程、道路工程
⑩	K18＋000～K19＋998.984	分离式立交、提升泵站、排水工程、道路工程

表5-2　③标段施工进度计划横道图

项目	时间（月）											
	2	4	6	8	10	12	14	16	18	20	22	24
准备工作	▬											
分离式立交（1座）		▬▬▬▬▬▬▬▬▬▬▬										
沿路跨河中桥（1座）		▬▬▬▬▬										
过路管涵（1座）										▬▬		
排水工程		▬▬▬▬▬▬▬▬										
道路工程		▬▬▬▬▬▬▬▬▬										
竣工验收												▬

【问题】

1. 按表5-1所示，根据各项目特征，该建设项目有几个单位工程；写出其中⑤标段 A 的项目内容；⑩标段完成的长度为多少米？

2. 成立的管理公司担当哪个单位的职责，与会者还缺哪家单位？

3. ③、⑤标段的施工单位提出变更申请的理由是否合理；针对施工单位提出的变更设计申请，管理公司应如何处理；为保证现场封闭施工，施工单位最先完成与最后完成的工作是什么？

4. 写出③标段施工进度计划横道图中出现的不妥之处，应该怎样调整？

【参考答案与分析思路】

1. 该建设项目有10个单位工程。

⑤标段 A 的项目内容有：沿路跨河中小桥、排水工程、道路工程。

⑩标段完成的长度为：19998.984－18000＝1998.984m。

本题考查的是识图能力。解答本题需要将图5-2与表5-1结合起来一起分析。从图5-2中可以看出来⑤标段主要的项目内容有沿路跨河中小桥、排水工程以及道路工程。

从表5-1可以看出来⑩标段的里程桩号是K18＋000～K19＋998.984，因此⑩标段完成的长度应当是19998.984－18000＝1998.984m。

2. 成立的管理公司担当建设单位的职责。

与会者还缺监理单位。

本题考查的是设计交底。本题较简单，成立的管理公司担当的是建设单位的职责。项目开工前，由建设单位组织设计、施工、监理单位进行设计交底，明确存在重大质量风险源的关键部位或工序，提出风险控制要求或工作建议，并对参建方的疑问进行解答、说明。因此与会单位还缺监理单位。

3. ③、⑤标段的施工单位提出变更申请的理由合理。

针对施工单位提出的变更设计申请，应由监理单位审查后，报管理公司（建设单位）签认（审批），再由设计单位出具设计变更。

最先完成的工作：施工围挡安装；最后完成的工作：施工围挡拆除。

本题考查的是设计变更的流程以及施工现场封闭管理。对于施工单位提出的变更设计申请，应由监理单位审查后，报管理公司（建设单位）签认（审批），再由设计单位出具设计变更。

未封闭管理的施工现场的作业条件差，不安全因素多，在作业过程中既容易伤害作业人员，也容易伤害现场以外的人员。因此，施工现场必须实施封闭式管理，将施工现场与外界隔离。在施工现场实施封闭式管理，施工单位最先完成的工作应是施工围挡安装，而最后完成的工作应是施工围挡拆除。

4. 不妥之处一：过路管涵竣工在道路工程竣工后；

调整：过路管涵在排水工程之前竣工。

不妥之处二：排水工程与道路工程同步竣工；

调整：排水工程在道路工程之前竣工。

本题考查的是施工进度计划横道图。新建的地下管线施工必须遵循"先深后浅"的原则，另外，排水工程先于道路工程施工更为合理。因此，从施工进度计划横道图中可以看出来，不妥之处共有两个：一是过路管涵竣工在道路工程竣工后；二是排水工程与道路工程同步竣工。

实务操作和案例分析题三［2018年真题］

【背景资料】

某公司承建一段新建城镇道路工程，其雨水管道位于非机动车道下，设计采用 $D800mm$ 钢筋混凝土管，相邻井段间距40m，8号、9号雨水井段平面布置如图5-3所示，8号、9号井类型一致。

施工前，项目部对部分相关技术人员的职责、管道施工工艺流程、管道施工进度计划、分部分项工程验收等内容规定如下：

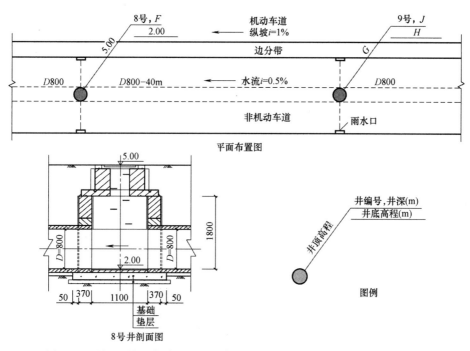

図 5-3 8号～9号雨水井段平面示意图（高程单位：m；尺寸单位：mm）

（1）由 A（技术人员）具体负责：确定管线中线、检查井位置与沟槽开挖边线。

（2）由质检员具体负责：沟槽回填土压实度试验；管道与检查井施工完成后，进行管道 B 试验（功能性试验）。

（3）管道施工工艺流程如下：沟槽开挖与支护→ C →下管、排管、接口→检查井砌筑→管道功能性试验→分层回填土与夯实。

（4）管道验收合格后转入道路路基分部工程施工，该分部工程包括挖填土、整平、压实等工序，其质量检验的主控项目有压实度和 D。

（5）管道施工划分为三个施工段，时标网络计划如图5-4所示（两条虚工作需补充）。

图 5-4 雨水管道施工时标网络计划图

【问题】

1. 根据背景资料写出最合适题意的A、B、C、D的内容。

2. 列式计算图5-3中F、G、H、J的数值。

3. 补全图5-4中缺少的虚工作（用时标网络图提供的节点代号及箭线作答，或用文字叙述，在背景资料中作答无效）。补全后的网络图中有几条关键线路，工期为多少？

【参考答案与分析思路】

1. A的内容：测量员；B的内容：严密性试验；C的内容：管道基础；D的内容：弯沉值。

（1）根据A的具体工作内容可以判断出A是测量员。（2）雨水管属于无压管道，因此B应当是严密性试验。（3）要想补充完全管道施工工艺流程中的C，需要大家对施工现场有一定的了解。（4）D相对来说较简单，大家都知道路基的主控项目有压实度和弯沉值，因此D应当是弯沉值。

2. 图5-3中F、G、H、J的数值及计算式：F：5－2＝3.00m；G：5＋40×1%＝5.4m；H：2＋40×0.5%＝2.2m，J：5.4－2.2＝3.2m。

本题是识图题，结合8号井剖面图及图例来分析图5-3中的已知信息，进而进行计算是解题的关键。

3.（1）图5-4中缺少的虚工作：④┄┄►⑤；⑥┄┄►⑦。

（2）补全后的网络图中有6条关键线路，分别是：

①→②→③→⑦→⑨→⑩；

①→②→③→⑤→⑥→⑦→⑨→⑩；

①→②→③→⑤→⑥→⑧→⑨→⑩；

①→②→④→⑤→⑥→⑧→⑨→⑩；

①→②→④→⑤→⑥→⑦→⑨→⑩；

①→②→④→⑧→⑨→⑩。

（3）工期为50d。

本题考查的是双代号时标网络图的绘制规则。本题比较简单，但是需要大家注意的是关键线路不止有一条，另外带虚箭头的工作也是要画在关键线路上的。

实务操作和案例分析题四［2017年真题］

【背景资料】

某施工单位承建城镇道路改扩建工程，全长2km，工程项目主要包括：（1）原机动车道的旧水泥混凝土路面加铺沥青混凝土面层；（2）原机动车道两侧加宽、新建非机动车道和人行道；（3）新建人行天桥一座，人行天桥桩基共设计12根，为人工挖孔灌注桩，改扩建道路平面布置如图5-5所示，灌注桩的桩径、桩长见表5-3。

施工过程中发生如下事件：

事件1：项目部将原已获批的施工组织设计中的施工部署："非机动车道（双侧）→人行道（双侧）→挖孔桩→原机动车道加铺"改为："挖孔桩→非机动车道（双侧）→人行道（双侧）→原机动车道加铺"。

事件2：项目部编制了人工挖孔桩专项施工方案，经施工单位总工程师审批后上报总监理工程师申请开工，被总监理工程师退回。

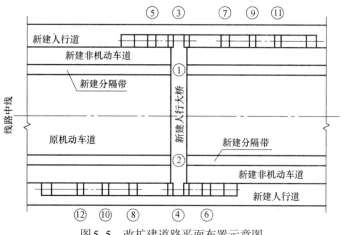

图5-5 改扩建道路平面布置示意图

表5-3 桩径、桩长对照表

桩号	桩径（mm）	桩长（m）
①②③④	1200	21
⑤⑥⑦⑧⑨⑩⑪⑫	1000	18

事件3：专项施工方案中，钢筋混凝土护壁技术要求有：井圈中心线与设计轴线的偏差不得大于20mm，上下节护壁搭接长度不小于50mm，模板拆除应在混凝土强度大于2.5MPa后进行。

事件4：旧水泥混凝土路面加铺前，项目部进行了外观调查，并采用探地雷达对道板下状况进行扫描探测，将旧水泥混凝土道板的现状分为三种状态：A为基本完好；B为道板面上存在接缝和裂缝；C为局部道板底脱空、道板局部断裂或碎裂。

事件5：项目部组织两个施工队同时进行人工挖孔桩施工，计划显示挖孔桩施工需57d完工，施工进度计划见表5-4，为加快工程进度，项目经理决定将⑨、⑩、⑪、⑫号桩安排第三个施工队进场施工，三队同时作业。

表5-4 挖孔桩施工进度计划表

作业队伍	工作内容	3	6	9	12	15	18	21	24	27	30	33	36	39	42	45	48	51	54	57
Ⅰ队	②④	━	━	━	━	━	━	━												
	⑥⑧								━	━	━	━	━	━						
	⑩⑫														━	━	━	━	━	━
Ⅱ队	①③	━	━	━	━	━	━	━												
	⑤⑦								━	━	━	━	━	━						
	⑨⑪														━	━	━	━	━	━

【问题】

1. 事件1中，项目部改变施工部署需要履行哪些手续？

2. 写出事件2中专项施工方案被退回的原因。

3. 补充事件3中钢筋混凝土护壁支护的技术要求。

4. 事件4中，在加铺沥青混凝土前，对C状态的道板应采取哪些处置措施？

5. 事件5中，画出按三个施工队同时作业的横道图，并计算人工挖孔桩施工需要的作业天数。

【参考答案与分析思路】

1. 项目部改变施工部署需要履行手续：施工部署是施工组织设计主要内容，有变更时要及时办理变更。

> 本题考查的是改变施工部署应履行的手续。通过背景资料已知项目部将原已获批的施工组织设计中的施工部署进行了更改，此为施工工艺的更改。施工工艺更改了相应的施工组织设计就需要履行施工组织设计变更的程序。

2. 事件2中专项施工方案被退回的原因：从表5-3中可以看出，此工程人工挖孔桩的开挖深度超过16m，因此仅编制专项方案不行，还需组织专家论证。

> 本题考查的是专项施工方案的编制、实施。在考试当年应根据《危险性较大的分部分项工程安全管理办法》（建质〔2009〕87号）相关规定，对于开挖深度超过16m的人工挖孔桩工程，施工单位应组织编制专项方案并组织专家对专项方案进行论证。此外，专项方案应经施工单位技术负责人、项目总监理工程师、建设单位项目负责人签字后，方可组织实施。需要注意的是《危险性较大的分部分项工程安全管理办法》（建质〔2009〕87号）已作废。《住房城乡建设部办公厅关于实施〈危险性较大的分部分项工程安全管理规定〉有关问题的通知》（建办质〔2018〕31号）以及《危险性较大的分部分项工程安全管理规定》（中华人民共和国住房和城乡建设部令第37号，经中华人民共和国住房和城乡建设部令第47号修订）现已实行。

3. 事件3中钢筋混凝土护壁支护的技术要求还应包括：

（1）护壁的厚度、拉结钢筋、配筋、混凝土强度均应符合设计要求。

（2）每节护壁必须保证振捣密实，并应当日施工完毕。

（3）应根据土层渗水情况使用速凝剂。

> 此题属于补充题，背景资料中已经给出了部分钢筋混凝土护壁支护的技术要求，我们只要知道完整的技术要求有哪些这道题目的答案就不难确定。采用混凝土或钢筋混凝土支护孔壁技术，护壁的厚度、拉接钢筋、配筋、混凝土强度等级均应符合设计要求；井圈中心线与设计轴线的偏差不得大于20mm；上下节护壁混凝土的搭接长度不得小于50mm；每节护壁必须振捣密实，并应当日施工完毕；应根据土层渗水情况使用速凝剂；模板拆除应在混凝土强度大于2.5MPa后进行。

4. 对C状态的道板应采取的处置措施：首先进行路面评定，路面局部断裂或碎裂部位，将破坏部位凿除，换填基底并压实后，重新浇筑混凝土；对于板底用探地雷达探出脱空区域，然后采用地面钻孔注浆的方法进行基地处理。

本题考查的是基底处理要求。开挖式基底处理：对于原水泥混凝土路面局部断裂或碎裂部位，将破坏部位凿除，换填基底并压实后，重新浇筑混凝土。非开挖式基底处理：对于脱空部位的空洞，采用从地面钻孔注浆的方法进行基底处理（处理前应采用探地雷达进行详细探查）。

5. 事件5中，三个施工队同时作业的横道表，见表5-5。

表5-5　横道表

作业队伍	工作内容	作业天数（d）											
		3	6	9	12	15	18	21	24	27	30	33	36	39
Ⅰ队	②④	━━━━━━━━━━━━━━━━━━━━━━												
	⑥⑧								━━━━━━━━━━━━━━━━					
Ⅱ队	①③	━━━━━━━━━━━━━━━━━━━━━━												
	⑤⑦								━━━━━━━━━━━━━━━━					
Ⅲ队	⑨⑪	━━━━━━━━━━━━━━━━━━━											
	⑩⑫						━━━━━━━━━━━━━━━━━━━						

人工挖孔桩施工需要的作业天数为：21＋18＝39d。

本题考查的是横道图的绘制及作业天数计算。此题较为简单，从表5-4中可以得出⑩⑫的作业天数为18d，⑨⑪的作业天数为18d。只要将横道图画出，作业天数也就能直接得出。

实务操作和案例分析题五［2016年真题］

【背景资料】

某管道铺设工程项目，长1km，工程内容包括燃气、给水、热力等项目，热力管道采用支架铺设，合同工期80d，断面布置如图5-6所示。建设单位采用公开招标方式发布招标公告，有3家单位报名参加投标，经审核，只有甲、乙两家单位符合合格投标人条件，建设单位为了加快工程建设，决定由甲施工单位中标。

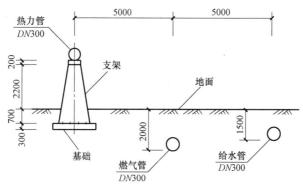

图5-6　管道工程断面示意图（单位：mm）

开工前，甲施工单位项目部编制了总体施工组织设计，内容包括：

（1）确定了各种管道的施工顺序为：燃气管→给水管→热力管；

（2）确定了各种管道施工工序的工作顺序见表5-6，同时绘制了网络计划进度图如图5-7所示。

表5-6　各种管道施工工序工作顺序表

紧前工作	工作	紧后工作
—	燃气管挖土	燃气管排管、给水管挖土
燃气管挖土	燃气管排管	燃气管回填、给水管排管
燃气管排管	燃气管回填	给水管回填
燃气管挖土	给水管挖土	给水管排管、热力管基础
B、C	给水管排管	D、E
燃气管回填、给水管排管	给水管回填	热力管排管
给水管挖土	热力管基础	热力管支架
热力管基础、给水管排管	热力管支架	热力管排管
给水管回填、热力管支架	热力管排管	—

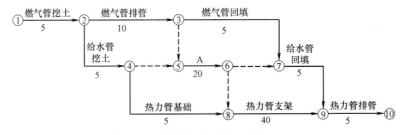

图5-7　网络计划进度图（单位：d）

在热力管道接管施工过程中，由于下雨影响停工1d。为保证按时完工，项目部采取了加快施工进度的措施。

【问题】

1. 建设单位决定由甲施工单位中标是否正确？说明理由。

2. 给出项目部编制各种管道施工顺序的原则。

3. 项目部加快施工进度应采取什么措施？

4. 写出图5-7中代号A和表5-6中代号B、C、D、E代表的工作内容。

5. 列式计算图5-7工期，并判断工程施工是否满足合同工期要求，同时给出关键线路（关键线路用图5-7中代号"①~⑩"及"→"表示）。

【参考答案与分析思路】

1. 建设单位决定由甲施工单位中标不正确。

理由：经审核符合投标人条件的只有两家，违反了不得少于3家的规定，建设单位应重新组织招标。

本题考查的是施工招标投标相关知识。《中华人民共和国招标投标法实施条例》（中华人民共和国国务院令第613号发布，经中华人民共和国国务院令第709号修订）规定，招标人应当按照招标文件规定的时间、地点开标。投标人少于3个的，不得开标；招标人应当重新招标。

2. 管道的施工顺序原则为："先地下后地上，先深后浅"。

本题考查的是给水排水构筑物的施工顺序。给水排水构筑物施工时，应按"先地下后地上、先深后浅"的顺序施工，并应防止各构筑物交叉施工时相互干扰。

3. 项目部加快施工进度应采取的措施有：加班，增加人员、机械设备（焊机、吊机）。

本题考查的是项目部加快施工进度应采取的措施。解答这道题目的关键是围绕热力排管这项工作因为雨天延迟后应采取的措施作答。

4. 图5-7中的代号A表示给水管排管。

表5-6中的B表示燃气管排管；C表示给水管挖土；D表示给水管回填；E表示热力管支架。

本题考查的是施工工序及网络进度计划图，且较为简单。只要将背景资料中的网络计划图与施工工序顺序表一一对应，熟悉网络图的紧前与紧后工作的关系，很容易得出正确的答案。

5. 计划工期为：5＋10＋20＋40＋5＝80d，满足合同工期要求。

关键线路为：①→②→③→⑤→⑥→⑧→⑨→⑩。

本题考查的是工期及关键线路在关键线路法中，线路上所有工作的持续时间总和称为该线路的总持续时间。总持续时间最长的线路称为关键线路，关键线路的长度就是网络计划的总工期。

实务操作和案例分析题六［2014年真题］

【背景资料】

A公司承建城市道路改扩建工程，其中新建一座单跨简支桥梁，节点工期为90d，项目部编制了施工进度计划如图5-8所示。公司技术负责人在审核中发现该施工进度计划不能满足节点工期要求，工序安排不合理，要求在每项工作作业时间不变、桥台钢模板仍为一套的前提下对施工进度计划进行优化。桥梁工程施工前，由专职安全员对整个桥梁工程进行了安全技术交底。

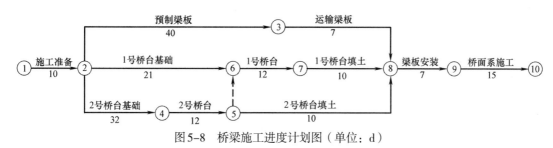

图5-8　桥梁施工进度计划图（单位：d）

桥台施工完成后在台身上发现较多裂缝,裂缝宽度为0.1~0.4mm,深度为3~5mm,经检测鉴定这些裂缝危害性较小,仅影响外观质量,项目部按程序对裂缝进行了处理。

【问题】

1. 绘制优化后的该桥梁施工进度计划,并给出关键线路和节点工期。

2. 针对桥梁工程安全技术交底的不妥之处,给出正确做法。

3. 按裂缝深度分类背景资料中的裂缝属哪种类型?试分析裂缝形成的可能原因。

4. 给出背景资料中裂缝的处理方法。

【参考答案与分析思路】

1. 优化后的该桥梁施工进度计划如图5-9所示。

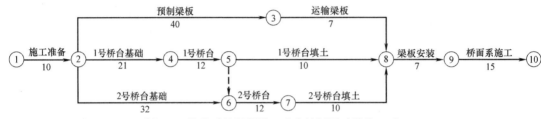

图5-9 优化后的桥梁施工进度计划图(单位:d)

关键线路:①→②→④→⑤→⑥→⑦→⑧→⑨→⑩。

节点工期为87d。

本题考查的是施工进度计划的应用。在关键线路法中,线路上所有工作的持续时间总和称为该线路的总持续时间。总持续时间最长的线路称为关键线路,关键线路的长度就是网络计划的总工期。

---

2. 不妥之处:由专职安全员对整个桥梁工程进行安全技术交底。

正确做法:施工前,应由工程项目技术负责人进行书面安全技术交底。

本题考查的是安全技术交底的方法。针对"桥梁工程施工前,由专职安全员对整个桥梁工程进行了安全技术交底"进行分析,施工负责人在分派施工任务时,应对相关管理人员、施工作业人员进行书面安全技术交底。安全技术交底应按施工工序、施工部位、分部分项工程进行。

---

3. 背景资料中的裂缝属于表面裂缝(或温度裂缝)。

出现裂缝的原因:水泥水化热影响;内外约束条件的影响;外界气温变化的影响;混凝土的收缩变形。

本题考查的是混凝土裂缝发生原因。考生应根据背景资料确定裂缝类型,并分析其形成的可能原因。裂缝发生原因可参见考试用书中的内容作答。

---

4. 缝宽不大于0.2mm时采用表面密封法;缝宽大于0.2mm时采用嵌缝密闭法。

本题考查的是混凝土裂缝的处理方法。案例中提到"经检测鉴定这些裂缝危害性较小,仅影响外观质量",所以只需做一些表面处理。

典 型 习 题

实务操作和案例分析题一

【背景资料】

某沿海城市道路改建工程4标段,道路正东西走向,全长973.5m,车行道宽度15m,两边人行道各3m,与道路中心线平行且向北,需新建DN800mm雨水管道973m。新建路面结构为150mm厚砾石砂垫层、350mm厚二灰混合料基层、80mm厚中粒式沥青混凝土、40mm厚SMA改性沥青混凝土面层。合同规定的开工日期为5月5日,竣工日期为当年9月30日。合同要求施工期间维持半幅交通,工程施工时正值高温台风季节。

某公司中标该工程以后,编制了施工组织设计,按规定获得批准后,开始施工。施工组织设计中绘制了总网络计划图,如图5-10所示。

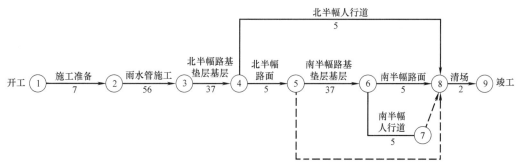

图5-10　总网络计划图(单位:d)

图中,雨水管施工时间已包含连接管和雨水口的施工时间;路基、垫层、基层施工时间中已包含旧路翻挖、砌筑路缘石的施工时间。

施工组织设计中对二灰混合料基层雨期施工做了如下规定:混合料含水量根据气候适当调整,使运到施工现场的混合料含水量接近最佳含水量;关注天气预报,以预防为主。

为保证SMA改性沥青混凝土面层施工质量,施工组织设计中规定摊铺温度不低于160℃,初压开始温度不低于150℃,碾压终了的表面温度不低于90℃;采用振动压路机,由低处向高处碾压,不得用轮胎压路机碾压。

【问题】

1. 指出本工程总网络图计划中的关键线路。

2. 将本工程总网络计划改成横道图,横道图模板见表5-7。

表5-7　横道图

分项工程	持续时间		时间标尺(旬)
	北半幅	南半幅	
施工准备	7		
雨水管	56	—	
路基垫层基层	37	37	

分项工程	持续时间		时间标尺（旬）							
	北半幅	南半幅								
路面	5	5								
人行道	5	5								
清场	2									

3. 根据总网络图，指出可采用流水施工压缩工期的分项工程。

4. 补全本工程基层雨期施工的措施。

5. 补全本工程SMA改性沥青混凝土面层碾压施工的要求。

【参考答案】

1. 本工程中总网络计划中的关键线路有：①→②→③→④→⑤→⑥→⑧→⑨；①→②→③→④→⑤→⑥→⑦→⑧→⑨。

2. 本工程总网络计划图改成横道图见表5-8。

表5-8　横道图

分项工程	持续时间		时间标尺（旬）							
	北半幅	南半幅								
施工准备	7		—							
雨水管	56	—								
路基垫层基层	37	37				北半幅		南半幅		
路面	5	5					北			南
人行道	5	5					北			南
清场	2									—

3. 可采用流水施工压缩工期的分项工程有：雨水管施工，北半幅路基垫层基层施工，南半幅路基垫层基层施工。

4. 本工程基层雨期施工的措施还应包括：

（1）应坚持拌多少，铺多少；压多少，完成多少。

（2）下雨来不及完成时，要尽快碾压，防止雨水渗透。

5. 本工程SMA改性沥青混凝土面层碾压施工的要求：

（1）振动压路机应紧跟摊铺机，采取高频、低振幅的方式慢速碾压。

（2）防止过度碾压。

（3）碾压时应将压路机的驱动车轮面向摊铺机，从路外侧向中心碾压。在超高路段则由低向高碾压，在坡道上应将驱动轮从低处向高处碾压。

实务操作和案例分析题二

【背景资料】

某公司承建一埋地燃气管道工程，采用开槽埋管施工。该工程网络计划工作的逻辑关系见表5-9。

表5-9 网络计划工作逻辑关系表

工作名称	紧前工作	紧后工作
A1	—	B1、A2
B1	A1	C1、B2
C1	B1	D1、C2
D1	C1	E1、D2
E1	D1	E2
A2	A1	B2
B2	B1、A2	C2
C2	C1、B2	D2
D2	D1、C2	E2
E2	E1、D2	—

项目部按上表绘制网络计划图，如图5-11所示：

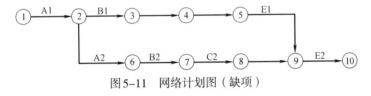

图5-11 网络计划图（缺项）

网络计划图中的E1、E2工作为土方回填和敷设警示带，管道沟槽回填土的部位划分为Ⅰ、Ⅱ、Ⅲ区，如图5-12所示：

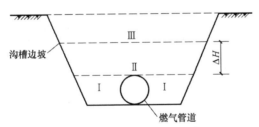

图5-12 回填土部位划分示意图

回填土中有粗砂、碎石土、灰土可供选择。

【问题】

1. 根据上表补充完善图5-11所示的网络计划图。

2. 图5-12中 ΔH 的最小尺寸应为多少（单位以mm表示）？

3. 在可供选择的土中，分别指出哪些不能用于Ⅰ、Ⅱ区的回填；警示带应敷设在哪个区？

4. Ⅰ、Ⅱ、Ⅲ区应分别采用哪类压实方式？

5. 图5-12中的Ⅰ、Ⅱ区回填土密实度最少应为多少？

【参考答案】

1. 补充完善的网络计划图如图5-13所示。

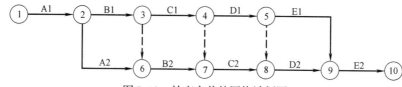

图5-13　补充完善的网络计划图

2. ΔH的最小尺寸应为500mm。

3. 在可供选择的土中，碎石土、灰土不能用于Ⅰ、Ⅱ区的回填。警示带应敷设在Ⅱ区。

4. Ⅰ、Ⅱ区必须采用人工压实；Ⅲ区可采用小型机械压实。

5. Ⅰ、Ⅱ区回填土密实度最小应为90%。

实务操作和案例分析题三

【背景资料】

某项目部针对一个施工项目编制网络计划图，如图5-14所示是计划图的一部分：

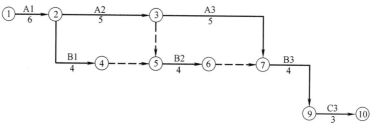

图5-14　局部网络计划图（单位：d）

该网络计划图其余部分计划工作及持续时间见表5-10：

表5-10　网络计划图其余部分的计划工作及持续时间表

工作	紧前工作	紧后工作	持续时间
C1	B1	C2	3
C2	C1	C3	3

项目部对按上述思路编制的网络计划图进一步检查时发现有一处错误：C2工作必须在B2工作完成后，方可施工。经调整后的网络计划图由监理工程师确认满足合同工期要求，最后在项目施工中实施。

A3工作施工时，由于施工单位设备事故延误了2d。

【问题】

1. 按背景资料给出的计划工作及持续时间表补全网络计划图的其余部分。

2. 发现C2工作必须在B2工作完成后施工，网络计划图应如何修改？

3. 给出最终确认的网络计划图的关键线路和工期。

4. A3工作（设备事故）延误的工期能否索赔？说明理由。

【参考答案】

1. 补全的网络计划图如图5-15所示。

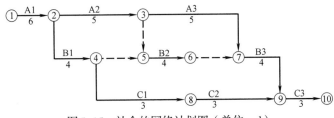

图5-15　补全的网络计划图（单位：d）

2. 修改的网络计划图如图5-16所示。

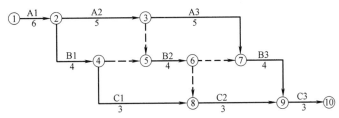

图5-16　修改的网络计划图（单位：d）

3. 关键线路：①→②→③→⑦→⑨→⑩（即A1→A2→A3→B3→C3）；工期为：6＋5＋5＋4＋3＝23d。

4. A3工作（设备事故）延误的工期不能索赔；

理由：施工单位原因造成的，且A3工作在关键线路上。

实务操作和案例分析题四

【背景资料】

某施工单位承接了一项市政排水管道工程，基槽采用明挖法放坡开挖施工。基槽宽度为6.5m，开挖深度为5m。场地内地下水位位于地表下1m，施工单位拟采用轻型井点降水，井点的布置方式和降深等示意图如图5-17、图5-18所示。

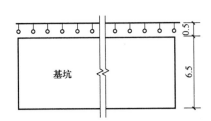

图5-17　沟槽平面示意图（单位：m）

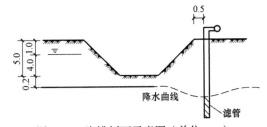

图5-18　沟槽剖面示意图（单位：m）

施工单位组织基槽开挖、管道安装和土方回填三个施工队流水作业，共划分Ⅰ、Ⅱ、Ⅲ三个施工段。根据合同工期要求绘制网络进度图如图5-19所示。

【问题】

1. 施工单位采用的轻型井点布置形式及井点管位置是否合理？如果不合理说明原因并

给出正确做法。

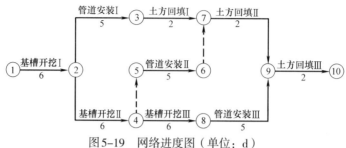

图5-19 网络进度图（单位：d）

2. 轻型井点降水深度不合理，请改正。

3. 施工单位绘制的网络图有两处不符合逻辑关系，请把缺失的逻辑关系用虚线箭头表示出来。

4. 请根据改正的网络计划图计算工程总工期，并给出关键线路。

【参考答案】

1. 施工单位采用的轻型井点布置形式及井点位置不合理。

理由：基坑宽度大于6m（基坑宽度为6.5m），应采用双排井点布置。

正确做法：井点端部与基坑边缘平齐，应向外延伸一定距离。井点管应布置在基坑（槽）上口边缘外1.0～1.5m。

2. 改正：水位应降至基坑（槽）底0.5m以下。

3. 修改后的网络进度图如图5-20所示。

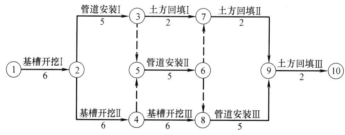

图5-20 修改后的网络进度图（单位：d）

4. 本工程的总工期为25d，关键线路为：①→②→④→⑧→⑨→⑩。

实务操作和案例分析题五

【背景资料】

项目部承建的雨水管道工程管线总长为1000m，采用直径为600mm的混凝土管，柔性接口；每50m设检查井一座。管底位于距地表下4m，无地下水，采用挖掘机开槽施工。

项目部根据建设单位对工期的要求编制了施工进度计划。编制计划时，项目部使用的指标见表5-11。

表5-11 项目部使用的指标

序号	工序	工作效率
1	机械挖土、人工清槽	50（m/d）

序号	工序	工作效率
2	下管、安管	20（m/d）
3	砌筑检查井	2（座/d）
4	沟槽回填（200m一组）	4（d/组）
5	场地清理	4d

考虑管材进场的连续性和人力资源的合理安排，在编制进度计划时作了以下部署：（1）挖土5d后开始下管、安管工作；（2）下管、安管200m后砌筑检查井；（3）检查井砌筑后，按四个井段为一组（200m）对沟槽回填。

项目部编制的施工进度计划见表5-12（只给出部分内容）：

表5-12　部分施工进度计划

序号	工作项目	工期（d）														
		5	10	15	20	25	30	35	40	45	50	55	60	65	70	75	80
1	施工准备															
2																
3	下管、安管															
4	检查井砌筑															
5	沟槽回填															
6	场地清理															

工程实施过程中，挖土施工10d后遇雨，停工10d。项目部决定在下管、安管工序采取措施，确保按原计划工期完成。

【问题】

1. 表5-12中序号2表示什么工作项目，该项目的起止日期和工作时间应为多少？

2. 计算沟槽回填的工作总天数。

3. 按项目部使用的指标和工作部署，完成施工进度计划图中第5项、第6项计划横道线。

4. 本工程计划总工期需要多少天？

5. 遇雨后项目部应在下管、安管工序采取什么措施确保按原计划工期完成？

【参考答案】

1. 施工进度计划图中序号2表示机械挖土、人工清槽。

挖土工作从第6天开始，到第25天结束。工作时间应为20d。

2. 沟槽回填的工作总天数为：1000÷200×4＝20d。

3. 完成的施工进度计划见表5-13。

4. 本工程计划总工期需要70d。

5. 遇雨后项目部应在下管、安管工序采取提高下管、安管生产能力；增加下管、安管作业班组措施确保按原计划工期完成。

表5-13　完成的施工进度计划

序号	工作项目	工期（d）															
		5	10	15	20	25	30	35	40	45	50	55	60	65	70	75	80
1	施工准备																
2	机械挖土、人工清槽																
3	下管、安管																
4	检查井砌筑																
5	沟槽回填																
6	场地清理																

实务操作和案例分析题六

【背景资料】

项目部承接的新建道路下有一条长750m、直径1000mm的混凝土污水管线，埋深为地面以下6m。管道在K0＋400～K0＋450处穿越现有道路。

场地地质条件良好，地下水位于地面以下8m，设计采用明挖开槽施工。项目部编制的施工方案以现有道路中线（按半幅断路疏导交通）为界将工程划分A₁、B₁两段施工（如图5-21所示），并编制了施工进度计划，总工期为70d。其中，A₁段（425m）工期40d，B₁段（325m）工期30d，A₁段首先具备开工条件。

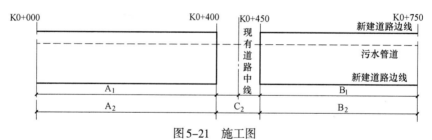

图5-21　施工图

注：A₁、B₁为第一次分段；A₂、B₂、C₂为第二次分段。

由于现有道路交通繁忙，交通管理部门要求全幅维持交通。按照交通管理部门要求，项目部建议建设单位将现有道路段即（C₂段）50m改为顶管施工，需工期30d，取得了建设单位同意。在考虑少投入施工设备及施工人员的基础上，重新编制了施工方案及施工进度计划。

【问题】

1. 现有道路段（C₂段）污水管由明挖改为顶管施工需要设计单位出具什么文件，该文件上必须有哪些手续方为有效？

2. 因现有道路段（C₂段）施工方法变更，项目部重新编制的施工方案应办理什么手续？

3. 采用横道表说明作为项目经理应如何安排在70d内完成此项工程？横道表采用表5-14。

表5-14 横道表

项目	日期（d）						
	10	20	30	40	50	60	70
A₂段							
B₂段							
C₂段							

4. 顶管工作井在地面应采取哪些防护措施？

【参考答案】

1. 现有道路段（C_2段）污水管由明挖改为顶管施工需要设计单位出具设计变更通知单，该文件上必须由原设计人和设计单位负责人签字并加盖设计单位印章方为有效。

2. 因现有道路段（C_2段）施工方法变更，项目部重新编制的施工方案应办理经施工单位技术负责人、总监理工程师签字手续。

3. 项目经理应如何安排在70d内完成此项工程的横道表，见表5-15。

4. 顶管工作井在地面应采取的防护措施：设置警示牌、安全护栏、防汛墙、防雨设施、作业警示灯光标志等。

表5-15 横道表

项目	日期（d）						
	10	20	30	40	50	60	70
A₂段	———	———	———	———			
B₂段					———	———	———
C₂段	———	———	———				

实务操作和案例分析题七

【背景资料】

某市政跨河桥上部结构为长13m单跨简支预制板梁，下部结构由灌注桩基础、承台和台身构成。施工单位按合同工期编制了网络计划图，如图5-22所示，经监理工程师批准后实施。

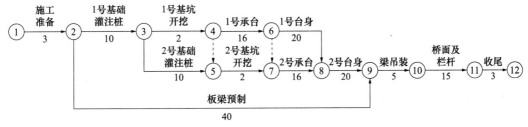

图5-22 网络计划图（单位：d）

在施工过程中，发生了以下事件。

事件1：在进行1号基础灌注桩施工时，由于施工单位操作不当，造成灌注桩钻孔偏斜，为处理此质量事故，造成3万元损失，工期延长了5d。

事件2：工程中所使用的钢材由建设单位提供，由于钢材进场时间比施工单位要求的日期拖延了4d，1号基础灌注桩未按计划开工，施工单位经济损失2万元。

事件3：钢筋进场后，施工单位认为该钢筋是由建设单位提供的，仅对钢筋的数量验收后，就将其用于钢筋笼的加工；监理工程师发现后，要求停工整改，造成延误工期3d，经济损失1万元。

【问题】

1. 根据网络计划图计算该工程的总工期，找出关键线路。

2. 事件1、2、3中，施工单位可以索赔的费用和工期是多少？说明索赔的理由。

3. 事件1中造成钻孔偏斜的原因可能有哪些？

4. 事件3中监理工程师要求停工整改的理由是什么？

【参考答案】

1. 该工程的总工期为：3＋10＋2＋16＋20＋20＋5＋15＋3＝94d，关键线路为：①→②→③→④→⑥→⑧→⑨→⑩→⑪→⑫。

2. 事件1中，施工单位不可以索赔费用和工期。理由：由于施工单位操作不当造成的损失应由施工单位承担。

事件2中，施工单位可以索赔费用2万元，可以索赔工期4d。理由：由建设单位提供的钢材进场时间拖延的责任应由建设单位承担，且1号基础灌注桩是关键工作，因此既可以索赔费用，也可以索赔工期。

事件3中，施工单位不可以索赔费用和工期。理由：虽然钢筋是由建设单位提供的，但是施工单位应进行检验，未经检验而用于工程中，监理工程师有权要求停工整改，造成的损失和工期拖延应由施工单位承担。

3. 事件1中造成钻孔偏斜的原因可能有：（1）钻头受到侧向力；（2）扩孔处钻头摆向一方；（3）钻杆弯曲、接头不正；（4）钻机底座未安置水平或位移。

4. 事件3中监理工程师要求停工整改的理由是：凡涉及工程安全及使用功能的有关材料，应按专业质量验收规范规定进行复验，并经监理工程师检查认可。

实务操作和案例分析题八

【背景资料】

W市道路改建工程，地处交通要道，拆迁工作量大。建设单位通过招标方式选择了工程施工总承包单位甲和拆迁公司乙，而总承包单位甲又将一部分工程分包给丙施工单位。

在上半年施工进度计划检查中，该工程施工项目经理部出示了以下资料：

（1）项目经理部的例会记录及施工日志。

（2）桩基分包商的桩位图（注有成孔、成桩记录）及施工日志。

（3）施工总进度和年度计划图（横道图），图上标注了主要施工过程，开、完工时间及工作量，计划图制作时间为开工前。

（4）季、月施工进度计划及实际进度检查结果。

（5）月施工进度报告和统计报表，除对进度执行情况简要描述外，对进度偏差及调查意见一律标注为"拆迁影响，促拆迁"。

检查结果表明，实际完成的工作量仅为计划的1/4左右，窝工现象严重。

【问题】

1. 丙施工单位是否应制定施工进度计划，如果制定施工进度计划，它与项目总进度计划的关系是怎样的？

2. 该项目施工进度计划编制中有哪些必须改进之处？

3. 该项目施工进度计划的实施和控制存在哪些不足之处？

4. 该项目施工进度报告应进行哪些方面的补充和改进？

【参考答案】

1. 丙施工单位应该制定施工进度计划。

丙施工单位制定的施工进度计划与项目总进度计划的关系：丙施工单位的施工进度计划必须依据总承包人甲的施工进度计划编制。总承包人甲应将分包的施工进度计划纳入总进度计划的控制范围，总分包之间相互协调，处理好进度执行过程中的相互关系，并协助丙施工单位解决项目进度控制中的相关问题。

2. 该项目施工进度计划编制中必须改进之处：

（1）在施工总进度和年度计划图（横道图）上仅标注了主要施工过程，开、完工时间及工作量不足。应该在计划图上进行实际进度记录，并跟踪记载每个施工过程的开始日期、完成日期、每日完成数量、施工现场发生的情况、干扰因素的排除情况。

（2）每旬（或每周）施工进度计划及实际进度检查结果。

（3）计划图制作时间应在开工前。

3. 该项目施工进度计划在实施和控制过程中的不足之处：

（1）未在计划图上应进行实际进度记录，并跟踪记载每个施工过程（而不仅是主要施工过程）的开始日期、完成日期、每日完成数量、施工现场发生的情况、干扰因素的排除情况。

（2）未跟踪计划的实施并进行监督，在跟踪计划的实施和监督过程中发现进度计划执行受到干扰时，应采取调整措施。

（3）未跟踪形象进度对工程量、总产值、耗用的人工、材料和机械台班等的数量进行统计与分析，编制统计报表。

（4）未执行施工合同中对进度、开工及延期开工、暂停施工、工期延误、工程竣工的承诺。

（5）未落实控制进度措施，应具体到执行人、目标、任务、检查方法和考核办法。

（6）未处理进度索赔。

4. 该项目施工进度报告对进度执行情况进行了简要描述，对进度偏差及调查意见一律标注为"拆迁影响，促拆迁"的做法太过于简单，应补充和改进。

应补充和改进的内容包括：

（1）进度执行情况的综合描述，主要有报告的起止日期，当地气象及晴、雨天数统计，施工计划的原定目标及实际完成情况，报告计划期内现场的主要大事（如停水、停电、事故处理情况，收到建设单位、监理工程师、设计单位等指令文件情况）。

（2）实际施工进度图。

（3）工程变更，价格调整，索赔及工程款收支情况。

（4）进度偏差的状况和导致偏差的原因分析。

（5）解决问题的措施。

（6）计划调整意见和建议。

实务操作和案例分析题九

【背景资料】

某公司承接了某城市道路的改扩建工程。工程中包含一段长240m的新增路线（含下水道200m）和一段长220m的路面改造（含下水道200m），另需拆除一座旧人行天桥，新建一座立交桥。工程位于城市繁华地带，建筑物多，地下管网密集，交通量大。

新增线路部分地下水位位于-4.00m处（原地面高程为±0.000），下水道基坑底设计高程为-5.50m，立交桥上部结构为预应力箱梁，采用预制吊装施工。

项目部组织有关人员编写了施工组织设计，其中进度计划如图5-23所示，并绘制了一张总平面布置图，要求工程从开工到完工严格按总平面布置图进行平面布置。

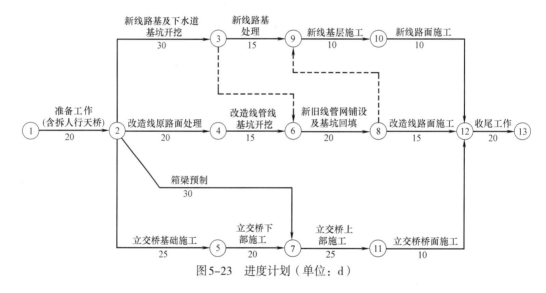

图5-23 进度计划（单位：d）

施工中，发生了如下导致施工暂停的事件：

事件1：在新增路线管网基坑开挖施工中，原有地下管网资料标注的城市主供水管和光电缆位于-3.0m处，但由于标识的高程和平面位置的偏差，导致供水管和光电缆被挖断，使开挖施工暂停14d。

事件2：在改造线路面施工中，由于摊铺机设备故障，导致施工中断7d。

项目部针对施工中发生的情况，积极收集进度资料，并向上级公司提交了月度进度报告，报告中综合描述了进度执行情况。

【问题】

1. 本施工项目中危险性较大的工程有哪些？

2. 上述中关于总平面布置图的使用是否正确？说明理由。

3. 计算工程总工期，并指出关键线路（指出节点顺序即可）。

4. 分析施工中先后发生的两次事件对工期产生的影响。如果项目部提出工期索赔，应获得几天延期？说明理由。

5. 补充项目部向企业提供月度施工进度报告的内容。

【参考答案】

1. 本施工项目中危险性较大的工程有：基坑支护及降水工程；起重吊装工程；拆除工程；预应力张拉施工。

2. 关于总平面布置图的使用不正确。错误之处：总平面布置图保持不变。

理由：本项目位于城市繁华地带，并有新旧工程交替，且须维持社会交通，因此施工平面布置图应是动态的。

3. 工程总工期：120d。

关键线路：①→②→⑤→⑦→⑪→⑫→⑬。

4. 事件1将使工期拖延4d，事件2对工期不产生影响。

如果承包人提出工期索赔，可获得由于事件1导致的工期拖延补偿，即延期4d。

理由：因为原有地下管网资料应由建设单位提供，并应保证资料的准确性，所以承包人应获得工期索赔。而设备故障是承包人自身原因，所以不会获得延期批准。

5. 项目部向企业提供月度施工进度报告的内容还应包括：实际施工进度图；工程变更价格调整、索赔及工程款收支情况；进度偏差的状况和导致偏差的原因分析；解决问题的措施；计划调整意见和建议。

实务操作和案例分析题十

【背景资料】

某项目部承建一项新建城镇道路工程，指令工期100d。开工前，项目经理召开动员会，对项目部全体成员进行工程交底，参会人员包括"十大员"，即：施工员、测量员、A、B、资料员、预算员、材料员、试验员、机械员、标准员。

道路工程施工在雨水管道主管铺设、检查井砌筑完成、沟槽回填土的压实度合格后进行。项目部将道路的车行道施工分成四个施工段和三个主要施工过程（包括路基挖填、路面基层、路面面层），每个施工段、施工过程的作业天数见表5-16。工程部按流水作业计划编制的横道表如表5-17所示，并组织施工，路面基层采用二灰混合料，常温下养护7d。

在路面基层施工完成后，必须进行的工序还有C、D，然后才能进行路面面层施工。

表5-16 施工段、施工过程及作业天数计划表

施工过程	施工段及作业天数（d）			
	①	②	③	④
路基挖填	10	10	10	10
路面基层	20	20	20	20
路面面层	5	5	5	5

表5-17 新建城镇道路施工进度计划横道表

施工过程	施工段（d）																					
	5	10	15	20	25	30	35	40	45	50	55	60	65	70	75	80	85	90	95	100	105	110
路基挖填	①		②		③		④															
路面基层																						
路面面层																						

【问题】

1. 写出"十大员"中A、B。

2. 根据表5-16、表5-17所示内容，补画路面基层与路面面层的横道图线。确定路基挖填与路面基层之间及路面基层与路面面层之间的流水步距。

3. 该项目计划工期为多少天？是否满足指令工期。

4. 如何对二灰混合料基层进行养护？

5. 写出主要施工工序C、D的名称。

【参考答案】

1. A——安全员；B——质检员。

2. （1）补画路面基层与路面面层的横道图线，见表5-18。

表5-18 路面基层与路面面层的横道图线

施工过程	施工段（d）																					
	5	10	15	20	25	30	35	40	45	50	55	60	65	70	75	80	85	90	95	100	105	110
路基挖填	①		②		③		④															
路面基层			①				②					③				④						
路面面层																①	②	③	④			

（2）路基挖填与路面基层之间的流水步距为：max{10，（20－20），（30－40），（40－60），－80}＝10d。

（3）路面基层与路面面层之间的流水步距为：max{20，（40－5），（60－10），（80－15），－20}＝65d。

3. 计划工期为：最后一道施工过程在各施工段的作业时间和＋路基挖填与路面基层之间的流水步距＋路面基层与路面面层之间的流水步距＋间歇时间＝（5＋5＋5＋5）＋10＋65＋7＝102d。

本工程的指令工期100d，小于计划工期（102d），故不满足指令工期。

4. 从背景资料可以看出，基层采用材料为二灰混合料。二灰混合料采用湿养，保持表面潮湿，也可采用沥青乳液和沥青下封层进行养护，养护期视季节而定，常温下不少于7d。

5. 从背景资料"在路面基层施工完成后，必须进行的工序还有C、D，然后才能进行路面面层施工。"可以看出主要考查基层施工程序。C应为养护，D应为透层施工。

实务操作和案例分析题十一

【背景资料】

A公司承建中水管道工程，全长870m，管径DN600mm。管道出厂由南向北垂直下穿快速路后，沿道路北侧绿地向西排入内湖，管道覆土3.0～3.2m，管材为碳素钢管，防腐层在工厂内施作。施工图设计建议：长38m下穿快速路的管段采用机械顶管法施工混凝土套管；其余管段全部采用开槽法施工。施工区域土质较好，开挖土方可用于沟槽回填，施工时可不考虑地下水影响。依据合同约定，A公司将顶管施工分包给B专业公司。开槽段施工从西向东采用流水作业。

施工过程发生如下事件：

事件1：质量员发现个别管段沟槽胸腔回填存在采用推土机从沟槽一侧推土入槽的不当施工现象，立即责令施工队停工整改。

事件2：由于发现顶管施工范围内有不明管线，B公司项目部征得A公司项目负责人同意，拟改用人工顶管方法施工混凝土套管。

事件3：质量安全监督部门例行检查时，发现顶管坑内电缆破损较多，存在严重安全隐患，对A公司和建设单位进行通报批评；A公司对B公司处以罚款。

事件4：受局部拆迁影响，开槽施工段出现进度滞后局面，项目部拟采用调整工作关系的方法控制施工进度。

【问题】

1. 分析事件1中施工队不当施工可能产生的后果，并写出正确做法。

2. 事件2中，机械顶管改为人工顶管时，A公司项目部应履行哪些程序？

3. 事件3中，A公司对B公司的安全管理存在哪些缺失，A公司在总分包管理体系中应对建设单位承担什么责任？

4. 简述调整工作关系方法在本工程的具体应用。

【参考答案】

1. 可能造成的后果有：管道侧移（或位移），偏离设计位置；管道腋角回填不实，回填土层厚度控制不准，管道变形。

正确做法：管道两侧和管顶以上500mm范围内的回填材料，应由两侧对称运入槽内，不得直接扔在管道上。每层回填土虚铺厚度宜为200～300mm，管道两侧回填土高差不超过300mm。

2. 施工方应当根据施工合同，向监理工程师提出变更申请，监理工程师进行审查，将审查结果通知承包方，监理工程师向承包方提出变更令。

机械顶管改成人工顶管时，A公司项目部应重新编制顶管专项施工方案，并重新组织专家进行论证。经施工单位技术责任人、项目总监理工程师、建设单位项目负责人签字后组织实施。

3. A公司应当审查分包单位的安全生产保证体系；未对B公司承担的工程做安全技术交底，明确安全要求，并监督检查。A公司作为总承包单位应当就B公司承担的分包工程向建设单位承担连带责任。

4. 本工程可以采用的调整工作关系的方式有：开槽施工段和顶管施工段同时开始施

工，开槽段的沟槽开挖、管道敷设、管道焊接、管道回填等施工过程可以组织流水施工，本工程属于线性工程，可以多点分段施工，搭接作业，加快施工进度。受拆迁影响的部位可以放在最后完成。

实务操作和案例分析题十二

【背景资料】

某公司中标修建某城市新建主干道，长 2.5km，设双向四车道，其结构从下至上为：20cm厚石灰稳定碎石底基层，38cm厚水泥稳定碎石基层，8cm厚粗粒式沥青混合料底面层，6cm厚中粒式沥青混合料中面层，4cm厚细粒式沥青混合料表面层。

项目部编制的施工机械计划表列有：挖掘机、铲运机、压路机、洒水车、平地机、自卸汽车。施工方案中：石灰稳定碎石底基层直线段由中间向两边、曲线段由外侧向内侧的方式碾压；沥青混合料摊铺时应对温度随时进行检查；用轮胎压路机初压，碾压速度控制在1.5~2.0km/h。

施工现场设置了公示牌，内容包括工程概况牌、安全生产牌、文明施工牌，安全纪律牌。

项目部将20cm厚石灰稳定碎石底基层、38cm厚水泥稳定碎石基、8cm厚粗粒式沥青混合料底面层、6cm厚中粒式沥青混合料中面层、4cm厚细粒式沥青混合料表面等五个施工过程分别用Ⅰ、Ⅱ、Ⅲ、Ⅳ、Ⅴ表示，并将Ⅰ、Ⅱ两项划分成四个施工段①、②、③、④。

Ⅰ、Ⅱ两项在各施工段上持续时间如表5-19所示。

表5-19　Ⅰ、Ⅱ作业时间表

施工单位	持续时间（单位：周）			
	①	②	③	④
Ⅰ	4	5	3	4
Ⅱ	3	4	2	3

而Ⅲ、Ⅳ、Ⅴ不分施工段连续施工，持续时间均为一周。

项目部按各施工段持续时间连续、均衡作业，不平行、搭接施工的原则安排了施工进度计划（见表5-20）。

表5-20　施工进度计划

施工进度	施工进度（单位：周）																					
	1	2	3	4	5	6	7	8	9	10	11	12	13	14	15	16	17	18	19	20	21	22
Ⅰ		①					②															
Ⅱ								①														
Ⅲ																						
Ⅳ																						
Ⅴ																						

【问题】

1. 补充施工机械计划表中缺少的主要机械。

2. 请给出正确的底基层碾压方法和沥青混合料初压设备。

3. 沥青混合料碾压温度是依据什么因素确定的？

4. 除背景内容外，现场还设立哪些公示牌？

5. 请按背景中要求和表5-20形式，用横道图方式，画出完整的施工进度计划，并计算工期。

【参考答案】

1. 施工机械计划表中缺少的主要机械有：风钻、切割机、破碎机、小型夯机、装载机、推土机、拌合机、摊铺机、沥青洒布车、嵌丁料洒布车等。

2. 底基层碾压方法：底基层直线段和不设超高的平曲线段由两侧向中心碾压，设超高的平曲线段由内侧向外侧碾压。

沥青混合料的初压设备包括：振动压路机、钢筒式压路机。

3. 沥青混合料碾压温度的确定因素有：沥青混合料种类、压路机种类、气温、下面层厚度。

4. 本案例中的施工现场公示牌还需补充设置：管理人员名单及监督电话牌、消防保卫牌。

5. 完善后的施工进度计划见表5-21：

表5-21 完善后的施工进度计划

施工部分	1	2	3	4	5	6	7	8	9	10	11	12	13	14	15	16	17	18	19	20	21	22
I		①					②				③			④								
II								①				②				③		④				
III																						
IV																						
V																						

计算工期：

（1）K_{I-II}为：

$$
\begin{array}{r}
4 \quad 9 \quad 12 \quad 16 \\
-\quad\quad 3 \quad 7 \quad 9 \quad 12 \\
\hline
4 \quad 6 \quad 5 \quad 7 \quad -12
\end{array}
$$

$K_{I-II}=\max\{4,\ 5,\ 6,\ 7,\ -12\}=7$周。

（2）工期：$T=7+（3+4+2+3）+（1+1+1）=22$周。

第六章　市政公用工程施工质量管理案例分析专项突破

2014—2023年度实务操作和案例分析题考点分布

考点	年份									
	2014年	2015年	2016年	2017年	2018年	2019年	2020年	2021年	2022年	2023年
质量计划实施要点	●									
施工质量控制要点	●			●						
无机结合料稳定基层施工质量检查与验收							●			
沥青混合料面层施工质量检查与验收						●				
冬、雨期施工质量保证措施			●						●	●
钻孔灌注桩施工质量事故预防措施	●							●		
大体积混凝土浇筑施工质量检查与验收	●									
预应力张拉施工质量事故预防措施			●					●		
给水排水混凝土构筑物防渗漏措施			●							
城市给水、排水管道施工质量检查与验收							●	●		●
柔性管道回填施工质量检查与验收					●				●	
城市非开挖管道施工质量检查与验收						●				
桩基施工安全措施								●		
工程竣工验收要求		●		●						

【专家指导】

以上关于质量管理的考点主要涉及城市道路工程、桥梁工程、给水排水场站工程、管道工程的质量检查与验收，考核内容较分散，对考试用书基础知识的掌握是得分的关键。

历 年 真 题

实务操作和案例分析题一［2020年真题］

【背景资料】

某公司承建一项城市污水管道工程，管道全长1.5km，采用DN1200mm的钢筋混凝土管，管道平均覆土深度约6m。

考虑现场地质水文条件，项目部准备采用"拉森钢板桩＋钢围檩＋钢管支撑"的支护方式，沟槽支护情况如图6-1所示。

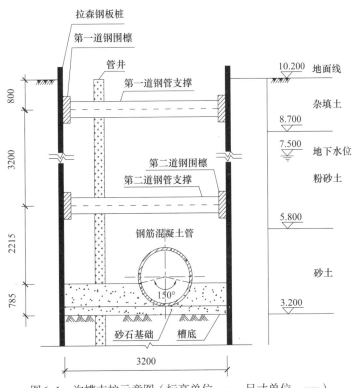

图6-1 沟槽支护示意图（标高单位：m；尺寸单位：mm）

项目部编制了"沟槽支护、土方开挖"专项施工方案，经专家论证，因缺少降水专项施工方案被判定为"修改后通过"。项目部经计算补充了管井降水措施，方案获"通过"，项目进入施工阶段。

在沟槽开挖到槽底后进行了分项工程质量验收，槽底无水浸、扰动，槽底高程、中线、宽度符合设计要求。项目部认为沟槽开挖验收合格，拟开始后续垫层施工。

在完成下游3个井段管道安装及检查井砌筑后，抽取其中1个井段进行了闭水试验，实测渗水量为0.0285L/（min·m）。［规范规定DN1200mm钢筋混凝土管合格渗水量不大于43.30m³/（24h·km）］。

为加快施工进度，项目部拟增加现场作业人员。

【问题】

1. 写出钢板桩围护方式的优点。

2. 管井成孔时是否需要泥浆护壁；写出滤管与孔壁间填充滤料的名称，写出确定滤管内径的因素是什么？

3. 写出项目部"沟槽开挖"分项工程质量验收中缺失的项目。

4. 列式计算该井段闭水试验渗水量结果是否合格？

5. 写出新进场工人上岗前应具备的条件。

【参考答案与分析思路】

1. 钢板桩围护方式的优点：强度高，桩与桩之间的连接紧密，隔水效果好，具有施工灵活，板桩可重复使用等优点。

> 本题考查的是钢板桩围护方式的优点。钢板桩强度高，桩与桩之间的连接紧密，隔水效果好。具有施工灵活，板桩可重复使用等优点，是基坑常用的一种挡土结构。

2.（1）管井成孔时需要泥浆护壁。

（2）滤管与孔壁间填充滤料的名称：磨圆度好的硬质岩石成分的圆砾。

（3）确定滤管内径的因素是水泵规格。

> 本题考查的是井点降水。采用泥浆护壁钻孔时，应在钻进到孔底后清除孔底沉渣并立即置入井管、注入清水，当泥浆相对密度不大于1.05时，方可投入滤料。滤管内径应按满足单井设计流量要求而配置的水泵规格确定，管井成孔直径应满足填充滤料的要求；滤管与孔壁之间填充的滤料宜选用磨圆度好的硬质岩石成分的圆砾，不宜采用棱角形石渣料、风化料或其他黏质岩石成分的砾石。井管底部应设置沉砂段。

3. 项目部"沟槽开挖"分项工程质量验收中缺失的项目：地基承载力。

> 本题考查的是沟槽开挖质量验收项目。沟槽开挖与地基处理应符合下列规定：（1）原状地基土不得扰动、受水浸泡或受冻。（2）检查地基承载力试验报告，地基承载力应满足设计要求。（3）按设计或规定要求进行检查，检查检测记录、试验报告是否满足设计要求。进行地基处理时，压实度、厚度应满足设计要求。

4. $43.30m^3/24h·km = 43.30/（24×60）= 0.030L/min·m$；

$0.0285L/min·m < 0.030L/min·m$。

实测渗水量小于合格渗水量，因此该井段闭水试验渗水量合格。

> 本题考查的是闭水试验渗水量是否合格的判定。根据背景资料可知：$DN1200mm$钢筋混凝土管合格渗水量不大于$43.30m^3/（24·km）$，而本工程实测渗水量为$0.0285L/（min·m）$，那么想要知道本工程闭水试验渗水量是否合格就需要将本工程实测渗水量与规范的规定进行对比。由于两者间的单位不同，因此需要进行单位的换算。

5. 新进场工人上岗前应具备的条件：

（1）实名制平台登记。

（2）签订劳动合同。

（3）进行岗前教育培训。

（4）特殊工种需持证上岗。

本题考查的是新进场工人上岗前应具备的条件。新进场的工人，必须接受公司、项目、班组的三级安全培训教育，经考核合格后方能上岗。特殊工种应持证上岗。除此之外，用人单位还需要与新进场工人签订劳动合同并对其实行劳务实名制管理。

实务操作和案例分析题二 ［2019 年真题］

【背景资料】

某项目部承接一项顶管工程，其中 DN1350mm 管道为东西走向，长度90m；DN1050mm 管道为偏东南方向走向，长度80m。设计要求始发工作井 y 采用沉井法施工，接收井 A、C 为其他标段施工（如图6-2所示），项目部按程序和要求完成了各项准备工作。

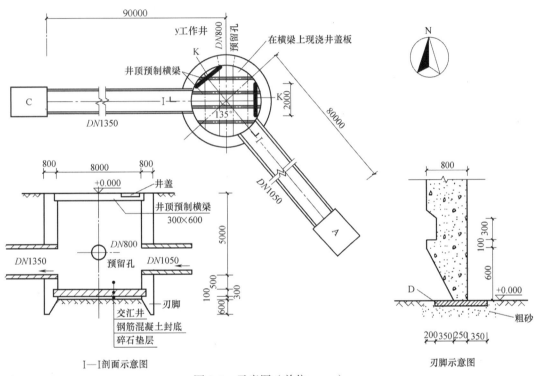

图6-2　示意图（单位：mm）

开工前，项目部测量员带一个测量小组按建设单位给定的测量资料进行高程点与 y 井中心坐标的布设，布设完毕后随即将成果交予施工员组织施工。

按批准的进度计划先集中力量完成 y 井的施工作业，按沉井预制工艺流程，在已测定的圆周中心线上按要求铺设细砂与 D，采用定型钢模进行刃脚混凝土浇筑，然后按顺序先设置 E 与 F、安装绑扎钢筋、再设置内、外模，最后进行井壁混凝土浇筑。

下沉前，需要降低地下水（已预先布置了喷射井点），采用机械取土；为防止 y 井下沉困难，项目部预先制定了下沉辅助措施。

y 井下沉到位，经检验合格后，顶管作业队进场按施工工艺流程安装设备：K→千斤顶就位→观测仪器安放→铺设导轨→顶铁就位。为确保首节管节能顺利出洞，项目部按预先制定的方案在 y 井出洞口进行土体加固；加固方法采用高压旋喷注浆，深度6m（地质资料显示为淤泥质黏土）。

【问题】

1. 按测量要求，该小组如何分工；测量员将测量成果交予施工员的做法是否正确，应该怎么做？

2. 按沉井预制工艺流程写出 D、E、F 的名称；本项目对刃脚是否要加固，为什么？

3. 降低地下水的高程至少为多少米（列式计算），有哪些机械可以取土，下沉辅助措施有哪些？

4. 写出 K 的名称，应该布置在何处；按顶管施工的工艺流程，管节启动后、出洞前应检查哪些部位？

5. 加固出洞口的土体用哪种浆液，有何作用；注意顶进轴线的控制，做到随偏随纠，通常纠偏有哪几种方法？

【参考答案与分析思路】

1. 分工：观测、扶尺、辅助。

测量员将测量成果交予施工员的做法不正确，应该复核并由监理工程师审核批准。

> 本题考查的是施工测量。本小题第一问属于一道开放型题目，而测量员直接将测量成果交予施工员的做法显然也是不正确的，应复核并由监理工程师审核批准。

2.（1）D 的名称：承垫木；E 的名称：内支架；F 的名称：外支架。

（2）本项目对于刃角不需要加固。

原因：沉井下沉位置的地质为淤泥质黏土非坚硬土层。

> 本题考查的是沉井预制及刃脚的加固。解答第一小问需要依据考试用书中的沉井预制的施工工艺流程再结合背景资料中给出的已知信息进行补充。
>
> 当沉井在坚硬土层中下沉时，刃脚踏面的底宽宜取 150mm；为防止脚踏面受到损坏，可用角钢加固。而本案例中沉井下沉位置的土质为淤泥质黏土非坚硬土层因此无须加固刃脚。

3. 降低地下水的高程至少为：$0.000-5.000-0.5-0.3-0.1-0.6-0.5=-7.000$m。

取土机械有：皮带运输机、升降机、长臂挖掘机、抓斗。

下沉辅助措施有：压重、灌砂、触变泥浆套。

> 本题考查的是沉井下沉施工。解答本题第一小问需要知道的是降水应降至刃脚以下 0.5m 处，然后按照图示依次列式计算即可。在选用取土机械的时候应考虑到本工程属于深基坑工程，在井内进行挖土的时候要用到皮带运输机、升降机、长臂挖掘机、抓斗。下沉辅助措施在考试用书中明确讲过，直接用考试用书中的相关内容作答即可。

4. K 为后背制作，应布置在千斤顶后面。

管节启动后、出洞前应检查的部位：千斤顶后背，顶进设备，轴线，高程。

> 本题考查的是顶管施工工艺流程。根据顶管法的工艺流程可以推断出 K 为后背制作，其布置位置也就很容易答出了。

5. 加固出洞口的土体应采用水泥浆。

作用：防止首节管节在出洞时发生低头。

纠偏方法：顶进中，管位纠偏方法有超挖校正、顶木校正、千斤顶校正、衬垫校正。

本题考查的是管道顶进的质量控制，较为简单，加固土体的浆液有水泥浆，其作用就是防止首节管节在出洞时发生低头。纠偏方法就是管位纠偏。

实务操作和案例分析题三 ［2018年真题］

【背景资料】

A公司承接一城市天然气管道工程，全长5.0km，设计压力0.4MPa，钢管直径 DN300mm，均采用成品防腐管。设计采用直埋和定向钻穿越两种施工方法，其中，穿越现状道路路口段采用定向钻方式敷设，钢管在地面连接完成，经无损检测等检验合格后回拖就位，施工工艺流程如图6-3所示。穿越段土质主要为填土、砂层和粉质黏土。

直埋段成品防腐钢管到场后，厂家提供了管道的质量证明文件，项目部质检员对防腐层厚度和粘结力做了复试，经检验合格后，开始下沟安装。

定向钻施工前，项目部技术人员进入现场踏勘，利用现状检查井核实地下管线的位置和深度，对现状道路开裂、沉陷情况进行统计。项目部根据调查情况编制定向钻专项施工方案。

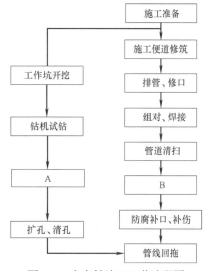

图6-3 定向钻施工工艺流程图

定向钻钻进施工中，直管钻进段遇到砂层，项目部根据现场情况采取控制钻进速度、泥浆流量和压力等措施，防止出现塌孔，钻进困难等问题。

【问题】

1. 写出图6-3中工序A、B的名称。

2. 本工程燃气管道属于哪种压力等级？根据《城镇燃气输配工程施工及验收规范》CJJ 33—2005规定，指出定向钻穿越段钢管焊接应采用的无损检测方法和抽检量。

3. 直埋段管道下沟前，质检员还应补充检测哪些项目？并说明检测方法。

4. 为保证施工和周边环境安全，编制定向钻专项施工方案前还需做好哪些调查工作？

5. 指出塌孔时对周边环境可能造成的影响。项目部还应采取哪些预防塌孔技术措施？

【参考答案与分析思路】

1. 图6-3中工序A、B的名称分别为：

（1）A——导向孔钻进（或钻导向孔）。

（2）B——管道强度试验（或水压、气压试验）。

本题考查的是定向钻的施工工艺流程以及燃气管道的安装流程。根据定向钻的施工工艺流程可知，在钻机试钻后要进行的是导向孔钻进。燃气管道在组对、焊接后应当进行功能性试验，因此在完成管道吹扫后应当进行的是强度及严密性试验。

2. 本工程燃气管道压力级别为：中压A级。

根据《城镇燃气输配工程施工及验收规范》CJJ 33—2005的规定，定向钻穿越段钢管焊接应采用射线检测（或射线照相检查），抽检数量为100%。

> 本题考查的是城镇燃气管道的分类以及无损检测。本题中燃气管道类别的判定较简单，直接参考考试用书中给出的城镇燃气管道设计压力分类表中的相关内容即可得出答案。根据《城镇燃气输配工程施工及验收规范》CJJ 33—2005第9.3.4条的规定，燃气钢管的焊缝应进行100%的射线照相检查。
>
> 注意：《城镇燃气输配工程施工及验收规范》CJJ 33—2005现已变更为《城镇燃气输配工程施工及验收标准》GB/T 51455—2023。

3. 直埋段管道下沟前，质检员还应补充的检测项目：外观质量，防腐层完整性（或防腐层连续性、电绝缘性）。

检测方法：电火花检漏仪100%检漏（或电火花检漏仪逐根连续测量）。

> 本题考查的是钢管防腐层质检项目。考试用书中对防腐层的质量检验有明确规定："防腐层质量检验主要检查防腐产品合格证明文件、防腐层（含现场补口）的外观质量，抽查防腐层的厚度、粘结力，全线检查防腐层的电绝缘性。燃气工程还应对管道回填后防腐层的完整性进行全线检查"。

4. 为保证施工和周边环境安全，编制定向钻专项施工方案前还需做好的调查工作包括：用仪器探测地下管线、调查周边构筑物；采用坑探现场核实不明地下管线的埋深和位置，采用探地雷达探测道路空洞、疏松情况。

> 本题考查的是制定专项施工方案前的调查。本题是一个实际应用题，在考试用书中是找不到答案的，需要结合背景资料进行分析作答。

5. 塌孔时对周边环境可能造成的影响：泥浆窜漏（或冒浆）、地面沉降，既有管线变形。

项目部还应采取以下措施预防塌孔：调整泥浆配合比（或增加黏土含量），改变泥浆材料（或加入聚合物），提高泥浆性能，达到避免塌孔、稳定孔壁的作用；采用分级、分次扩孔方法，严格控制扩孔回拉力、转速，确保成孔稳定和线形要求。

> 本题考查的是塌孔控制措施。定向钻扩孔应严格控制回拉力、转速、泥浆流量等技术参数，确保成孔稳定和线形要求，无塌孔、缩孔等现象。

实务操作和案例分析题四［2017年真题］

【背景资料】

某公司承接一项供热管线工程，全长1800m，直径DN400mm，采用高密度聚乙烯外护管聚氨酯泡沫塑料预制保温管，其结构如图6-4所示；其中340m管段依次下穿城市主干路、机械加工厂，穿越段地层主要为粉土和粉质黏土，有地下水，设计采用浅埋暗挖法施工隧道（套管）内敷设，其余管段采用开槽法直埋敷设。

项目部进场调研后，建议将浅埋暗挖隧道法变更为水平定向钻（拉管）法施工，获得建设单位的批准，并办理了相关手续。

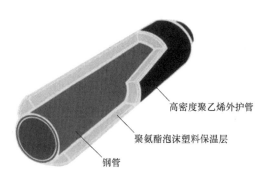

图6-4　预制保温管结构图

施工前，施工单位编制了水平定向钻专项施工方案，并针对施工中可能出现的地面开裂、冒浆、卡钻、管线回拖受阻等风险，制定了应急预案。

工程实施过程中发生了如下事件：

事件1：当地工程质量监督机构例行检查时，发现该工程既未在规定时限内开工，也未办理延期手续，违反了相关法规的规定，要求建设单位改正。

事件2：预制保温管出厂前，在施工单位质检人员的见证下，厂家从待出厂的管上取样，并送至厂试验室进行保温层性能指标检测，以此作为见证取样试验。监理工程师发现后，认定其见证取样和送检程序错误，且检测项目不全，与相关标准的要求不符，及时予以制止。

事件3：钻进期间，机械加工厂车间地面出现隆起、开裂，并冒出黄色泥浆，导致工厂停产。项目部立即组织人员按应急预案对冒浆事故进行处理，包括停止注浆、在冒浆点周围围挡、控制泥浆外溢面积等，直至最终回填夯实地面开裂区。

事件4：由于和机械加工厂就赔偿一事未能达成一致，穿越工程停工2d，施工单位在规定的时限内通过监理单位向建设单位申请工期顺延。

【问题】

1. 与水平定向钻法施工相比，原浅埋暗挖隧道法施工有哪些劣势？

2. 根据相关规定，施工单位应当自建设单位领取施工许可证之日起多长时间内开工（以月数表示）；延期以几次为限？

3. 给出事件2中见证取样和送检的正确做法，并根据《城镇供热管网工程施工及验收规范》CJJ 28—2014规定，补充预制保温管检测项目。

4. 事件3中冒浆事故的应急处理还应采取哪些必要措施？

5. 事件4中，施工单位申请工期顺延是否符合规定，说明理由。

【参考答案与分析思路】

1. 原浅埋暗挖法适用于管径为1000mm以上的较长距离的管道，本案例题中，直径DN为400mm，距离为340m，很显然用浅埋暗挖法不经济；此外该管道依次下穿城市主干路、机械加工厂，穿越段地层主要为粉土和粉质黏土，有地下水，采用浅埋暗挖法首先需要降水，同时还需用超前支护结构限制地层变形，并且对主干路，机械加工工厂进行监测和保护，施工速度慢，成本高，施工风险大。

本题考查的是浅埋暗挖法隧道施工的劣势。浅埋暗挖法的特点包括：适用性强；施工速度慢，施工成本高；适用于给水排水管道及综合管道；适用管径为1000mm以上；施工精度小于或等于30mm；适用施工距离较长的情形等。解答本题需要注意背景资料给出的信息："直径DN400mm""穿越段地层主要为粉土和粉质黏土，有地下水"，再结合浅埋暗挖法的特点便可以答出本案例采用浅埋暗挖法的劣势。这里特别提示一点：并不是1800m的管道全部采用浅埋暗挖法，仅是340m的管段采用这一方法。

2. 施工单位应当自建设单位领取施工许可证之日起3个月内开工，工程延期以两次为限。

本题考查的是工程开工的相关规定。《中华人民共和国建筑法》规定，建设单位应当自领取施工许可证之日起3个月内开工。因故不能按期开工的，应当向发证机关申请延期；延期以两次为限，每次不超过3个月。

3. 正确做法：施工单位在对进场保温管实施见证取样要在建设单位或者工程监理单位监督下按相关规范要求现场取样。

预制保温管检测项目：保温管的抗剪切强度、保温层的厚度、密度、压缩强度、吸水率、闭孔率、导热系数及外护管的密度、壁厚、断裂伸长率、拉伸强度、热稳定性。

本题考查的是见证取样、送检以及保温工程质量检验的相关规定。施工人员对涉及结构安全的试块、试件以及有关材料，应当在建设单位或者工程监理单位监督下现场取样，并送具有相应资质等级的质量检测单位进行检测。结合事件2可以看出见证取样的监督主体及送检程序均错误。

根据《城镇供热管网工程施工及验收规范》CJJ 28—2014的规定，保温材料检验应符合的规定包括：（1）保温材料进场前应对品种、规格、外观等进行检查验收，并应从进场的每批材料中，任选1～2组试样进行导热系数，保温层密度、厚度和吸水（质量含水、憎水）率等项目的测定；（2）应对预制直埋保温管、保温层和保护层进行复检，并应提供复检合格证明；预制直埋保温管的复检项目应包括保温管的抗剪切强度、保温层的厚度、密度、压缩强度、吸水率、闭孔率、导热系数及外护管的密度、壁厚、断裂伸长率、拉伸强度、热稳定性等。

4. 事件3中冒浆事故的应急处理还应采取的必要措施有：暂停施工，查找原因；对厂房进行监测，在必要时对其进行加固和保护；对开裂、隆起地面做处理；对溢出泥浆采取环保措施。

本题考查的是冒浆事故的处理措施。考试用书中没有直接列出这一知识点的内容，解答该题需要结合施工经验来判断。

5. 事件4中，施工单位申请工期顺延不符合规定。
原因：由于施工方自身原因引起的，不能索赔。

本题考查的是工期的索赔。该题较简单，工期延误是由施工单位自身原因引起的，因此不能索赔。

实务操作和案例分析题五〔2017年真题〕

【背景资料】

某公司承建城区防洪排涝应急管道工程，受环境条件限制，其中一段管道位于城市主干路机动车道下，垂直穿越现状人行天桥，采用浅埋暗挖隧道形式；隧道开挖断面3.9m×3.35m，横断面布置如图6-5所示。施工过程中，在沿线3座检查井位置施作工作竖井，井室平面尺寸为长6.0m、宽5.0m。井室、隧道均为复合式衬砌结构，初期支护为钢格栅＋钢筋网＋喷射混凝土，二衬为模筑混凝土结构，衬层间设塑料板防水层。隧道穿越土层主要为砂层、粉质黏土层，无地下水。设计要求施工中对机动车道和人行天桥进行重点监测，并提出了变形控制值。

施工前，项目部编制了浅埋暗挖隧道下穿道路专项施工方案，拟在工作竖井位置占用部分机动车道搭建临时设施，进行工作竖井施工和出土。施工安排各竖井同时施作，隧道相向开挖，以满足工期要求。施工区域，项目部采取了以下环保措施：

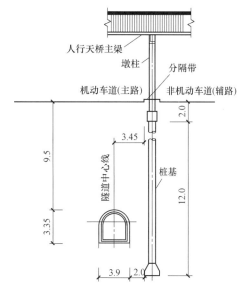

图6-5 下穿人行天桥隧道横断面图（单位：m）

（1）对现场临时料场进行硬化，散装材料进行覆盖。

（2）临时堆土采用密闭式防尘网进行覆盖。

（3）夜间施工不进行露天焊接作业时，控制好照明装置灯光亮度。

【问题】

1. 根据图6-5，分析隧道施工对周边环境可能产生的安全风险。

2. 工作竖井施工前，项目部应向哪些部门申报、办理哪些报批手续？

3. 给出下穿施工的重点监测项目，简述监测方式。

4. 简述隧道相向开挖贯通施工的控制措施。

5. 结合背景资料，补充项目部应采取的环保措施。

6. 二衬层钢筋安装时，应对防水层采取哪些防护措施？

【参考答案与分析思路】

1.（1）隧道施工对周边环境可能产生的安全风险：隧道穿越土层，自稳性差，易产生工作面坍塌和路面坍塌，影响社会交通。

（2）隧道结构与人行天桥桩基结构间距小（水平净距2.0m、垂直净距1.15m），施工扰动可能造成桩基承载能力降低，引起人行天桥变形超标，结构失稳，影响行人通行安全。

本题考查的是隧道施工对周边环境可能产生的安全风险。解答该题需要结合图示进行分析。

---

2. 工作竖井施工前，项目部应履行的手续：

（1）向市政工程行政主管部门和公安交通管理部门，申报交通导行方案、规划审批文件，设计文件等，办理临时占用道路和掘路审批手续。

（2）向道路管理部门申报下穿道路专项施工方案和应急预案，通过专家论证程序。

> 本题考查的是工程项目的申报、报批手续。工作竖井工程布置在道路上必然会占用道路及挖掘道路，同时就会有交通导行问题。除以上几方面外我们还需要从专项施工方案及应急预案的申报等方面进行回答。

3.（1）下穿施工的重点监测项目：道路路面沉降、路面裂缝；人行天桥墩柱沉降、墩柱倾斜。

（2）下穿施工的监测方式：应实行施工监测和第三方监测，设专人现场巡视，发现险情及时报警。

> 本题考查的是隧道监测项目及监测方式。隧道监测项目表一般以直接简答方式考查，考生要注意。

4. 隧道相向开挖贯通施工的控制措施：贯通前，两个工作面间距应不小于2倍洞径且不小于10m，一端工作面应停止开挖、封闭，另一端作贯通开挖；对隧道中线和高程进行复测（测量），及时纠偏。

> 本题考查的是隧道相向开挖贯通施工的控制措施。该题较简单，采用考试用书中原文直接回答即可。

5. 项目部应采取的环保措施包括：

（1）土方、渣土运输应采用密闭式运输车或进行严密覆盖。

（2）出入口清洁车辆。

（3）设专人清扫社会道路。

（4）夜间装卸材料做到轻拿轻放。

（5）对产生噪声的设备采取消声、吸声、隔声等降噪措施。

> 本题考查的是环保措施。从背景资料已知，项目部已采取的环保措施共三项，我们在答题时也可从大气污染防治、噪声污染防治等方面入手进行补充。

6. 二次钢筋安装时，应对防水层采取的防护措施：

钢筋安装时，应采取防刺穿（或机械损伤），防灼伤防水板的措施。

> 本题考查的是二衬钢筋安装时应采取的防护措施。在背景资料中对该题的提示点并不多，书中也没有直接的答案。需要考生运用施工现场的经验来进行归纳总结。在答题时可从防止钢筋头刺破防水层及防止焊接时电火花飞溅造成伤害这两方面入手。

实务操作和案例分析题六［2015年真题］

【背景资料】

A公司中标长3km的天然气钢质管道工程，管径为 $DN300mm$，设计压力0.4MPa，采用明开槽法施工。

项目部拟定的燃气管道施工程序如下所示：

沟槽开挖→管道安装、焊接→ⓐ→管道吹扫→ⓑ试验→回填土至管顶上方0.5m→ⓒ试验→焊口防腐→敷设ⓓ→回填土至设计标高。

在项目实施过程中，发生了如下事件：

事件1：A公司提取中标价的5%作为管理费后把工程包给B公司。B公司组建项目部后以A公司的名义组织施工。

事件2：沟槽清底时，质量检查人员发现局部有超挖，最深达15cm，且槽底土体含水量较高。

工程施工完成并达到下列基本条件后，建设单位组织了竣工验收：（1）施工单位已完成工程设计和合同约定的各项内容；（2）监理单位出具工程质量评估报告；（3）设计单位出具工程质量检查报告；（4）工程质量检验合格，检验记录完整；（5）已按合同约定支付工程款……

【问题】

1. 施工程序中ⓐ、ⓑ、ⓒ、ⓓ分别是什么？

2. 事件1中，A、B公司的做法违反了法律法规中的哪些规定？

3. 依据《城镇燃气输配工程施工及验收规范》CJJ 33—2005，对事件2中情况应如何补救处理？

4. 依据《房屋建筑和市政基础设施工程竣工验收规定》（建质〔2013〕171号），补充工程竣工验收基本条件中所缺内容。

【参考答案与分析思路】

1. 施工程序中的ⓐ—焊接质量检查；ⓑ—强度试验；ⓒ—严密性试验；ⓓ—警示带。

> 本题考查的是燃气管道功能性试验的规定。考生应仔细阅读背景资料中所给出的条件，然后顺着思绪补充出缺失的工作程序。

2. A公司将自己中标的工程按照提取管理费方式分包给B公司，此行为属于违法转包，工程中的关键工作必须由A单位亲自完成。

B公司组建项目部后以A公司的名义组织施工，取代A公司进行施工管理，此行为属于以他人名义承揽工程。

A公司也应禁止其他单位以本单位的名义承揽工程，此行为属于允许其他单位以本单位名义承揽工程。

> 本题考查的是工程分包及承揽工程的法律规定。《中华人民共和国建筑法》规定，禁止承包单位将其承包的全部建筑工程转包给他人，禁止承包单位将其承包的全部建筑工程肢解以后以分包的名义分别转包给他人。施工总承包的，建筑工程主体结构的施工必须由总承包单位自行完成。
>
> 《中华人民共和国建筑法》规定，禁止建筑施工企业超越本企业资质等级许可的业务范围或者以任何形式用其他建筑施工企业的名义承揽工程。禁止建筑施工企业以任何形式允许其他单位或者个人使用本企业的资质证书、营业执照，以本企业的名义承揽工程。

3. 背景资料告知"局部有超挖，最深达15cm，且槽底土体含水量较高"，此时应当这样处理：应采用级配砂石或天然砂回填至设计标高，超挖部分回填压实，压实度接近原地基天然土的密实度。

本题考查的是开槽管道施工中的地基处理要求。《城镇燃气输配工程施工及验收规范》CJJ 33—2005规定，局部超挖部分应回填压实，当沟底无地下水时，超挖在0.15m以内，可采用原土回填；超挖在0.15m及以上，可采用石灰土处理。当沟底有地下水或含水量较大时，应采用级配砂石或天然砂石填到设计标高。超挖部分回填后应压实，其密实度应接近原地基天然土的密实度。

注意：《城镇燃气输配工程施工及验收规范》CJJ 33—2005现已变更为《城镇燃气输配工程施工及验收标准》GB/T 51455—2023。

4. 工程验收基本条件所缺内容如下：

（1）有工程使用的主要建筑材料、建筑构配件和设备的进场试验报告，以及工程质量检测和功能性试验资料。

（2）有完整的技术档案和施工过程管理资料。

（3）有城建档案管理部门出具的档案验收意见。

（4）有施工单位签署的工程保修书。

（5）建设主管部门及工程质量监督机构责令整改的问题全部整改完毕。

本题考查的是工程竣工验收的基本条件。根据《房屋建筑和市政基础设施工程竣工验收规定》（建质〔2013〕171号），工程符合下列要求方可进行竣工验收：（1）完成工程设计和合同约定的各项内容。（2）施工单位在工程完工后对工程质量进行了检查，确认工程质量符合有关法律、法规和工程建设强制性标准，符合设计文件及合同要求，并提出工程竣工报告。工程竣工报告应经项目经理和施工单位有关负责人审核签字。（3）对于委托监理的工程项目，监理单位对工程进行了质量评估，具有完整的监理资料，并提出工程质量评估报告。工程质量评估报告应经总监理工程师和监理单位有关负责人审核签字。（4）勘察、设计单位对勘察、设计文件及施工过程中由设计单位签署的设计变更通知书进行了检查，并提出质量检查报告。质量检查报告应经该项目勘察、设计负责人和勘察、设计单位有关负责人审核签字。（5）有完整的技术档案和施工管理资料。（6）有工程使用的主要建筑材料、建筑构配件和设备的进场试验报告，以及工程质量检测和功能性试验资料。（7）建设单位已按合同约定支付工程款。（8）有施工单位签署的工程质量保修书。（9）对于住宅工程，进行分户验收并验收合格，建设单位按户出具《住宅工程质量分户验收表》。（10）建设主管部门及工程质量监督机构责令整改的问题全部整改完毕。（11）法律、法规规定的其他条件。在知道了《房屋建筑和市政基础设施工程竣工验收规定》（建质〔2013〕171号）的相关规定后，结合背景资料进行补充即可。

典 型 习 题

实务操作和案例分析题一

【背景资料】

某单位承建一钢厂主干道钢筋混凝土道路工程，道路全长1.2km，红线宽46m，路幅分配如图6-6所示。雨水主管敷设于人行道下，管道平面布置如图6-7所示。该路段地层富水，地下水位较高，设计单位在道路结构层中增设了200mm厚级配碎石层。项目部进场后按文明施工要求对施工现场进行了封闭管理，并在现场进出口设置了现场"五牌一图"。

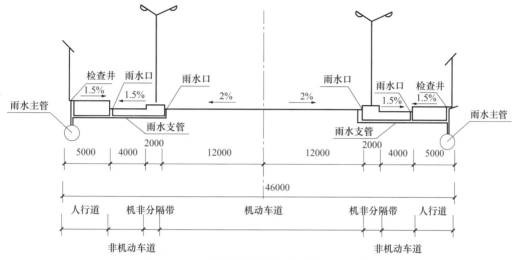

图6-6 三幅路横断面示意图（单位：mm）

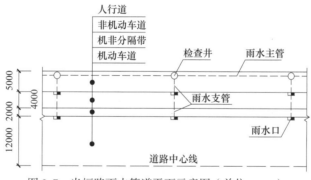

图6-7 半幅路雨水管道平面示意图（单位：mm）

道路施工过程中发生如下事件：

事件1：路基验收完成已是深秋，为在冬期到来前完成水泥稳定碎石基层施工，项目部经过科学组织，优化方案，集中力量，按期完成基层分项工程的施工任务，同时做好了基层的防冻覆盖工作。

事件2：基层验收合格后，项目部采用开槽法进行DN300mm的雨水支管施工，雨水支管沟槽开挖断面如图6-8所示。槽底浇筑混凝土基础后敷设雨水支管，最后浇筑C25混凝土对支管进行全包封处理。

事件3：雨水支管施工完成后，进入了面层施工阶段，在钢筋进场时，实习材料员当班检查了钢筋的品种、规格，均符合设计和国家现行标准规定，经复试（含见证取样）合格，却忽略了供应商没能提供的相关资料，便将钢筋投入现场施工。

【问题】

1. 设计单位增设的200mm厚级配碎石层应设置在道路结构中的哪个层次？说明其作用。

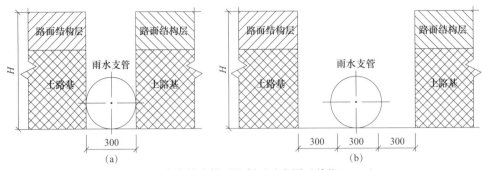

图6-8 雨水支管沟槽开挖断面示意图（单位：mm）

2. "五牌一图"具体指哪些牌和图？

3. 请写出事件1中进入冬期施工的气温条件是什么？并写出基层分项工程应在冬期施工到来之前多少天完成。

4. 请在图6-8雨水支管沟槽开挖断面示意图中选出正确的雨水支管开挖断面形式［开挖断面形式用（a）断面或（b）断面作答］。

5. 事件3中钢筋进场时还需要检查哪些资料？

【参考答案】

1. 应设置在道路结构中的垫层（介于基层与土基之间）。

作用：改善土基的湿度和温度状况；保证面层和基层的强度稳定性和抗冻胀能力；扩散由基层传来的荷载应力，以减小土基所产生的变形。

2. 五牌：工程概况牌、管理人员名单及监督电话牌、消防安全牌、安全生产（无重大事故）牌、文明施工牌；一图：施工现场总平面图。

3. 当施工现场日平均气温连续5d稳定低于5℃，或最低环境气温低于−3℃时，应视为进入冬期施工。

该基层分项工程应在冬期到来之前15～30d完成。

4. 雨水支管为开槽法施工，需要槽底浇筑混凝土基础，且需要对管道进行全包封处理，以防碾压损伤管道，而（a）断面两侧没有预留施工的工作面宽度，故选择（b）断面。

5. 事件3中钢筋进场时还需要检查的资料：生产厂的牌号、炉号，质量合格证明书和各项性能检验报告等。

实务操作和案例分析题二

【背景资料】

某公司承建一座城市桥梁，上部结构采用20m预应力混凝土简支板梁；下部结构采用重力式U形桥台，明挖扩大基础。地质勘察报告揭示桥台处地质自上而下依次为杂填土、粉质黏土、黏土、强风化岩、中风化岩、微风化岩。桥台立面如图6-9所示。

施工过程中发生如下事件：

事件1：开工前，项目部会同相关单位将工程划分为单位、分部、分项工程和检验批，编制了隐蔽工程清单，以此作为施工质量检查、验收的基础，并确定了桥台基坑开挖在该项目划分中所属的类别。

桥台基坑开挖前，项目部编制了专项施工方案，上报监理工程师审查。

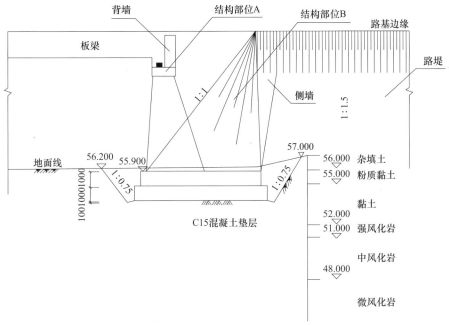

图6-9 桥台立面布置与基坑开挖断面示意图

（标高单位：m；尺寸单位：mm）

事件2：按设计图纸要求，桥台基坑开挖完成后，项目部在自检合格基础上，向监理单位申请验槽，并参照表6-1通过了验收。

表6-1 扩大基础基坑开挖与地基质量检验标准

序号	项目		允许偏差（mm）	检验方法
1	一般项目	基底高程 土方	−20～0	用水准仪测，四角和中心
2		基底高程 石方	−200～+50	
3		轴线偏位	50	用C，纵横各2点
4		基坑尺寸	不小于设计规定	用D，每边各1点
5	主控项目	地基承载力	符合设计要求	检查地基承载力报告

【问题】

1. 写出图6-9中结构A、B的名称。简述桥台在桥梁结构中的作用。

2. 事件1中，项目部"会同相关单位"参与工程划分指的是哪些单位？

3. 事件1中，指出桥台基坑开挖在项目划分中属于哪几类？

4. 写出表6-1中C、D代表的内容。

【参考答案】

1. 图6-9中结构A的名称：台帽；结构B的名称：锥形护坡。

桥台在桥梁结构中的作用：一边与路堤相接，以防止路堤滑塌；另一边则支承桥跨结构的端部。

2. 事件1中，项目部应会同建设单位、监理单位参与工程划分。

3. 事件1中，桥台基坑开挖在项目划分中属于分项工程。

4. 表6-1中C代表全站仪；D代表钢尺。

实务操作和案例分析题三

【背景资料】

某燃气管道工程管沟敷设施工，管线全长3.5km，钢管公称直径φ400mm，管壁厚8mm，管道支架立柱为槽钢焊接，槽钢厚8mm，角板厚10mm。设计要求焊缝厚度不得小于管道及连接件的最小值。总承包单位负责管道结构、固定支架及导向支架立柱的施工，热机安装分包给专业公司。

总承包单位在固定支架施工时，对妨碍其施工的顶、底板的钢筋截断后浇筑混凝土。热机安装单位的6名焊工同时进行焊接作业，其中焊工甲和焊工乙一个组，两人均具有省市场监督管理局颁发的特种作业设备人员证，并进行了焊前培训和安全技术交底。焊工甲负责管道的点固焊、打底焊及固定支架的焊接，焊工乙负责管道的填充焊及盖面焊。

热机安装单位质检人员根据焊工水平和焊接部位按比例要求选取焊口，进行射线抽检，检查发现焊工甲和焊工乙合作焊接的焊缝有两处不合格。经一次返修后复检合格。对焊工甲负责施焊的固定支架角板连接焊缝厚度进行检查时，发现固定支架角板与挡板焊接处焊缝厚度最大为6mm，角板与管道焊接处焊缝厚度最大为7mm。

【问题】

1. 总承包单位对顶、底板钢筋截断处理不妥，请给出正确做法。

2. 进入现场施焊的焊工甲、乙应具备哪些条件？

3. 质检人员选取抽检焊口有何不妥？请指出正确做法。

4. 根据背景资料，焊缝返修合格后，对焊工甲和焊工乙合作焊接的其余焊缝应该如何处理？请说明。

5. 指出背景资料中角板安装焊缝不符合要求之处，并说明理由。

【参考答案】

1. 正确做法：设计有要求的按照设计要求处理。设计没有要求的，支架立柱尺寸小于30cm的，周围钢筋应该绕过立柱，不得截断；支架立柱尺寸大于30cm的，截断钢筋并在立柱四周，满足锚固长度，附加4根同型号钢筋。如切断钢筋确有必要，也应汇报监理或建设单位，办理设计变更程序，施工单位按照变更施工。

2. 进入现场施焊的焊工甲、乙应具备的条件：必须具有锅炉压力容器压力管道特种设备操作人员资格证、焊工合格证书，且在证书的有效期及合格范围内从事焊接工作。间断焊接时间超过6个月，再次上岗前应重新考试；承担其他材质燃气管道安装的人员，必须经过培训，并经考试合格，间断安装时间超过6个月，再次上岗前应重新考试和技术评定。当使用的安装设备发生变化时，应针对该设备操作要求进行专门培训。

3. 质检人员选取抽检焊口的不妥之处及正确做法如下：

不妥之处一：热机安装单位质检人员进行射线抽检；

正确做法：应由总承包单位质检人员进行射线检测。

不妥之处二：质检人员根据焊工水平和焊接部位按比例要求选取焊口；

正确做法：质检人员应根据设计文件规定进行抽查，无规定时按相关标准、规范要求进行抽查。

不妥之处三：检查的顺序；

正确做法：对于焊缝的检查应该严格按照外观检验、焊缝内部射线检测、强度检验、严密性检验和通球扫线检验顺序进行，不能只进行射线检测。

4. 焊缝返修合格后，对焊工甲和焊工乙合作焊接的其他同批焊缝按规定的检验比例、检验方法和检验标准加倍抽检；对于不合格焊缝应该返修，但返修次数不得超过两次；如再有不合格时，对焊工甲和焊工乙合作焊接的全部同批焊缝进行无损检测。

5. 不符合要求之处一：角板与管道焊接处焊缝厚度最大为7mm；

理由：设计要求最小焊缝厚度为8mm。

不符合要求之处二：固定支架角板与挡板焊接；

理由：固定支架角板和支架结构接触面应贴实，但不得焊接，以免形成"死点"，发生事故。

实务操作和案例分析题四

【背景资料】

某城镇雨水管道工程为混凝土平口管，采用抹带结构，总长900m，埋深6m，场地无须降水施工。

项目部依据合同工期和场地条件，将工程划分为A、B、C三段施工，每段长300m，每段工期为30d，总工期为90d。

项目部编制的施工组织设计对原材料、沟槽开挖、管道基础浇筑制定了质量控制保证措施。其中，对沟槽开挖、平基与管座混凝土浇筑质量控制保证措施作了如下规定：

措施1：沟槽开挖时，挖掘机司机测量员测放的槽底高程和宽度成槽，经人工找平压实后进行下道工序施工。

措施2：平基与管座分层浇筑，混凝土强度须满足设计要求；下料高度大于2m时，采用串筒或溜槽输送混凝土。

项目部还编制了材料进场计划，并严格执行进场检验制度。由于水泥用量小，按计划用量在开工前一次进场入库，并做了见证取样试验。混凝土管按开槽进度及时进场。

由于C段在第90天才完成拆迁任务，使工期推迟30d。浇筑C段的平基混凝土时，监理工程师要求提供所用水泥的检测资料后再继续施工。

【问题】

1. 项目部制定的质量控制保证措施中还缺少哪些项目？

2. 指出质量保证措施1和措施2存在的错误或不足之处，并改正或补充完善。

3. 为什么必须提供所用水泥检测资料后方可继续施工？

【参考答案】

1. 项目部制定的质量保证措施中还缺少的项目：沟槽支护、钎探、管道安装、检查井砌筑、管道回填的控制措施。

2. 质量保证措施1存在的错误或不足之处：

（1）不妥之处一：根据测量员测放的槽底高程和宽度成槽不妥；

正确做法：机械开挖时，槽底应预留200～300mm土层，由人工开挖至设计高程、整平。

（2）不妥之处二：经人工找平压实后进行下道工序施工不妥；

正确做法：槽底应该经设计单位、勘察单位、监理单位和施工单位共同验槽，验槽合格后进行下一道工序施工。

质量保证措施2要完善的内容：平基、管座分层浇筑时，应先将平基凿毛冲洗干净，并将平基与管体相接触的腋角部位用同强度等级的水泥砂浆填满捣实后，再浇筑混凝土。

3. 监理工程师要求提供所用水泥检测资料后方可继续施工的理由：水泥出厂超过3个月，应重新取样试验，由试验单位出具水泥试验（合格）报告。

实务操作和案例分析题五

【背景资料】

某公司项目部施工的桥梁基础工程，灌注桩混凝土强度为C25，直径1200mm，桩长18m。承台、桥台的位置如图6-10所示，承台的桩位钻孔编号如图6-11所示。

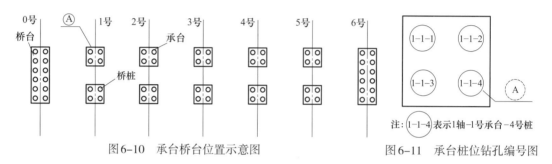

图6-10 承台桥台位置示意图　　　　图6-11 承台桩位钻孔编号图

事件1：项目部依据工程地质条件，安排4台反循环钻机同时作业，钻机工作效率为每2d完成一根桩。在前12d，完成了桥台的24根桩，后20d要完成10个承台的40根桩。承台施工前项目部对4台钻机作业划分了区域，见图6-12，并提出了要求：① 每台钻机完成10根桩；② 一座承台只能安排1台钻机作业；③ 同一承台两桩施工间隙时间为2d。1号钻机工作进度安排及2号钻机部分工作进度安排如图6-13所示。

事件2：项目部对已加工好的钢筋笼做了相应标识，并且设置了桩顶定位吊环连接筋，钻机成孔、清孔后，监理工程师验收合格，立刻组织起重机吊放钢筋笼和导管，导管底部距孔底0.5m。

事件3：经计算，编号为3-1-1的钻孔灌注桩混凝土用量为A m³，商品混凝土到达现场后施工人员通过在导管内安放隔水球、导管顶部放置储灰斗等措施灌注了首罐混凝土，经测量导管埋入混凝土的深度为2m。

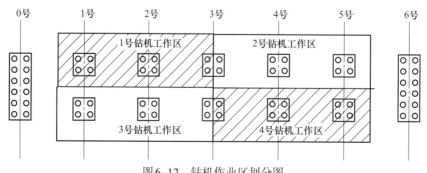

图6-12 钻机作业区划分图

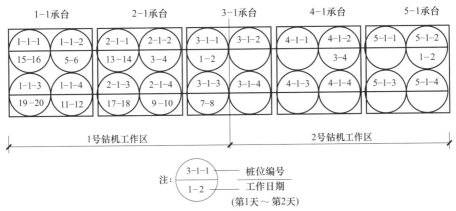

图6-13　1号钻机、2号钻机工作进度安排示意图

【问题】

1. 事件1中补全2号钻机工作区作业计划，用图6-13的形式表示。

2. 钢筋笼标识应有哪些内容？

3. 事件2中吊放钢筋笼入孔时桩顶高程定位连接筋长度如何确定，用计算公式（文字）表示。

4. 按照灌注桩施工技术要求，事件3中A值和首罐混凝土最小用量各为多少？

5. 混凝土灌注前项目部质检员对到达现场商品混凝土应做哪些工作？

【参考答案】

1. 补全后的钻机工作区作业计划（见图6-14）。

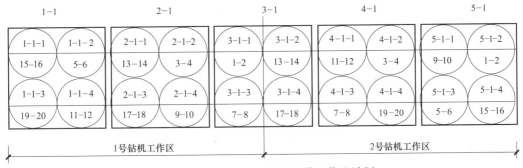

图6-14　补全后的2号钻机工作区作业计划

2. 钢筋笼标识应有桩位编号、检验合格的标识牌。

3. 连接筋长度＝孔口高程－桩顶高程－预留筋长度＋焊口搭接长度。

4. $A = \pi R^2 h = 3.14 \times 0.6^2 \times (18 + 0.5 \sim 1) = 20.9 \sim 21.5\,\mathrm{m}^3$（$h$＝桩长＋0.5～1m）；

首罐混凝土量为：$3.14 \times 0.6^2 \times (2 + 0.5) = 2.83\,\mathrm{m}^3$。

本题要求计算钻孔灌注桩混凝土最小用量、首罐混凝土最小用量。背景资料揭示桩基"直径1200mm，桩长18m""首罐混凝土，经测量导管埋入混凝土的深度为2m"。根据《城市桥梁工程施工与质量验收规范》CJJ 2—2008第10.3.5条的规定：桩基水下混凝土灌注的桩顶标高应比设计高出0.5～1m；在灌注过程中，导管的埋置深度宜控制在2～6m。

（1）编号为3-1-1的钻孔灌注桩混凝土最小用量 $A = \pi R^2 h = 3.14 \times 0.6^2 \times (18 + 0.5 \sim 1) = 20.9 \sim 21.5 m^3$（$h =$ 桩长 $+ 0.5 \sim 1m$）。

由于钻孔施工产生桩径扩孔、反循环钻机钢护筒直径一般比桩基直径大20cm以及孔底的超深等因素影响，实现灌注混凝土的用量应比理论计算值大。

（2）首罐混凝土最小用量 $B = \pi R^2 h_0 = 3.14 \times 0.6^2 \times (2 + 0.5) = 2.83 m^3$。

由于首罐混凝土灌注时孔深较深，受桩孔内泥浆压力影响，导管内混凝土灌注面会比导管外桩孔内的灌注面高，其高度可通过桩孔内泥浆压强与混凝土压强平衡进行计算，因此，首罐混凝土的用量应比计算值稍大。

5. 混凝土灌注前项目部质检员对到达现场商品混凝土做：混凝土坍落度试验、制作试件（块）。

实务操作和案例分析题六

【背景资料】

某项目部承建一城市主干路工程，该道路总长2.6km，其中K0＋550～K1＋220穿过农田，地表存在0.5m厚的种植土。道路宽度为30m，路面结构为：20cm厚石灰稳定土底基层，40cm厚石灰粉煤灰稳定砂砾基层，15cm厚热拌沥青混凝土面层；路基为0.5～1.0m厚的填土。

在农田路段路基填土施工时，项目部排除了农田积水，在原状地表土上填方0.2m，并按≥93%的压实度标准（重型击实）压实后达到设计路基标高。

底基层施工过程中，为了节约成本，项目部就地取土（包括农田地表土）作为石灰稳定土用土。

基层施工时，因工期紧，石灰粉煤灰稳定砂砾基层按一层摊铺，并用18t重型压路机一次性碾压成型。

沥青混凝土面层施工时正值雨期，项目部制定了雨期施工质量控制措施：（1）加强与气象部门、沥青拌合厂的联系，并根据雨天天气变化，及时调整产品供应计划；（2）沥青混合料运输车辆采取防雨措施。

【问题】

1. 指出农田路段路基填土施工措施中的错误，请改正。

2. 是否允许采用农田地表土作为石灰稳定土用土？说明理由。

3. 该道路基层施工方法是否合理？说明理由。

4. 沥青混凝土面层雨期施工质量控制措施不全，请补充。

【参考答案】

1. 农田路段路基填土施工措施中的错误及改正如下：

错误之处一：排除了农田积水就在原状地表土上填方；

改正：还应清除树根、杂草、淤泥等。

错误之处二：按≥93%的压实度标准（重型击实）压实；

改正：按≥95%的压实度标准（重型击实）压实。

2. 不允许采用农田地表土作为石灰稳定土用土；

理由：农田地表土中存在杂草等，有机物含量过高。

3. 该道路基层施工方法不合理；

理由：石灰粉煤灰砂砾基层每层最大施工厚度为20cm，40cm厚的石灰粉煤灰砂砾基层应分两层摊铺、碾压。

4. 应补充的沥青混凝土面层雨期施工质量控制措施有：工地上应做到及时摊铺、及时完成碾压。对于双层式施工，雨后应注意清扫干净底层，以确保两层紧密结合为一个整体。在旧路面上加铺沥青混凝土面层，更要注意。

实务操作和案例分析题七

【背景资料】

某市政道路排水管道工程长2.24km，道路宽度30m。其中，路面宽18m，两侧人行道各宽6m；雨、污水管道位于道路中线两边各7m。路面为220mm厚的C30水泥混凝土；基层为200mm厚石灰粉煤灰碎石；底基层为300mm厚、剂量为10%的石灰土。工程从当年3月5日开始，工期共计300d。施工单位中标价为2534.12万元（包括措施项目费）。

招标时，设计文件明确：地面以下2.4~4.1m会出现地下水，雨、污水管道埋深在4~5m。

施工组织设计中，明确石灰土雨期施工措施为：（1）石灰土集中拌合，拌合料遇雨加盖苫布；（2）按日进度进行摊铺，进入现场石灰土，随到随摊铺；（3）未碾压的料层受雨淋后，应进行测试分析，决定处理方案。

对水泥混凝土面层冬期施工措施为：（1）连续5d平均气温低于-5℃或最低气温低于-15℃时，应停止施工；（2）使用的水泥掺入10%粉煤灰；（3）对搅拌物中掺加优选确定的早强剂、防冻剂；（4）养护期内应加强保温、保湿覆盖。

施工组织设计经项目经理签字后，开始施工。当开挖沟槽后，出现地下水。项目部采用单排井点降水后，管道施工才得以继续进行。项目经理将降水费用上报，要求建设单位给予赔偿。

【问题】

1. 补充底基层石灰土雨期施工措施。

2. 水泥混凝土面层冬期施工所采取措施中有不妥之处并且不全面，请改正错误并补充完善。

3. 施工组织设计经项目经理批准后就施工，是否可行；应如何履行手续才是有效的？

4. 项目经理要求建设单位赔偿降水费用的做法不合理，请说明理由。

【参考答案】

1. 补充底基层石灰土雨期施工措施：集中摊铺、集中碾压，当日碾压成型；摊铺段不宜过长；及时开挖排水沟或排水坑，以便尽快排除积水。

2. 不妥之处：水泥中掺入粉煤灰。

补充完善：水泥应选用水化总热量大的R型水泥或单位水泥用量较多的32.5级水泥。搅拌机出料温度不得低于10℃，混凝土拌合物的摊铺温度不应低于5℃。当气温低于0℃或浇筑温度低于5℃时，应将水和砂石料加热后搅拌，最后放入水泥，水泥严禁加热。混凝土板浇筑前，基层应无冰冻、不积冰雪；拌合物中不得使用带有冰雪的砂、石料，可加经优选确定的防冻剂、早强剂；冬期养护时间不少于28d，养护期应经常检查保温、保湿隔离膜，保持其完好，并应按规定检测气温与混凝土面层温度，确保混凝土面层最低温度不低于5℃。混凝土板的弯拉强度低于1MPa或抗压强度低于5MPa时，严禁遭受冰冻。

3. 施工组织设计经项目经理批准后就施工不可行。

施工组织设计必须经上一级技术负责人进行审批加盖公章方为有效，并须填写施工组织设计审批表（合同另有规定的，按合同要求办理）。在施工过程中发生变更时，应有变更审批手续。

4. 招标时的设计文件明确了地面以下2.4～4.1m会出现地下水，施工单位在投标报价时就应该考虑施工排水降水费，而且施工单位的中标报价中措施项目费包括施工排水、降水费，因此，项目经理要求建设单位赔偿降水费用的做法不合理。

实务操作和案例分析题八

【背景资料】

某公司承建城市主干道改造工程，其结构为二灰土底基层、水泥稳定碎石基层和沥青混凝土面层，工期要求当年5月完成拆迁，11月底完成施工。由于城市道路施工干扰因素多，有较大的技术难度，项目部提前进行了施工技术准备工作。

水泥稳定碎石基层施工时，项目部在城市外设置了拌合站；为避开交通高峰时段，夜间运输，白天施工。检查发现水泥稳定碎石基层表面出现松散、强度值偏低的质量问题。

项目部依据冬期施工方案，选择在全天最高温度时段进行沥青混凝土摊铺碾压施工。经现场检测，试验段的沥青混凝土面层的压实度、厚度、平整度均符合设计要求，自检的检验结论为合格。

为确保按期完工，项目部编制了详细的施工进度计划，实施中进行动态调整；完工后，依据进度计划、调整资料对施工进度进行总结。

【问题】

1. 本项目的施工技术准备工作应包括哪些内容？
2. 分析水泥稳定碎石基层施工出现质量问题的主要原因。
3. 结合本工程，简述沥青混凝土冬期施工的基本要求。
4. 项目部对沥青混凝土面层自检合格的依据是否充分，如不充分，还应补充哪些？
5. 项目部在施工进度总结时的资料依据是否全面，如不全面，请予以补充。

【参考答案】

1. 本项目的施工技术准备工作应包括：编制施工组织设计、熟悉设计文件、技术交底和测量放样。

2. 水泥稳定碎石基层施工出现质量问题的主要原因：夜间运输，白天铺筑，造成水泥稳定碎石粒料堆置时间过长，超过水泥的初凝时间，水泥强度已经损失。

3. 沥青混凝土冬期施工的基本要求：

（1）城市快速路、主干路的沥青混合料面层严禁冬期施工。次干路及其以下道路在施工温度低于5℃时，应停止施工；粘层、透层、封层严禁冬期施工。

（2）必须进行施工时，适当提高拌合、出厂及施工温度。运输中应覆盖保温，并应达到摊铺和碾压的温度要求。下承层表面应干燥，清洁，无冰、雪、霜等。施工中做好充分准备，采取"快卸、快铺、快平"和"及时碾压、及时成型"的方针。摊铺时间宜安排在一日内气温较高时进行。

4. 项目部对沥青混凝土面层自检合格的依据不充分。

路面检验项目还应包括弯沉值、宽度、中线高程、横坡、井框与路面的高差。

5. 项目部在施工进度总结时的资料依据不全面。

施工进度总结的依据资料还应包括：施工进度计划执行的实际记录和施工进度计划检查结果。

实务操作和案例分析题九

【背景资料】

某公司承建一城市电力隧道工程项目，该隧道工程长600m。埋深5m，沿线地质主要为湿陷性黄土及黏质砂土，设计采用浅埋暗挖法施工。经过现场踏勘。并调查了工程现场施工条件和沿线工程地质情况后，施工单位编制了施工组织设计。隧道开挖断面示意图如图6-15所示。

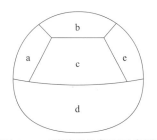

图6-15　隧道开挖断面示意图

在施工过程中，发生如下事件：

事件1：浅埋暗挖加固支护的方法采用小导管注浆措施，小导管长1.5m。注浆采用水泥浆，水泥为42.5级矿渣硅酸盐水泥，纵向无搭接。

事件2：施工过程中，施工单位编制了监测方案，监测项目有地表沉降、建筑物沉降、拱顶下沉等，由施工单位安排专人进行监测，工程结束后编制了监测报告。

【问题】

1. 施工组织设计编制时的现场施工条件应包括什么内容？

2. 图6-15中所示的隧道开挖方式名称是什么，开挖的顺序是什么？

3. 指出小导管注浆施工中的不妥之处，并改正。

4. 浅埋暗挖法隧道施工时的现场监测的项目还有哪些？

5. 事件2中，施工单位的做法是否存在问题？若有问题请指出并改正。

【参考答案】

1. 施工组织设计的编制时的现场施工条件应包括：

（1）气象、工程地质和水文地质状况。

（2）影响施工的建（构）筑物情况。

（3）周边主要单位（居民区）、交通道路及交通情况。

（4）可利用的资源分布等其他应说明的情况。

2. 隧道开挖方式名称是：环形开挖预留核心土法。

开挖的顺序是：b→a→e→c→d。

3. 小导管注浆施工中的不妥之处及改正：

不妥之处一：小导管长度1.5m不正确；

改正：应为3～5m。

不妥之处二：水泥采用42.5级矿渣硅酸盐水泥不妥；

改正：应为42.5级以上的普通硅酸盐水泥。

不妥之处三：纵向无搭接错误；

改正：应为纵向搭接长度不少于1m。

4. 喷锚暗挖法隧道施工时的现场监测的项目还有：地下管线沉降、建筑物倾斜、净空收敛、隧道内观测。

5. 事件2中，施工单位的做法存在问题。

存在的问题：由施工单位进行监测错误；

改正：应由建设单位委托具备相应资质的第三方进行监测。

实务操作和案例分析题十

【背景资料】

某公司承建一座城市桥梁，该桥上部结构为6×20m简支预制预应力混凝土空心板梁，每跨设置边梁2片，中梁24片；下部结构为盖梁及φ1000mm圆柱式墩，重力式U形桥台，基础均采用φ1200mm钢筋混凝土钻孔灌注桩。桥墩构造如图6-16所示。

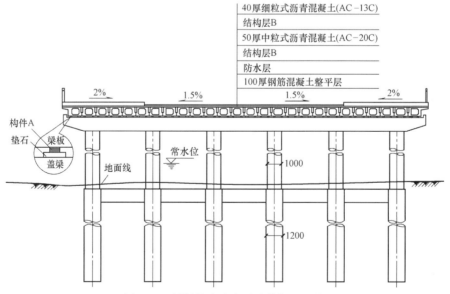

图6-16　桥墩构造示意图（单位：mm）

开工前，项目部对该桥划分了相应的分部、分项工程和检验批，作为施工质量检查、验收的基础。划分后的分部（子分部）、分项工程及检验批对照表如表6-2所示。

表6-2　桥梁分部（子分部）、分项工程及检验批对照表（节选）

序号	分部工程	子分部工程	分项工程	检验批
1	地基与基础	灌注桩	机械成孔	54（根桩）
			钢筋笼制作与安装	54（根桩）
			C	54（根桩）
		承台	…	…
2	墩台	现浇混凝土墩台	…	…
		台背填土	…	…
3		盖梁	D	E
			钢筋	E
			混凝土	E
…	…	…	…	…

工程完工后，项目部立即向当地工程质量监督机构申请工程竣工验收，该申请未被受理。此后，项目部按照工程竣工验收规定对工程进行全面检查和整修，确认工程符合竣工验收条件后，重新申请工程竣工验收。

【问题】

1. 写出图6-16中构件A和桥面铺装结构层B的名称，并说明构件A在桥梁结构中的作用。

2. 列式计算图6-16中构件A在桥梁中的总数量。

3. 写出表6-2中C、D和E的内容。

4. 施工单位应向哪个单位申请工程竣工验收？

5. 工程完工后，施工单位在申请工程竣工验收前应做好哪些工作？

【参考答案】

1. 构件A的名称：桥梁支座；桥面铺装结构层B的名称：粘结层（油）。

构件A在桥梁结构中的作用：在桥跨结构与桥墩或桥台的支承处起传力（或传递荷载）作用。桥梁支座不仅要传递很大的荷载，并且还要保证桥跨结构能产生一定的变位（或位移）。

2. 方法一：以空心板梁数量为基础进行计算：

（1）全桥空心板数量：6×26＝156片。

（2）构件A在桥梁中的总数量：4×156＝624个。

方法二：以墩台数量为基础进行计算：

（1）全桥共有桥墩5座、桥台2座。

（2）每桥跨有空心板梁26片，每片空心板一端需构件A的数量为2个。

（3）每桥墩（盖梁）上需构件A的数量为：2×26×2＝104个。

每桥台上需构件A的数量为：1×26×2＝52个。

（4）构件A在桥梁中的总数量：5×104＋2×52＝624个。

3. C的内容：混凝土灌注；D的内容：模板与支架；E的内容：5个盖梁（或每个盖梁）。

4. 施工单位向建设单位提交工程竣工报告，申请工程竣工验收。

5. 施工单位在申请工程竣工验收前应做好的工作有：

（1）工程项目自检合格。

（2）监理单位组织的预验收合格。

（3）施工资料、档案完整。

（4）建设主管部门及工程质量监督机构责令整改的问题全部整改完毕。

实务操作和案例分析题十一

【背景资料】

某城市道路工程改建项目，施工承包商考虑到该工程受自然条件的影响较大，为了充分利用有限资金，以最少的消耗、最快的速度确保工程优质，创造最好的经济效益和社会效益，加强了对前期质量控制工作。具体控制工作包括：

（1）对道路工程前期水文、地质进行实地调查。调查主要从路线方面、路基方面和路面方面进行。

（2）对道路沿线施工影响范围内进行环境与资源调查。

（3）做好城市道路的施工准备工作。施工准备工作的内容主要有组织准备、技术准备、物资准备和现场准备。

该工程在施工过程中和施工结束后，施工项目经理部均对其质量控制进行总结、改正、纠正和预防。

【问题】

1. 施工单位对道路工程进行前期水文、地质调查的作用是什么？

2. 施工单位对道路沿线施工影响范围内的环境调查包括哪些内容，对道路沿线境域进行资源调查包括哪些内容？

3. 项目经理部在施工前的组织准备、技术准备、现场准备分别包括哪些内容？

4. 项目经理部在项目质量控制总结、改正、纠正和预防的过程中，对不合格的控制应符合哪些规定？

【参考答案】

1. 施工单位对道路工程进行前期水文、地质调查的作用：确定路线、小桥涵与构筑物位置以及施工方案，为施工组织设计提供依据。

2.（1）对道路沿线施工影响范围内进行环境调查应包括地形、地貌、地上地下构造物与建筑物、社会状况、人文状况、现有交通状况、洪汛及防洪防汛状况、文物保护、环境治理状况等。

（2）对道路沿线境域进行资源调查应包括社会经济状况、地方材料资源分布和生产能力及价格、外运材料物资能力及价格、运输条件、人力资源、土地资源、水、电、通信、居住等状况。

3.（1）项目经理部在施工前的组织准备包括组建施工组织机构和建立生产劳动组织。

（2）项目经理部在施工前的技术准备包括熟悉设计文件，编制施工组织设计，进行技术交底和测量放样。

（3）项目经理部在施工前的现场准备包括拆迁工作、临时设施施工、交通和环境保护、文明施工。

4.项目经理部在项目质量控制总结、改正、纠正和预防的过程中，对不合格的控制应符合的规定包括：

（1）应按企业的不合格控制程序，控制不合格物资进入项目施工现场，严禁不合格工序未经处置而转入下道工序。

（2）对验证中发现的不合格产品和过程，应按规定进行鉴别、标志、记录、评价、隔离和处置。

（3）不合格处置应根据不合格严重程度，按返工、返修或让步接收、降级使用、拒收或报废4种情况进行处理。构成等级质量事故的不合格，应按国家法律、行政法规进行处置。

（4）对返修或返工后的产品，应按规定重新进行检验和试验，并应保存记录。

（5）进行不合格让步接收时，项目经理部应向发包人提出书面让步接收申请，记录不合格程度和返修的情况，双方签字确认让步接收协议和接收标准。

（6）对影响建筑主体结构安全和使用功能的不合格产品，应邀请发包人代表或监理工程师、设计人，共同确定处理方案，报工程所在地建设主管部门批准。

（7）检验人员必须按规定保存不合格控制的记录。

实务操作和案例分析题十二

【背景资料】

某城市热力管道工程，施工单位根据设计单位提供的平面控制网点和城市水准网点，按照支线、支干线、主干线的次序进行了施工定线测量后，用皮尺丈量定位固定支架、补偿器、阀门等的位置。在热力管道实施焊接前，根据焊接工艺试验结果编写了焊接工艺方案，并按该工艺方案实施焊接。在焊接过程中，焊接纵向焊缝的端部采用定位焊，焊接温度在−5℃以下焊接时，先进行预热后焊接，焊缝部位的焊渣在焊缝未完全冷却之前经敲打而除去。在焊接质量检验过程中，发现有不合格的焊接部位，经过4次返修后达到质量要求标准。

【问题】

1.施工单位在管线工程定线测量时有何不妥之处，请改正。

2.焊接工艺方案应包括哪些主要内容？

3.该施工单位在焊接过程中和焊接质量检验过程中存在哪些不妥之处，请改正。

4.热力管道焊接质量的检验次序是什么？

【参考答案】

1.施工单位在管线工程定线测量时的不妥之处及正确做法如下：

不妥之处一：按照支线、支干线、主干线的次序进行施工定线测量；

正确做法：应按主干线、支干线、支线的次序进行施工定线测量。

不妥之处二：用皮尺丈量定位固定支架、补偿器、阀门等的位置；

正确做法：管线中的固定支架、地上建筑、检查室、补偿器、阀门可在管线定位后，用钢尺丈量方法定位。

2.焊接工艺方案的主要内容应包括：

（1）管材、板材性能和焊接材料。

（2）焊接方法。

（3）坡口形式及制作方法。

（4）焊接结构形式及外形尺寸。

（5）焊接接头的组对要求及允许偏差。

（6）焊接电流的选择。

（7）焊接质量保证措施。

（8）检验方法及合格标准。

3. 施工单位在焊接过程中和焊接质量检验过程中存在的不妥之处及正确做法如下：

不妥之处一：焊接纵向焊缝的端部采用定位焊；

正确做法：在焊接纵向焊缝的端部不得进行定位焊。

不妥之处二：焊接温度在-5℃以下焊接时先进行预热后焊接；

正确做法：焊接温度在0℃以下焊接时就应该先进行预热后焊接。

不妥之处三：焊缝部位的焊渣在焊缝未完全冷却之前经敲打而除去；

正确做法：在焊缝未完全冷却之前，不得在焊缝部位进行敲打。

不妥之处四：不合格的焊接部位经过4次返修后达到质量要求标准；

正确做法：不合格的焊接部位，应采取措施进行返修，同一部位焊缝的返修次数不得超过两次。

4. 热力管道焊接质量的检验次序：对口质量检验→表面质量检验→无损探伤检验→强度和严密性试验。

实务操作和案例分析题十三

【背景资料】

甲项目部在北方地区承担N市主干路道路工程施工任务，设计快车道宽12m，辅路宽10m。项目部应建设单位要求，将原计划安排在次年4月上旬施工的沥青混凝土面层，提前到当年10月下旬施工，抢铺出一条快车道以便于缓解市区的交通拥堵情况。施工图设计中要求基层采用石灰粉煤灰稳定砂砾，面层采用沥青混合料施工。

在基层施工过程中的一些情况如下：

（1）通过配合比试验确定相关的指标。

（2）混合料拌成后的平均堆放时间为31h。

（3）拌成后的混合料的含水量略小于最佳含水量。

沥青混合料面层施工严格按《城镇道路工程施工与质量验收规范》CJJ 1—2008的规定对其质量进行控制。某段道路的施工正赶上雨期。

【问题】

1. 沥青混凝土按集料最大粒径可分哪几种？

2. 为保证本次沥青面层的施工质量应准备几台摊铺机，如何安排施工操作？

3. 在临近冬期施工的低温情况下，沥青面层采用的"三快一及时"的方针是什么？

4. 道路土路基在雨期施工的质量控制要求有哪些？

【参考答案】

1. 沥青混凝土按集料最大粒径可分为特粗式、粗粒式、中粒式、细粒式、砂粒式5种。

2. 为保证本次沥青面层的施工质量应准备两台以上摊铺机。城市主干路宜采用两台以上摊铺机联合摊铺，其表面层宜采用多机全幅摊铺，以减少施工接缝。每台摊铺机的摊铺宽度宜小于6m。通常采用2台或多台摊铺机前后错开10~20m呈梯队方式同步摊铺，两幅之间应有30~60mm宽度的搭接，并应避开车道轮迹带，上下层搭接位置宜错开200mm以上。

3. "三快一及时"的方针是："快卸、快铺、快平"和"及时碾压、及时成型"。

4. 道路土路基在雨期施工的质量控制要求：有计划地集中力量，组织快速施工，分段开挖，切忌全面开花或战线过长。挖方地段要留好横坡，做好截水沟。坚持当天挖完、填完、压完，不留后患。因雨翻浆地段，坚决换料重做。对低洼处等不利地段，应优先安排施工，宜在主汛期前填土至汛限水位以上，且做好路基表面、边坡与排水防冲刷措施。路基填土施工，应留4%以上的横坡，每日收工前或预报有雨时，应将已填土整平压实，防止表面积水和渗水，将路基泡软。施工时，坚持遇雨要及时检查，发现路槽积水尽快排除；雨后及时检查，发现翻浆要彻底处理，挖出全部软泥，大片翻浆地段尽量利用推土机等机械铲除，小片翻浆相距较近时应一次挖通处理，一般采用石灰石或砂石材料填好压好。

实务操作和案例分析题十四

【背景资料】

某地铁车站沿东西方向布置，中间为标准段，两端为端头井。标准段长120m，宽21m，开挖深度18m，采用明挖法施工。围护结构采用ϕ900mm钻孔灌注桩，间距1050mm，桩间设ϕ650mm旋喷桩止水，标准段基坑围护桩平面布置如图6-17所示。基坑支护共设4道支撑，第1道为钢筋混凝土支撑，第2~4道为钢支撑，标准段基坑支护断面如图6-18所示。

施工过程中发生如下事件：

事件1：钻孔灌注桩成桩后，经检测发现有1根断桩，如图6-17所示。分析认为断桩是由于水下混凝土浇筑过程中导管口脱出混凝土面所致。对此，项目部提出针对性补强措施，经相关方同意后实施。

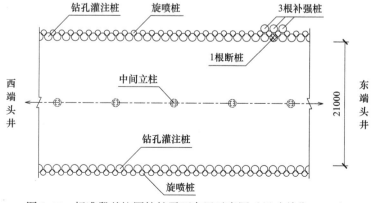

图6-17　标准段基坑围护桩平面布置示意图（尺寸单位：mm）

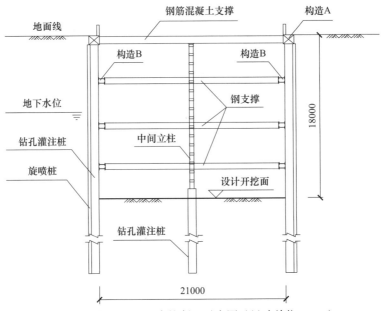

图6-18　标准段基坑支护断面示意图（尺寸单位：mm）

事件2：针对基坑土方开挖及支护工程，项目部进行了危险源辨识，编制危险性较大分部分项工程专项施工方案，履行相关报批手续。基坑开挖前，项目部就危险性较大分部分项工程专项施工方案组织了安全技术交底。

事件3：基坑开挖至设计开挖面后，由监理工程师组织基坑验槽，确认合格后及时进行混凝土垫层施工。

【问题】

1. 写出图6-18中构造A、B的名称；给出坑外土压力传递的路径。

2. 事件1中，针对断桩事故应采取哪些预防措施？

3. 指出基坑工程施工过程中的最危险工况。

4. 事件2中，危险性较大的分部分项工程专项施工方案安全技术交底应如何进行？

5. 事件3中，基坑验槽还应邀请哪些单位参加？

【答案】

1. 构造A、B的名称：

（1）构造A的名称：顶圈梁（冠梁、锁口梁）；

（2）构造B的名称：钢围檩（腰梁、围檩）。

土压力传递的路径：土压力→钻孔灌注桩（或围护桩）→围檩（或构造B、冠梁、构造A）→支撑（钢支撑、钢筋混凝土支撑）。

2. 事件1中，针对断桩事故应采取下列预防措施：

（1）准确控制初灌量，确保首次浇筑后管口埋深足够（或管口不脱离混凝土面）。

（2）浇筑过程中严格控制拔管长度，确保管口埋深足够（或管口不脱离混凝土面）。

3. 基坑施工过程中的最危险工况是：基坑开挖至设计开挖面（或基坑坍塌、涌水、变形过大、支撑失效、围护失效）。

4. 危险性较大的分部分项工程专项施工方案安全技术交底应按下列顺序进行：

（1）项目技术负责人（编制人员）向管理人员进行方案交底。

（2）施工现场管理人员向作业人员进行安全技术交底。

（3）双方（或交底人、被交底人）和项目专职安全生产管理人员共同签字确认。

5. 基坑验槽还应邀请建设单位、勘察单位、设计单位、施工单位（或总包单位）参加。

实务操作和案例分析题十五

【背景资料】

某城市桥梁工程，采用钻孔灌注桩基础，承台最大尺寸为长8m、宽6m、高3m，梁体为现浇预应力钢筋混凝土箱梁。跨越既有道路部分，梁跨度30m，支架高20m。

桩身混凝土浇筑前，项目技术负责人到场就施工方法对作业人员进行了口头交底，随后立即进行1号桩桩身混凝土浇筑，导管埋深保持在0.5～1.0m。浇筑过程中，拔管指挥人员因故离开现场。后经检测表明1号桩出现断桩。在后续的承台、梁体施工中，施工单位采取了以下措施：

（1）针对承台大体积混凝土施工编制了专项方案，采取了如下防裂缝措施：

①混凝土浇筑安排在一天中气温较低时进行。

②根据施工正值夏季的特点，决定采用浇水养护。

③按规定在混凝土中适量埋入大石块。

（2）项目部新购买了一套性能较好、随机合格证齐全的张拉设备，并立即投入使用。

（3）跨越既有道路部分为现浇梁施工，采用支撑间距较大的门洞支架，为此编制了专项施工方案，并对支架强度做了验算。

【问题】

1. 指出项目技术负责人在桩身混凝土浇筑前技术交底中存在的问题，并给出正确做法。

2. 指出该案例中桩身混凝土浇筑过程中的错误之处，并改正。

3. 补充大体积混凝土裂缝防治措施。

4. 施工单位在张拉设备的使用上是否正确？说明理由。

5. 关于支架还应补充哪些方面的验算？

【参考答案】

1. 错误之处一：桩身混凝土浇筑前，项目技术负责人到场就施工方法对作业人员进行了口头交底；

正确做法：技术交底应书面进行，技术交底资料应办理签字手续，并归档。

错误之处二：不应只对施工方法进行交底；

正确做法：应对施工方法、质量要求以及安全一起进行交底。

错误之处三：不应只对施工作业人员交底；

正确做法：应对全体施工人员进行交底。

2. 错误之处：导管埋深保持在0.5～1.0m；

正确做法：导管埋置深度应控制在2～6m，并经常测探井孔内混凝土面的位置，及时调整导管埋深。

3. 补充大体积混凝土裂缝防治措施：减少浇筑层厚度；优先选用水化热较低的水泥；

在保证混凝土强度等级的前提下，减少水泥用量，冷却骨料或加入冰块；在混凝土中埋设冷却水管，通水冷却；采取温控措施，加强测温工作并实施监控。

4. 施工单位对张拉设备的使用不正确。

理由：张拉机具应与锚具配套使用，并应在进场时进行检查和校验。

5. 关于支架还应补充的验算有：

（1）支架的刚度和稳定性。

（2）支架的地基承载力。

（3）门洞的钢梁挠度。

（4）支架的预拱度。

实务操作和案例分析题十六

【背景资料】

某单位中标污水处理项目，其中二沉池直径51.2m，池深5.5m。池壁混凝土设计要求为C30、P6、F150，采用现浇施工，施工时间跨越冬期。

施工单位自行设计了池壁异型模板，考虑了模板选材、防止吊模变形和位移的预防措施，对模板强度、刚度、稳定性进行了计算，考虑了风荷载下防倾倒措施。

施工单位制定了池体混凝土浇筑的施工方案，包括：

（1）混凝土的搅拌及运输。

（2）混凝土的浇筑顺序、速度及振捣方法。

（3）搅拌、运输及振捣机械的型号与数量。

（4）预留后浇带的位置及要求。

（5）控制工程质量的措施。

在做满水试验时，一次充到设计水深，水位上升速度为5m/h，当充到设计水位12h后，开始测读水位测针的初读数，满水试验测得渗水量为2.5L/（m²·d），施工单位认定合格。

【问题】

1. 补全模板设计时应考虑的内容。

2. 请将混凝土浇筑的施工方案补充完整。

3. 修正满水试验中存在的错误。

【参考答案】

1. 模板设计时还应考虑的内容：

（1）各部分模板的结构设计，各接点的构造，以及预埋件、止水片等的固定方法。

（2）脱模剂的选用。

（3）模板的拆除程序、方法及安全措施。

2. 混凝土浇筑的施工方案补充内容：

（1）混凝土配合比设计及外加剂的选择。

（2）搅拌车及泵送车停放位置。

（3）预防混凝土施工裂缝的措施。

（4）变形缝的施工技术措施。

（5）季节性施工的特殊措施。

（6）安全生产的措施。

（7）劳动组合。

3. 满水试验中存在的错误以及修正：

错误之处一：一次充到设计水深；

正确做法：向池内注水分3次进行，每次注入为设计水深的1/3。

错误之处二：水位上升速度为5m/h；

正确做法：注水水位上升速度不超过2m/24h。

错误之处三：当充到设计水位12h后，开始测读水位测针的初读数；

正确做法：池内水位注水至设计水位24h以后，开始测读水位测针的初读数。

错误之处四：满水试验测得渗水量为2.5L/（m²·d），施工单位认定合格；

正确做法：满水试验测得渗水量不得超过2L/（m²·d）才认定合格。

实务操作和案例分析题十七

【背景资料】

A公司中标一城市主干道拓宽改造工程，道路基层结构为150mm石灰土和400mm水泥稳定碎石，面层为150mm沥青混凝土。总工期为7个月。

开工前，项目部做好了施工交通准备工作，以减少施工对群众社会经济生活的影响；并根据有关资料，结合工程特点和自身施工能力编制了工程施工方案和质量计划。

方案确定水泥稳定碎石采用集中厂拌，为确保质量采取以下措施：不同粒级的石料、细集料分开堆放；水泥、细集料覆盖防雨。

质量计划确定沥青混凝土面层为关键工序，制定了面层施工专项方案，安排铺筑面层试验路段，试验包括以下内容：

（1）通过试拌确定拌合机的操作工艺，考察计算机的控制及打印装置的可信度。

（2）通过试铺确定透层油的喷射方式和效果，摊铺、压实工艺及松铺系数。

水泥稳定碎石分两层施工，施工中发现某段成品水泥稳定碎石基层表面出现部分横向收缩裂缝。

【问题】

1. 工程施工前施工交通准备工作包括哪些内容？

2. 补充背景中确保水泥稳定碎石料出厂质量的措施。

3. 补充面层试验路段的试验内容。

4. 造成本工程水泥稳定碎石基层表面出现横向裂缝的可能原因有哪些？

【参考答案】

1. 工程施工前施工交通准备工作包括：

修建临时便线（道）；导行临时交通（编制交通疏导方案或交通组织方案）；协助交通管理部门管好交通，使施工对群众社会经济生活的影响降到最低。

2. 确保水泥稳定碎石料出厂质量的措施：

严格按设计配合比配料，拌合均匀，混合料的含水量略大于最佳含水量。

3. 面层试验路段的试验内容：

检验各种施工机械的类型、数量及组合方式是否匹配（施工机械选择），验证沥青混合料生产配合比设计，提出生产的标准配合比和最佳沥青用量。

4. 造成本工程水泥稳定碎石基层表面出现横向裂缝的可能原因有：水泥含量过高（配合比不适当），含水量过高（含水量不符合要求），养护不周（养护天数不足，洒水不足）。

实务操作和案例分析题十八

【背景资料】

某市政工程有限公司为贯彻执行好注册建造师规章制度，在公司内开展了一次注册建造师相关制度办法执行情况的专项检查。在检查中发现下述情况：

情况1：公司第一项目经理部承接一庭院工程，合同金额为853万元，其中有古建筑修缮分部工程。施工项目负责人持有二级市政公用工程注册建造师证书。

情况2：公司第二项目经理部负责人是二级市政公用工程注册建造师，承接的是轻轨交通工程，合同金额为2850万元，其中轨道铺设工程分包给专业队伍。该项目已处于竣工验收阶段。在查阅分包企业签署的质量合格文件中，只查到了分包企业注册建造师的签章。

情况3：公司第三项目经理部承接的是雨水污水管道工程。在查阅该工程施工组织设计报审表时，发现工程名称填写得不完整，监理单位的名称写成了口头用的简称，监理工程师审查意见栏只有"同意"两字，施工项目负责人栏只有签名。

【问题】

1. 指出第一项目经理部负责人执业范围的错误之处，并说明理由。

2. 第二项目经理部负责人能承担该轻轨交通工程吗，为什么要将轨道铺设工程分包出去？

3. 指出并改正分包企业质量合格文件签署上的错误。

4. 指出并改正施工组织设计报审表填写中的错误。

【参考答案】

1. 第一项目经理部负责人执业范围的错误之处：第一项目经理部负责人超出了执业范围。

理由：二级市政公用工程注册建造师不能担任古建筑修缮分部工程的项目负责人，因为古建筑修缮工程属于建筑工程专业范围，必须由建筑工程专业的二级建造师担任项目负责人。

2. 第二项目经理部负责人能承担该轻轨交通工程。

因为二级市政公用工程注册建造师可以承接单项工程合同额小于3000万元的轻轨交通工程，但不包括轨道铺设工程，所以要把轨道铺设工程分包出去。

3. 分包企业质量合格文件签署上的错误：分包企业注册建造师的签章。

正确做法：分包工程施工管理文件应当由分包企业注册建造师签章。分包企业签署质量合格的文件上，必须由担任总包项目负责人的注册建造师签章。

4. 施工组织设计报审表填写中的错误及其正确做法：

错误之处一：工程名称填写得不完整；

正确做法：填写工程名称应与工程承包合同的工程名称一致。

错误之处二：监理单位的名称写成了口头用的简称；

正确做法：监理单位的名称应写全称。

错误之处三：监理工程师审查意见栏只有"同意"两字；

正确做法：监理工程师审查意见不能只写"同意"两字，必须用明确的定性文字写明基本情况和结论。

错误之处四：施工项目负责人栏只有签名；

正确做法：应同时盖上注册执业建造师的专用章。

实务操作和案例分析题十九

【背景资料】

某公司承建某城市道路综合市政改造工程，总长2.17km，道路横断面为三幅路形式，主路机动车道为改性沥青混凝土面层，宽度18m，同期敷设雨水、污水等管线。污水干线采用HDPE双臂波纹管，管道直径D为600～1000mm，雨水干线为3600mm×1800mm钢筋混凝土箱涵，底板、围墙结构厚度均为300mm。

管线设计为明开槽施工，自然放坡，雨、污水管线采用合槽方法施工，如图6-19所示，无地下水，由于开工日期滞后，工程进入雨期实施。

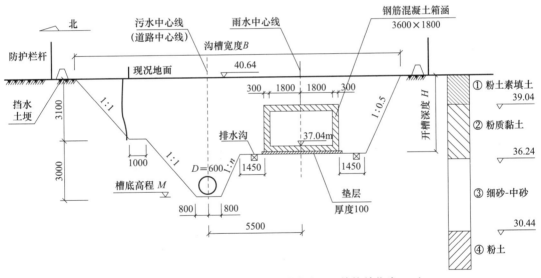

图6-19　沟槽开挖断面图（高程单位为m，其他单位为mm）

沟槽开挖完成后，污水沟槽南侧边坡出现局部坍塌，为保证边坡稳定，减少对箱涵结构施工影响，项目部对南侧边坡采取措施处理。

为控制污水HDPE管道在回填过程中发生较大的变形、破损，项目部决定在回填施工中采取管内架设支撑，加强成品保护等措施。

项目部分段组织道路沥青底面层施工，并细化横缝处理等技术措施，主路改性沥青面层采用多台摊铺机呈梯队式全幅摊铺，压路机按试验确定的数量、组合方式和速度进行碾压，以保证路面成型平整度和压实度。

【问题】

1. 根据图6-19，列式计算雨水管道开槽深度H、污水管道槽底高程M和沟槽宽度B（单位为m）。

2. 根据图6-19，指出污水沟槽南侧边坡的主要地层，并列式计算其边坡坡度中的n值（保留小数点后两位）。

3. 试分析该污水沟槽南侧边坡坍塌的可能原因？并列出可采取的边坡处理措施。

4. 为控制HDPE管道变形，项目部在回填中还应采取哪些技术措施？

5. 试述沥青底面层横缝处理措施。

6. 沥青路面压实度有哪些测定方法，试述改性沥青面层振动压实还应注意遵循哪些原则？

【参考答案】

1. 雨水管道开槽深度H、污水管道槽底高程M、沟槽宽度B的计算如下：

雨水管道开槽深度$H = 40.64 - 37.04 + 0.3 + 0.1 = 4$m。

污水管道槽底高程$M = 40.64 - 3.1 - 3 = 34.54$m。

沟槽宽度$B = 3.1 \times 1 + 1 + 3 \times 1 + 0.8 + 5.5 + 1.8 + 0.3 + 1.45 + 4 \times 0.5 = 18.95$m。

2. 污水沟槽南侧边坡的主要地层：粉质黏土、细砂-中砂。

边坡坡度中的n计算：

（1）污水沟槽南侧边坡的宽度：$5.5 - 0.8 - 1.45 - 0.3 - 1.8 = 1.15$m。

（2）污水沟槽南侧边坡的高度：$(40.64 - 4) - 34.54 = 2.1$m。

根据图6-19及以上计算，可以得出污水沟槽南侧边坡坡度$1 : n = 2.1 : 1.15$；则$n = 0.55$。

3. 该污水沟槽南侧边坡坍塌的可能原因：（1）边坡细砂-中砂地层，土体黏聚力差，易坍塌；（2）雨期施工；（3）边坡坡度过陡；（4）未根据不同土质采用不同坡度，未在不同土层处做成折线形边坡或留置台阶；（5）未采取护坡措施；（6）坡顶雨水箱涵附加荷载过大。

可采取的边坡处理措施：（1）减小边坡坡度，根据不同土层合理确定边坡坡度，并在不同土层处做成折线形边坡或留置台阶；（2）坡顶采取防水、排水、截水等防护措施；（3）坡顶卸荷，坡脚压载；（4）坡脚设集水井；（5）采取叠放砂包或土袋、水泥砂浆或细石混凝土抹面、挂网喷浆或混凝土、塑料膜或土工织物覆盖坡面等护坡措施。

4. 为控制HDPE管道变形，项目部在回填中还应采取下列技术措施：

（1）管道两侧及管顶以上500mm范围内的回填材料，应由沟槽两侧对称运入槽内，不得直接扔在管道上；回填其他部位时，应均匀运入槽内，不得集中推入。

（2）管基有效支承角范围内应采用中粗砂填充密实，与管壁紧密接触，不得用土或其他材料填充。

（3）管道半径以下回填时应采取防止管道上浮、位移的措施。

（4）管道回填时间宜在一昼夜中气温最低时段，从管道两侧同时回填，同时夯实。

（5）管底基础部位开始到管顶以上500mm范围内，必须采用人工回填；管顶500mm以上部位，可用机具从管道轴线两侧同时夯实；每层回填高度应不大于200mm。

5. 沥青底面层横缝处理措施：

采用机械切割或人工刨除层厚不足部分，使工作缝成直角连接，清除切割时留下的泥水，干燥后涂刷粘层油，铺筑新混合料，接槎软化后，先横向碾压，再纵向碾压，连接平顺。

6. 沥青路面压实度测定方法有：钻芯法，核子密度仪法。

改性沥青面层振动压实还应注意遵循"紧跟，慢压，高频，低幅"的原则。

第七章 市政公用工程安全管理案例分析专项突破

2014—2023年度实务操作和案例分析题考点分布

考点	年份									
	2014年	2015年	2016年	2017年	2018年	2019年	2020年	2021年	2022年	2023年
施工安全风险识别与预防措施		●	●							
施工安全保证计划编制和安全管理要点	●	●			●	●	●		●	
防止基坑坍塌、淹埋的安全措施	●	●								
开挖过程中地下管线的安全保护措施									●	
桩基施工安全措施	●							●	●	
模板、支架和拱架施工安全措施			●				●		●	
暗挖法施工安全措施				●			●			

【专家指导】

通过历年考试的考核情况可以看出对于安全管理的内容考核并不多，且比较分散。统观近几年的考试就会发现，现在的考试已不再只考核考试用书中的原文了，更多的是要联系施工现场的经验，重点考查考生解决实际问题的能力。

历 年 真 题

实务操作和案例分析题一［2016年真题］

【背景资料】

某公司承建一段区间隧道，长度1.2km，埋深（覆土深度）8m，净宽5.6m，净高5.5m；支护结构形式采用钢拱架—钢筋网喷射混凝土，辅以超前小导管注浆加固。区间隧道上方为现况城市道路，道路下埋置有雨水、污水、燃气、热力等管线。地质资料揭示，隧道围岩等级为Ⅳ、Ⅴ级。

区间隧道施工采用暗挖法，施工时遵循浅埋暗挖技术"十八字"方针。根据隧道的断面尺寸、所处地层、地下水等情况，施工方案中开挖方法选用正台阶法，每循环进尺为1.5m。

隧道掘进过程中，突发涌水，导致土体坍塌事故，造成3人重伤。事故发生后，现场管理人员立即向项目经理报告，项目经理组织有关人员封闭事故现场，采取有效措施控制事故扩大，开展事故调查，并对事故现场进行清理，将重伤人员送医院救治。事故调查发现，导致事故发生的主要原因有：

（1）由于施工过程中地表变形，导致污水管道突发破裂涌水。

（2）超前小导管支护长度不足，实测长度仅为2m，两排小导管沿隧道纵向无搭接，不能起到有效的超前支护作用。

（3）隧道施工过程中未进行监测，无法对事故发生进行预测。

【问题】

1. 根据《生产安全事故报告和调查处理条例》（中华人民共和国国务院令第493号）规定，本次事故属于哪种等级？指出事故调查组织形式的错误之处，说明理由。

2. 分别指出事故现场处理方法、事故报告的错误之处，并给出正确的做法。

3. 隧道施工中应该对哪些主要项目进行监测？

4. 根据背景资料，小导管长度应该大于多少米，两排小导管纵向搭接长度一般不小于多少米？

【参考答案与分析思路】

1. 本事故为一般事故。（理由：造成3人以下死亡，或者10人以下重伤，或者1000万元以下直接经济损失的事故，为一般事故）。

错误之处：事故调查由项目经理组织；

理由：一般事故由事故发生地县级人民政府负责调查。县级人民政府可以直接组织事故调查组进行调查，也可以授权或者委托有关部门组织事故调查组进行调查。

> 本题考查的是事故等级的划分及调查。事故等级分为四级，包括：（1）特别重大事故，是指造成30人以上死亡，或者100人以上重伤（包括急性工业中毒，下同），或者1亿元以上直接经济损失的事故；（2）重大事故，是指造成10人以上30人以下死亡，或者50人以上100人以下重伤，或者5000万元以上1亿元以下直接经济损失的事故；（3）较大事故，是指造成3人以上10人以下死亡，或者10人以上50人以下重伤，或者1000万元以上5000万元以下直接经济损失的事故；（4）一般事故，是指造成3人以下死亡，或者10人以下重伤，或者1000万元以下直接经济损失的事故。（所称的"以上"包括本数，所称的"以下"不包括本数）考生应根据事故等级的划分，确定本案例的事故等级。《生产安全事故报告和调查处理条例》（中华人民共和国国务院令第493号）规定，特别重大事故由国务院或者国务院授权有关部门组织事故调查组进行调查。重大事故、较大事故、一般事故分别由事故发生地省级人民政府、设区的市级人民政府、县级人民政府负责调查。

2. 错误之处一：对事故现场进行清理；

正确做法：事故发生后，有关单位和人员应当妥善保护事故现场以及相关证据，任何单位和个人不得破坏事故现场、毁灭相关证据。

错误之处二：现场人员报告到项目经理；

正确做法：事故发生后，事故现场有关人员应当立即向本单位负责人报告；单位负责人接到报告后，应当于1h内向事故发生地县级以上人民政府安全生产监督管理部门和负有安全生产监督管理职责的有关部门报告。

本题考查的是生产安全事故的报告和处理。《生产安全事故报告和调查处理条例》（中华人民共和国国务院令第493号）规定，事故发生后，事故现场有关人员应当立即向本单位负责人报告；单位负责人接到报告后，应当于1h内向事故发生地县级以上人民政府安全生产监督管理部门和负有安全生产监督管理职责的有关部门报告。情况紧急时，事故现场有关人员可以直接向事故发生地县级以上人民政府安全生产监督管理部门和负有安全生产监督管理职责的有关部门报告。

事故发生后，有关单位和人员应当妥善保护事故现场以及相关证据，任何单位和个人不得破坏事故现场、毁灭相关证据。

3. 隧道施工中应对地面、地层、建构（筑）物、支护结构进行动态监测并及时反馈信息。

本题考查的是隧道监测。考生可以借鉴基坑监测的相关内容再结合隧道的特点进行作答。

4. 小导管长度应大于3m，因为小导管的场地应大于每循环开挖进尺的两倍，本工程开挖进尺每循环为1.5m。

两排小导管纵向搭接长度一般不应小于1m。

本题考查的是超前小导管的相关知识。现在这种数字类的考题越来越多，因此在以后的备考复习中，应多进行记忆。

实务操作和案例分析题二 ［2015年真题］

【背景资料】

某公司中标一座跨河桥梁工程，所跨河道流量较小，水深超过5m，河道底土质主要为黏土。

项目部编制了围堰施工专项方案，监理审批时认为方案中以下内容描述存在问题：

（1）堰顶标高不得低于施工期间最高水位。

（2）钢板桩采用射水下沉法施工。

（3）围堰钢板桩从下游到上游合龙。

项目部接到监理部发来的审核意见后，对方案进行了调整，在围堰施工前，项目部向当地住建局报告，征得同意后开始围堰施工。

在项目实施过程中发生了以下事件：

事件1：由于工期紧，电网供电未能及时到位。项目部要求各施工班组自备发电机供电。某施工班组将发电机输出端直接连接到多功能开关箱，将电焊机、水泵和打夯机接入同一个开关箱，以保证工地按时开工。

事件2：围堰施工需要起重机配合，因起重机司机发烧就医，施工员临时安排一名汽车司机代班。由于起重机支腿下面的土体下陷，引起起重机侧翻，所幸没有造成人员伤亡。项目部紧急调动机械将侧翻起重机扶正，稍做保养后又投入到工作中，没有延误工期。

【问题】

1. 针对围堰施工专项方案中存在的问题，给出正确做法。

2. 围堰施工前还应征得哪些部门同意？

3. 事件1中用电管理有哪些不妥之处，说明理由。

4. 汽车司机能操作起重机吗，为什么？

5. 事件2中，起重机扶正后能立即投入工作吗？简述理由。

6. 事件2中项目部在设备安全管理方面存在哪些问题？给出正确做法。

【参考答案与分析思路】

1. 围堰施工专项方案有关问题的正确做法为：

（1）围堰高度应高出施工期间可能出现的最高水位（包括浪高）0.5m及以上。

（2）在黏土中不宜使用射水下沉的办法，应采用锤击或者振动。

（3）围堰钢板桩应该从上游向下游合龙。

> 本题考查的是围堰施工专项方案：
> （1）因为要考虑最高水位及储备高度，所以围堰顶标高不得低于施工期间最高水位（包括浪高）。
> （2）案例题中明确指出"土质为黏土"，所以不得采用射水下沉法施工。
> （3）"围堰钢板桩从下游到上游合龙"错误，因为逆流难以合龙。

2. 围堰施工前还应征得海事、河道、航务部门的同意。

> 本题考查的是围堰施工的批准部门。在河道当中进行围堰施工，那么对河道有管辖权的部门都要去办理相关的手续。

3. 事件1中用电管理的不妥之处及理由：

不妥之处一：某施工班组将发电机输出端直接连接到多功能开关箱；

正确做法：应采用三级配电系统。

不妥之处二：电焊机、水泵和打夯机接入同一个开关箱；

正确做法：电焊机、水泵、打夯机应分别配置开关箱。

> 本题考查的是施工现场用电知识。本题侧重对考生能力的考核，即便作答的内容与规范不完全一致，但只要大概意思相近即可。

4. 汽车司机不能操作起重机。

原因：起重机司机属于特种作业人员，不仅需要机动车驾驶证，还必须经过安全培训，通过考试取得起重机的特种作业资格证后，持"特种作业操作证"上岗作业。

> 本题考查的是特种作业的相关知识。《建设工程安全生产管理条例》（中华人民共和国国务院令第393号）规定，垂直运输机械作业人员、安装拆卸工、爆破作业人员、起重信号工、登高架设作业人员等特种作业人员，必须按照国家有关规定经过专门的安全作业培训，并取得特种作业操作资格证书后，方可上岗作业。

5. 起重机扶正后，不能立即投入工作；

理由：经市场监督管理部门检验鉴定，合格后才能投入工作。

> 本题考查的是安全事故的处理。从安全事故的处理原则上讲，虽然没有人员伤亡，但还是属于事故，应该找到相应原因、责任者，仍需处理。这种做法违反了安全事故处理"四不放过"的原则。

6.设备安全管理方面存在问题:违章指挥、违规作业。

设备安全管理正确做法:

(1)机械设备使用实行定机、定人、定岗位责任的"三定"制度。

(2)编制安全操作规程,任何人不得违章指挥和作业。

> 本题考查的是设备安全管理。在事件2中,很明显存在:起重设备的管理制度缺失、特种设备管理工作不到位、现场安全监督有漏洞等。考生应根据这些内容对项目部在设备管理方面存在的问题,进行分析阐述。

实务操作和案例分析题三〔2014年真题〕

【背景资料】

某市政工程公司承建城市主干道改造工程标段,合同金额为9800万元,工程主要内容为:主线高架桥梁、匝道桥梁、挡土墙及引道,如图7-1所示。桥梁基础采用钻孔灌注桩,上部结构为预应力混凝土连续箱梁,采用满堂支架法现浇施工。边防撞护栏为钢筋混凝土结构。

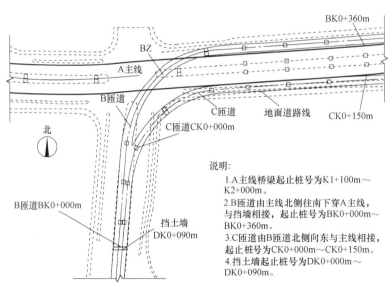

图7-1 桥梁总平面布置示意图

施工期间发生如下事件:

事件1:在工程开工前,项目部会同监理工程师,根据《城市桥梁工程施工与质量验收规范》CJJ 2—2008等确定和划分了本工程的单位(子单位)工程、分部分项工程及检验批。

事件2:项目部进场后配备了专职安全管理人员,并为承重支模架编制了专项安全应急预案,应急预案的主要内容有:事故类型和危害程度分析、应急处置基本原则、预防与预警、应急处置等。

事件3:在施工安排时,项目部认为在主线与匝道交叉部位及交叉口以东主线和匝道并行部位是本工程的施工重点,主要施工内容有:匝道基础及下部结构、匝道上部结构、主线基础及下部结构（含B匝道BZ墩）、主线上部结构。在施工期间需要多次组织交通导行，因此必须确定合理的施工顺序。项目部经仔细分析确认施工顺序如图7-2所示：

①→交通导行→②→交通导行→③→交通导行→④

图7-2 施工作业流程图

另外项目部配置了边防撞栏定型组合钢模板，每次可浇筑防撞护栏长度200m，每4d可周转一次，在上部结构基本完成后开始施工边防撞护栏，直至施工完成。

【问题】

1. 事件1中，本工程的单位（子单位）工程有哪些？

2. 指出钻孔灌注桩验收的分项工程和检验批。

3. 本工程至少应配备几名专职安全员？说明理由。

4. 补充完善事件2中的专项安全应急预案的内容。

5. 图7-2中①、②、③、④分别对应哪项施工内容？

6. 事件3中，边防撞护栏的连续施工至少需要多少天（列式分步计算）？

【参考答案与分析思路】

1. 本工程的单位（子单位）工程：A——主线高架桥梁工程、B——匝道桥梁工程、C——匝道桥梁道路工程。

> 本题考查的是《城市桥梁工程施工与质量验收规范》CJJ 2—2008中竣工验收的有关规定。由规范可以看出，本工程中的A为主线高架桥，B、C匝道桥梁以及引道的道路工程都是独立的，需要划分成单位工程，本工程也可以将匝道桥梁划分成为一个单位工程，那么B、C匝道桥梁就是两个子单位工程。

2. 钻孔灌注桩验收的分项工程：钻孔桩成孔、钢筋笼制作与安装、水下混凝土浇筑。

钻孔灌注桩验收的检验批：每根桩。

> 本题考查的是钻孔灌注桩验收的分项工程和检验批。考生可根据案例所提供的背景资料，分析出钻孔灌注桩验收的分项工程及钻孔灌注桩验收的检验批。

3. 本工程至少应配备两名专职安全员。

理由：土木工程、线路工程、设备安装工程按照合同价配备专职安全员。5000万元以下的工程不少于1人；5000万～1亿元的工程不少于两人；1亿元及以上的工程不少于3人，且按专业配备专职安全员。本工程合同价为9800万元，配备的专职安全员不少于两人。

> 本题考查的是专职安全员的配备要求。专职安全员的配备要求：土木工程、线路工程、设备安装工程按照合同价配备：5000万元以下的工程不少于1人；5000万～1亿元的工程不少于两人；1亿元及以上的工程不少于3人，且按专业配备专职安全员。

4. 事件2中的专项安全应急预案的内容还应包括：组织机构及职责；信息报告程序；应急物资和装备保障。

> 本题考查的是专项安全应急预案的内容。案例背景资料中给出的应急预案的内容和项目管理考试用书中的内容一致，因此可以按照项目管理考试用书中的内容进行补充。

5. 图7-2中：① 对应的施工内容为主线基础及下部结构（含B匝道BZ墩）；② 对应的施工内容为匝道基础及下部结构；③ 对应的施工内容为主线上部结构；④ 对应的施工内容为匝道上部结构。

> 本题考查的是桥梁施工作业流程图。考生可根据案例中的"匝道基础及下部结构、匝道上部结构、主线基础及下部结构（含B匝道BZ墩）、主线上部结构，在施工期间需要3次交通导行"，来补充完善图中缺失的施工内容。

6. 边防撞护栏施工的速度为：200÷4＝50m/d。

A主线桥梁施工的时间为：900×2÷50＝36d。

B匝道施工的时间为：360×2÷50＝14.4d。

C匝道施工的时间为：150×2÷50＝6d。

挡土墙施工的时间为：90×2÷50＝3.6d。

边防撞护栏连续施工的时间为：36＋14.4＋6＋3.6＝60d。

> 本题考查的是边防撞护栏连续施工时间的计算。首先应根据"每次可浇筑防撞护栏长度200m，每4d可周转一次"，求出边防撞护栏施工的速度，然后再结合桥梁总平面布置示意图求出A主线桥梁、B匝道、C匝道以及挡土墙施工的时间，最后相加得出边防撞护栏连续施工的时间。

实务操作和案例分析题四〔2014年真题〕

【背景资料】

某施工单位中标承建过街地下通道工程，周边地下管线较复杂，设计采用明挖顺作法施工，通道基坑总长80m，宽12m，开挖深度10m；基坑围护结构采用SMW工法桩，基坑深度方向设有两道支撑，其中第一道支撑为钢筋混凝土支撑，第二道支撑为（$\phi600×10$）mm钢管支撑，如图7-3所示。基坑场地地层自上而下依次为：2.0m厚素填土、6m厚黏质粉土、10m厚砂质粉土，地下水位埋深约1.5m。在基坑内布置了5座管井降水。

项目部选用坑内小挖机与坑外长臂挖机

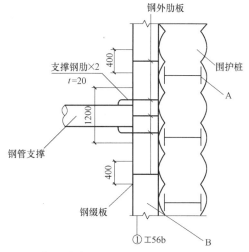

图7-3 第二道支撑节点平面示意图（单位：mm）

相结合的土方开挖方案。在挖土过程中发现围护结构有两处出现渗漏现象，渗漏水为清水，项目部立即采取堵漏措施予以处理，堵漏处理造成直接经济损失20万元，工期拖延10d，项目部为此向建设单位提出索赔。

【问题】

1. 给出图7-3中A、B构（部）件的名称，并分别简述其功用。

2. 根据两类支撑的特点分析围护结构设置不同类型支撑的理由。

3. 本项目基坑内管井属于什么类型，起什么作用？

4. 给出项目部堵漏措施的具体步骤。

5. 项目部提出的索赔是否成立？说明理由。

6. 列出基坑围护结构施工的大型机械设备。

【参考答案与分析思路】

1. A的名称：H型钢；功用：在围护结构（或水泥搅拌桩）中起骨架作用（或提高围护结构刚度、挡土）。

B的名称：围檩（或腰梁、圈梁）；功用：整体受力（或提高支撑刚度、均匀受力）。

> 本题考查的是识图能力及对构件作用的了解情况。需要注意的是A的作用不是增加刚度，而是增加韧性和抗剪能力。

2. 第一道设置钢筋混凝土支撑的原因：

（1）增加支撑刚度（或减少围护结构变形）。

（2）能承受拉应力，整体性强。

（3）施工方便。

第二道钢管支撑的理由：

（1）安装、拆除速度快。

（2）可周转使用（或经济性好）。

（3）支撑可施加预应力，控制墙体变形。

> 本题考查的是钢筋混凝土支撑和钢支撑。考生一定要掌握不同种类支撑的特点及作用，这一知识点在选择题部分的考核也很多。

3. 本项目基坑内管井属于疏干井。

作用：降低基坑内水位，便于土方开挖，提高被动土压力。

> 本题考查的是管井的相关知识。通过背景资料可知：本工程为过街地下通道工程，基坑底高程位置需要长期通行；基坑开挖深度10m；在960m² 基坑内只布置了5座管井进行降水。由此可知本工程基坑底未进入承压含水层，所以只需要对潜水含水层进行疏干即可。

4. 项目部堵漏措施的具体步骤：在缺陷处插入引流管引流，然后采用双快水泥封堵缺陷处，等封堵水泥形成一定强度后再关闭导流管。

> 本题考查的是基坑安全知识中抢险支护与堵漏。有降水或排水条件的工程，宜在采用降水或排水措施后再对围护缺陷进行修补处理。围护结构缺陷造成的渗漏一般采用下面方法处理：在缺陷处插入引流管引流，然后采用双快水泥封堵缺陷处，等封堵水泥形成一定强度后再关闭导流管。

5. 项目部提出的索赔不成立。

理由：坑外地下水位较高是施工单位投标前客观存在的；造成围护结构渗漏水的主要原因是SMW工法桩施工质量问题；属于承包方自己的责任，故索赔不成立。

> 本题考查的是施工合同的索赔，在历年考试中属于高频考点，其解题关键在于分清责任，分析清楚产生问题原因的主体责任的首要和关键，解决索赔问题的关键是"谁过错，谁负责，谁赔偿"。

6. 基坑围护结构施工的大型机械设备有：三轴水泥土搅拌桩、起重机。

> 本题考查的是基坑围护结构施工的设备。要想答出本题的机械设备，应该从施工工序方面着手。对于一个有围护结构的基坑，应从施工围护结构开始，然后针对施工工序选择合适的机械设备。

典 型 习 题

实务操作和案例分析题一

【背景资料】

A公司承建一座桥梁工程，将跨河桥的桥台土方开挖分包给B公司。桥台基坑底尺寸为50m×8m，深4.5m。施工期河道水位为－4.0m，基坑顶远离河道一侧设置钢场和施工便道（用于弃土和混凝土运输及浇筑）。基坑开挖图如图7-4所示。

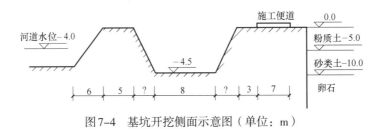

图7-4　基坑开挖侧面示意图（单位：m）

在施工前，B公司按A公司项目部提供的施工组织设计编制了基坑开挖施工方案和施工安全技术措施。施工方案的基坑坑壁坡度按照图7-4提供的地质情况按表7-1确定。

表7-1　基坑坑壁容许坡度表（规范规定）

坑壁土类	坑壁坡度（高：宽）		
	基坑顶缘无荷载	基坑顶缘有静载	基坑顶缘有动载
粉质土	1:0.67	1:0.75	1:1.0
黏质土	1:0.33	1:0.5	1:0.75
砂类土	1:1	1:1.25	1:1.5

在施工安全技术措施中，B公司设立了安全监督员，明确了安全管理职责，要求在班前、班后对施工现场进行安全检查，施工时进行安全值日；辨识了施工机械伤害等危险源，进行了风险评估，并制定有应急预案。

基坑开挖前项目部对B公司作了书面的安全技术交底并由双方签字。

【问题】

1. B公司上报A公司项目部后，施工安全技术措施处理的程序是什么？

2. 根据所给图表确定基坑的坡度，并给出坡度形成的投影宽度。

3. 依据现场条件，宜采用何种降水方式，应如何布置？

4. 安全监督员的职责还有哪些；除了机械伤害和高处坠落，本项目的风险源识别应增加哪些内容?

5.安全技术交底包括哪些内容?

【参考答案】

1.B公司上报A公司项目部后,施工安全技术措施处理的程序:

(1)分包方提交给总包方以后,总包方技术负责人应该根据施工组织设计要求认真审查核对其完整性和适用性,必要时实地查看。

(2)报企业技术负责人审核,填制审批表,加盖公章。

(3)报建设单位和监理单位审核。

(4)返还分包方签收,并监督其严格执行。

2.左边坡度按照粉质土坡顶无荷载设计坡度,即为1:0.67,右边坡度按照粉质土有动载设计坡度,即为1:1.0。基坑宽度方向两边可参照左边适当放坡。左边及两侧投影宽度均为4.5×0.67=3.015m,右边投影宽度为4.5×1.0=4.5m。

3.依据现场条件,宜采用轻型井点降水方式,轻型井点布置成环形,并辅以给水明排的降水方式。井点管距坑壁不应小于1.0~1.5m,井点间距一般为0.8~1.6m。基坑底大于6m一般布置成双排,靠近河一侧适当加密。由于长度50m,若渗透系数大,宜布置成环形比较合适。挖土运输设备出入道可不封闭,间距可达4m,一般留在地下水下游方向。

4.安全监督员的职责还有:

(1)安全员受项目部的委托负责本项目的具体安全管理。

(2)应在现场经理的直接领导下负责项目安全生产工作的监督管理。

(3)具体工作有:接受A公司的领导和监督,定期向A公司汇报B公司的安全生产情况;参与制定B公司的安全技术措施和方案;危险源识别;参与制定安全技术措施和方案;施工过程监督检查,对规程、措施、交底要求的执行情况经常检查;随时纠正违章作业,发现问题及时纠正解决;制定、跟踪、验证隐患整改措施;做好安全记录和安全日记,并做好安全生产资料的收集、整理和保管;协助调查和处理安全事故等。

除了机械伤害和高处坠落,本项目的风险源识别应增加:触电、物体打击、坍塌、车辆伤害、起重伤害、淹溺。

5.安全技术交底内容:

(1)工程概况,工程特点及难点,主要施工工艺和施工方法,操作方法,进度安排,质量及安全技术措施,作业指导书,四新技术,质量通病及注意事项。

(2)本施工项目的施工作业特点和危险点;针对危险点的具体预防措施;应注意的安全事项;相应的安全操作规程和标准;发生事故后应及时采取的避难和应急措施。

(3)法律法规和标准规范以及本工程特殊工艺规定的有关内容。

实务操作和案例分析题二

【背景资料】

某项目部承建一项城市道路工程,道路基层结构为200mm厚碎石垫层和350mm厚水泥稳定碎石基层。

项目部按要求配置了安全领导小组,并成立了以安全员为第一责任人的安全领导小组,成员由安全员、项目经理及工长组成。项目部根据建设工程安全检查标准要求在工地大门口设置了工程概况牌、施工总平面图公示标牌。

项目部制定的施工方案中，对水泥稳定碎石基层的施工进行详细规定：要求350mm厚的水泥稳定碎石分两层摊铺，下层厚度为200mm、上层厚度为150mm，并用15t压路机碾压。为保证基层厚度和高程准确无误，要求在面层施工前进行测量，如出现局部少量偏差则采用薄层补贴法进行找平。

在工程施工前，项目部将施工组织设计分发给相关各方人员，以此作为技术交底并开始施工。

【问题】

1. 指出安全领导小组的不妥之处，改正并补充小组成员。

2. 根据背景资料，项目部还需设置哪些标牌？

3. 指出施工方案中错误之处并给出正确做法。

4. 说明把施工组织设计直接作为技术交底做法的不妥之处并改正。

【参考答案】

1. 安全领导小组的不妥之处：成立了以安全员为第一责任人的安全领导小组。

改正：应成立以项目负责人为第一责任人的安全领导小组。

小组成员还应包括：项目技术负责人、班组长。

2. 根据背景资料，项目部还需设置的标牌：管理人员名单及监督电话牌、消防安全牌、安全生产牌、文明施工牌。

3. 施工方案中错误之处及正确做法。

错误之处一：用15t压路机碾压；

正确做法：宜采用12～18t压路机作初步稳定碾压，混合料初步稳定后用大于18t的压路机碾压，压至表面平整、无明显轮迹，且达到要求的压实度。

错误之处二：出现局部少量偏差采用薄层补贴法进行找平；

正确做法：应采用挖补100mm的方法再进行找平，严格遵守"宁高勿低，宁刨勿补"的原则。

错误之处三：在面层施工前进行测量复检；

正确做法：在基层碾压完毕后立即进行复测，发现标高厚度超差立即处理。

4. 不妥之处：项目部将施工组织设计分发给相关各方人员，以此作为技术交底并开始施工；

改正：应针对各工序进行专门的技术交底，并由双方在交底记录上签字确认。

实务操作和案例分析题三

【背景资料】

某公司承接给水厂升级改造工程，其中新建容积10000m³清水池一座，钢筋混凝土结构，混凝土设计强度等级为C35、P8，底板厚度650mm；垫层厚度100mm，混凝土设计强度等级为C15；底板下设抗拔混凝土灌注桩，直径φ800mm，满堂布置。桩基施工前，项目部按照施工方案进行施工范围内地下管线迁移和保护工作，对作业班组进行了全员技术安全交底。

施工过程中发生如下事件：

事件1：在吊运废弃的雨水管节时，操作人员不慎将管节下的燃气钢管兜住，起吊时钢管被拉裂，造成燃气泄漏，险些酿成重大安全事故。总监理工程师下达工程暂停指令，要求施工单位限期整改。

事件2：桩基首个验收批验收时，发现个别桩有如下施工质量缺陷：桩基顶面设计高程以下约1.0m范围混凝土不够密实，达不到设计强度。监理工程师要求项目部提出返修处理方案和预防措施。项目部获准的返修处理方案所附的桩头与杯口细部做法如图7-5所示。

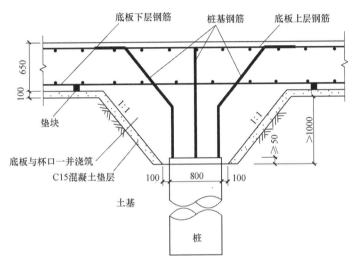

图7-5　桩头与杯口细部做法示意图（尺寸单位：mm）

【问题】

1. 指出事件1中项目部安全管理的主要缺失，并给出正确做法。

2. 列出事件1整改与复工的程序。

3. 分析事件2中桩基质量缺陷的主要成因，并给出预防措施。

4. 依据图7-5给出返修处理步骤（请用文字叙述）。

【参考答案】

1. 事件1中项目部安全管理主要缺失：没有对危险性较大的吊运节点进行动态监控；

正确做法：应依据风险控制方案要求，对本工程易发生生产安全事故的部位（燃气管道）进行标识、对起吊作业进行旁站监控，设置专职安全员。

2. 事件1整改与复工的程序有：项目部停工并提出整改措施（方案）→总监理工程师批准整改措施（方案）→验证整改措施（方案）→项目部提出复工申请→总监理工程师下达复工令。

3. 事件2中桩基质量缺陷的主要成因：超灌高度不够、混凝土（孔内）浮浆太多、孔内混凝土面测定不准；

预防措施：在其后每根桩超灌高度0.5～1m，孔内混凝土面测定应采用硬杆筒式取样测定。

4. 返修处理步骤：挖出桩头、形成杯口、凿除桩身不实部分、别出主筋、杯口混凝土垫层、桩头主筋按设计要求弯曲、与底板上层筋焊接。

实务操作和案例分析题四

【背景资料】

某地铁区间喷锚暗挖隧道工程，长1.2km，断面尺寸为6.4m×6.3m，覆土厚度12m。隧道上方为现况道路，隧道拱顶与路面之间分布有雨水、污水管线，走向与隧道平行。隧道穿越砂质粉土层，无地下水。隧道开挖方式选择为正台阶法开挖，辅以小导管注浆加固。隧道设计为复合式衬砌，施工方案中确定：防水质量以保证防水层施工质量为根本，与结构自防水组成防水体系。

施工过程中发生了土方坍塌，造成两人重伤。事故发生后，项目经理立即组织人员清理现场并将受重伤人员送医院进行抢救。项目经理组织成立了事故调查组，经调查发现：初期支护格栅间距0.75m，小导管长度为1.5m，纵向搭接0.5m，未设置监测点，开挖过程中污水管线变形过大发生渗漏水，最终形成塌方事故。

【问题】

1. 喷锚暗挖开挖方式除了正台阶法外，还有其他什么方式？

2. 施工方案中确定防水质量以保证防水层施工质量为根本是否正确，如不正确，应采取什么方案？

3. 分析事后调查结果发现小导管长度为1.5m，纵向搭接0.5m，存在什么问题？

4. 说明此次事故的等级；项目经理的做法是否正确，如不正确应该怎么做？

5. 本次事故的发生和没有进行施工过程监测有很大关系，请问本工程应该对哪些主要项目进行监测？

【参考答案】

1. 喷锚暗挖开挖方式除了正台阶法外还有全断面法、环形开挖预留核心土法、单侧壁导坑法、双侧壁导坑法、中隔壁法、交叉中隔壁法、中洞法、侧洞法、柱洞法、洞桩法。

2. 施工方案中确定防水质量以保证防水层施工质量为根本不正确。喷锚暗挖法施工隧道属于复合式衬砌，应以结构自防水为根本，辅以防水层组成防水体系，以变形缝、施工缝、后浇带、穿墙洞、预埋件、桩头等接缝部位混凝土及防水层施工为防水控制的重点。

3. 小导管常用设计参数：钢管直径40~50mm，长度应大于循环进尺的2倍，宜为3~5m，焊接钢管或无缝钢管；钢管安设注浆孔间距为100~150mm，钢管沿拱的环向布置间距为300~500mm，钢管沿拱的环向外插角为5°~15°，小导管是受力杆件，因此两排小导管在纵向应有一定搭接长度，钢管沿隧道纵向的搭接长度一般不小于1m。

本工程项目小导管的长度和纵向搭接长度均不满足要求。

4. 本次事故造成两人重伤，属于一般事故。一般事故是指造成3人以下死亡，或10人以下重伤，或者1000万元以下直接经济损失的事故。

项目经理的做法不正确。事故发生后，事故现场有关人员应当立即向本单位负责人报告；单位负责人接到报告后，应当于1h内向事故发生地县级以上人民政府安全生产监督管理部门和负有安全生产监督管理职责的有关部门报告。情况紧急时，事故现场有关人员可以直接向事故发生地县级以上人民政府安全生产监督管理部门和负有安全生产监督管理职责的有关部门报告。

项目经理无权组织调查，更不能清理现场。事故发生地有关地方人民政府、安全生产监督管理部门和负有安全生产监督管理职责的有关部门接到事故报告后，其负责人应当立即赶赴事故现场，组织事故救援。有关单位和人员应当妥善保护事故现场以及相关证据，任何单位和个人不得破坏事故现场、毁灭相关证据。

5. 本工程主要监测项目有：地表沉降、拱顶下沉、侧壁收敛、周边管线及建（构）筑物、初期支护结构内力、土压力、土体分层位移。

实务操作和案例分析题五

【背景资料】

某城市高架桥上部结构为钢筋混凝土预应力简支梁，下部结构采用独柱式T形桥墩，钻孔灌注桩基础。

项目部编制了桥墩专项施工方案，方案中采用扣件式钢管支架及定型钢模板。为加强整体性，项目部将支架与脚手架一体化搭设，现场采用的支架模板施工图如图7-6所示。

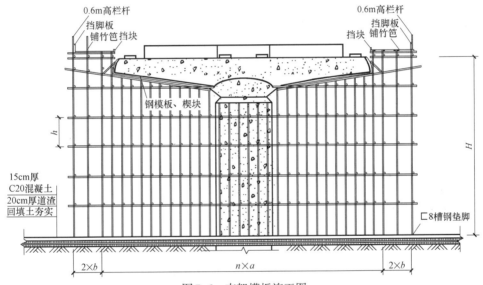

图7-6　支架模板施工图

项目部按施工图完成了桥墩钢筋安装和立模等各项准备工作后，开始浇筑混凝土。在施工中发生1名新工人从墩顶施工平台坠落致死事故，施工负责人立即通知上级主管部门。

事故调查中发现：外业支架平台宽120cm；平台防护栏高60cm；人员通过攀爬支架上下；三级安全教育资料中只有项目部的安全教育记录。

【问题】

1. 施工方案中支架结构杆件不全，指出缺失杆件名称。

2. 图7-6所示支架结构存在哪些安全隐患？

3. 高处作业人员应配备什么个人安全防护用品？

4. 按事故造成损失的程度，该事故属于哪个等级？

5. 项目部三级安全教育还缺少哪些内容？

【参考答案】

1. 施工方案中支架结构缺失的杆件名称：纵、横向扫地杆，斜撑，剪刀撑。

2. 图7-6所示支架结构存在的安全隐患：

（1）高处作业未设置安全网防护。

（2）防护栏过低（应高于作业通道面1.2m以上）。

（3）未设置上下作业人员通道。

（4）承重架与脚手架未分隔设置。

3. 高处作业人员应配备合格的安全帽、安全带、安全网等个人安全防护用品。

4. 按事故造成损失的程度，该事故属于一般事故。

5. 项目部三级安全教育还缺少公司（企业）、施工班组的安全教育记录。

实务操作和案例分析题六

【背景资料】

A单位承建一项污水泵站工程，主体结构采用沉井，埋深15m。场地地层主要为粉砂土，地下水埋深为4m，采用不排水下沉。泵站的水泵、起重机等设备安装项目分包给B公司。

在施工过程中，随着沉井入土深度增加，井壁侧面阻力不断增加，沉井难以下沉。项目部采用降低沉井内水位减小浮力的方法，使沉井下沉，监理单位发现后予以制止。A单位将沉井井壁接高2m增加自重，强度与原沉井混凝土相同，沉井下沉到位后拆除了接高部分。

B单位进场施工后，由于没有安全员，A单位要求B单位安排专人进行安全管理，但B单位一直未予安排，在吊装水泵时发生安全事故，造成一人重伤。

工程结算时，A单位变更了清单中沉井混凝土工程量，增加了接高部分混凝土的数量，未获批准。

【问题】

1. A单位降低沉井内水位可能会产生什么后果，沉井内外水位差应是多少？

2. 简述A单位与B单位在本工程中的安全责任分工。

3. 一人重伤属于什么等级安全事故，A单位与B单位分别承担什么责任，为什么？

4. 指出A单位变更沉井混凝土工程量未获批准的原因。

【参考答案】

1. A单位降低沉井内水位可能会产生的后果：流沙涌向井内，引起沉井歪斜，并增加吸泥工作量。沉井内外水位差应是1~2m。

2. A单位与B单位在本工程中的安全责任分工：A单位对施工现场的安全负责；分包合同中应当明确A单位与B单位各自的安全生产的权利、义务，A单位与B单位对分包工程的安全生产承担连带责任；B单位为分包单位，对分包范围内泵站的水泵、起重机的安装负责。如发生事故，由A单位负责上报事故。B单位应当服从A单位的安全生产管理，B单位为分包单位且未能按要求配备安全人员，不服从管理导致生产安全事故的，由B单位承担主要责任。

3. 一人重伤属于一般事故。

A单位承担连带责任。B单位承担主要责任。

理由：B单位为分包单位且未能按要求配备安全人员，不服从A单位的管理导致生产安全事故的，由B单位承担主要责任。

4. A单位变更沉井混凝土工程量未获批准的原因：沉井井壁接高2m所增加的费用属于施工措施费，已包括在合同价款内。

实务操作和案例分析题七

【背景资料】

某排水管道工程采用承插式混凝土管道，管座为180°；地基为湿陷性黄土，工程沿线范围内有一排高压输电线路。项目部的施工组织设计确定采用机械从上游向下游开挖沟槽，用起重机下管、安管，安管时管道承口背向施工方向。

开挖正值雨期，为加快施工进度，机械开挖至槽底高程。由于控制不当，局部超挖达200mm，施工单位自行进行了槽底处理。

管座施工采用分层浇筑。施工时，对第一次施工的平基表面压光、抹面，达到强度后进行二次浇筑。

项目部考虑工期紧，对已完成的主干管道边回填、边做闭水试验，闭水试验在灌满水后12h进行；对暂时不接支线的管道预留孔未进行处理。

【问题】

1. 改正下管、安管方案中不符合规范要求的做法。

2. 在本工程施工环境条件下，挖土机和起重机安全施工应注意什么？

3. 改正项目部沟槽开挖和槽底处理做法的不妥之处。

4. 指出管座分层浇筑施工做法中的不妥当之处。

5. 改正项目部闭水试验做法中的错误之处。

【参考答案】

1. 改正下管、安管方案中不符合规范要求的做法改正如下：管道开挖及安装宜自下游开始；管道承口应该朝向施工前进的方向。

2. 挖土机安全施工时应注意：

（1）沟槽放坡坡度必须满足施工要求。

（2）沟槽边堆土应堆放在安全距离以外，且应单侧推土。

（3）注意不要触碰高压线。

（4）槽底预留人工清理土方厚度。

起重机安全施工应注意：

（1）因土质较差，起重机支腿距离沟槽边保证足够安全距离。

（2）起重机下管过程中注意起重机的任何部位与高压线保持安全距离。

3. 对项目部沟槽开挖和槽底处理做法的不妥之处改正如下：

（1）机械开挖时，应在设计槽底高程以上保留一定余量，避免超挖，余量由人工清挖。

（2）施工单位应在监理工程师批准后进行槽底处理。

4. 管座分层浇筑施工做法中的不妥当之处：对第一次施工的平基表面压光、抹面，达到强度后进行二次浇筑；

正确做法：应将第一次施工的平基表面进行凿毛处理并清洗干净，使两次浇筑的混凝土之间形成紧密的结合面。

5. 对项目部闭水试验做法中的错误之处改正如下：

（1）管道填土前做闭水试验。

（2）闭水试验应在灌满水后24h进行。

（3）应对暂时不接支线的管道预留孔进行封堵处理。

实务操作和案例分析题八

【背景资料】

某城市南郊雨水泵站工程邻近大治河，大治河正常水位为+3.00m，雨水泵站和进水管道连接处的管内底标高为-4.00m。雨水泵房地下部分采用沉井法施工，进水管为3m×2m×10m（宽×高×长）现浇钢筋混凝土箱涵，基坑采用拉森钢板桩围护。设计对雨水泵房和进水管道的混凝土质量提出了防裂、抗渗要求，项目部为此制定了如下针对性技术措施：

（1）骨料级配、含泥量符合规范要求，水泥、外加剂合格。

（2）配合比设计中控制水泥和水的用量，适当提高水灰比，含气量满足规范要求。

（3）混凝土浇筑振捣密实，不漏振，不过振。

（4）及时养护，保证养护时间及质量。

项目部还制定了进水管道施工降水方案和深基坑开挖安全专项方案。

【问题】

1. 写出进水管道基坑降水井布置形式和降水深度要求。

2. 指出项目部制定的构筑物混凝土施工中的防裂、抗渗措施中的错误，说明正确的做法。

3. 本工程深基坑开挖安全专项方案应包括哪些主要内容？

4. 简述深基坑开挖安全专项方案的确定程序。

【参考答案】

1. 进水管施工开挖的基坑为条形基坑，根据《建筑与市政工程地下水控制技术规范》JGJ 111—2016规定，宜采用单排或双排形式布置降水井。

进水井的降水深度应满足下述要求：地下水位的最高点到基坑底的距离大于0.5m（或-4.5m以下）。

2. 项目部制定的构筑物混凝土施工中的防裂、抗渗措施中的错误及正确做法：措施（2）提高水灰比错误，应该降低水灰比；措施（3）不全面，还应避开高温季节，在满足混凝土运输和布放要求前提下，尽量减小混凝土的坍落度，合理设置后浇带；措施（4）不全面，应做好养护记录，还应采取延长拆模时间和外保温措施，拆模后及时回填土。

3. 深基坑开挖安全专项方案，其主要内容有：工程概况；编制依据；施工计划：包括施工进度计划、材料与设备计划；施工工艺技术；施工安全保证措施；施工管理及作业人员配备和分工；验收要求；应急处理措施；计算书及相关图纸。

4. 深基坑开挖安全专项方案的确定程序：

（1）项目部提供专项方案。

（2）经专家论证。

（3）专家论证会后，应当形成论证报告，对专项施工方案提出通过、修改后通过或者不通过的一致意见。专家对论证报告负责并签字确认。

（4）专项施工方案经论证需修改后通过的，应根据论证报告修改完善后，由施工单位技术负责人审核签字、加盖单位公章，并由总监理工程师审查签字、加盖执业印章后方可实施。

专项施工方案经论证不通过的，施工单位修改后应按照规定的要求重新组织专家论证。

实务操作和案例分析题九

【背景资料】

某城市跨线桥工程，上部结构为现浇预应力混凝土连续梁，其中主跨跨径为30m并跨越一条宽20m河道；桥梁基础采用直径1.5m的钻孔桩，承台尺寸为12.0m×7.0m×2.5m（长×宽×高），承台顶标高为＋7.000m，承台边缘距驳岸最近距离为1.5m；河道常年水位为＋8.000m，河床底标高为＋5.000m，河道管理部门要求通航宽度不得小于12m。

工程地质资料反映：地面以下2m为素填土，素填土以下为粉砂土，原地面标高为＋10.000m。项目部进场后编制了施工组织设计，并对钻孔桩、大体积混凝土、承重支架模板、预应力张拉等关键分项工程编制了安全专项施工方案。项目部的安全负责人组织项目部施工管理人员进行安全技术交底后开始施工。第一根钻孔桩成孔后进入后续工序施工，二次清孔合格后，项目部通知商品混凝土厂家供应混凝土并准备水下混凝土灌注工作。首批混凝土灌注时发生堵管现象，项目部立即按要求进行了处理。

现浇预应力混凝土连续梁在跨越河道段采用门洞支架，对通行孔设置了安全设施；在河岸两侧采用满布式支架，对支架基础按设计要求进行处理，并明确在浇筑混凝土时需安排专人值守的保护措施。

上部结构施工时，项目部采取如下方法安装钢绞线：纵向长束在混凝土浇筑之前穿入管道；两端张拉的横向束在混凝土浇筑之后穿入管道。

【问题】

1. 说明项目部安全技术交底的正确做法。

2. 分析堵管发生的可能原因，给出在确保桩质量的条件下合适的处理措施。

3. 现浇预应力混凝土连续梁的支架还应满足哪些技术要求？

4. 浇筑混凝土时还应对支架采取什么保护措施？

5. 补充项目部采用的钢绞线安装方法中的其余要求。

【参考答案】

1. 单位工程开工前，项目部的技术负责人必须向有关人员进行安全技术书面交底，履行签字手续并形成记录归档。结构复杂的分部分项工程施工前，项目部的安全（技术）负责人应进行安全技术书面交底，履行签字手续并形成记录归档。项目部应保存安全技术交底记录。

2. 堵管发生的可能原因：完成第二次清孔后，应立即开始灌注混凝土，若因故推迟灌注混凝土，应重新进行清孔，否则，可能造成孔内泥浆悬浮的砂粒下沉而使孔底沉渣过厚，并导致隔水栓无法正常工作而发生堵管事故。在确保桩质量的前提下合适的处理措施为重新进行清孔，情况严重的需要吊起钢筋骨架。

3. 现浇预应力混凝土连续梁的支架应满足下列技术要求：

（1）支架的强度、刚度、稳定性应符合要求，支架的地基承载力应符合要求，必要时，应采取加强处理或其他措施。

（2）采取预压法消除拼装间隙和地基沉降等非弹性变形。

（3）设置合理的预拱度。

（4）应有简便可行的落架拆模措施。

4. 浇筑混凝土时，还应对支架采取以下保护措施：

（1）浇筑过程均匀对称进行。

（2）在地基有变化可能造成梁体裂缝时，改变浇筑方式。

（3）对支架进行沉降观测，发现梁体支架不均匀下沉应及时采取加固措施。

（4）避免在混凝土浇筑过程中船只或者车辆对支架的撞击。

5. 项目部采用的钢绞线安装方法中的其余要求：

（1）先穿束后浇混凝土时，浇筑混凝土之前，必须检查管道并确认完好；浇筑混凝土时，应定时抽动、转动预应力筋。

（2）先浇混凝土后穿束时，浇筑后应立即疏通管道，确保其畅通。

（3）混凝土采用蒸汽养护时，养护期内不得装入预应力筋。

（4）穿束后至孔道灌浆完成，应控制在下列时间以内，否则应对预应力筋采取防锈措施：空气湿度大于70%或盐分过大时，7d；空气湿度在40%～70%时，15d；空气湿度小于40%时，20d。

（5）在预应力筋附近进行电焊时，应对预应力钢筋采取保护措施。

实务操作和案例分析题十

【背景资料】

某城市市区主要路段的地下两层结构工程，地下水位在坑底以下2.0m。基坑平面尺寸为145m×20m，基坑挖深为12m，围护结构为600mm厚地下连续墙，采用四道φ609mm钢管支撑，竖向间距分别为3.5m、3.5m和3m。基坑周边环境为：西侧距地下连续墙2.0m处为一条4车道市政道路；距地下连续墙南侧5.0m处有一座五层民房；周边有三条市政管线，离开地下连续墙外沿距离小于12m。

项目经理部采用2.0m高安全网作为施工围挡，要求专职安全员在基坑施工期间作为安全生产的第一责任人进行安全管理，对施工安全全面负责。安全员要求对电工及架子工进行安全技能培训，考试合格持证方可上岗。

基坑施工方案有如下要求：

（1）基坑监测项目的应测项目主要为地表沉降及支撑轴力。

（2）由于第四道支撑距坑底仅2.0m，造成挖掘机挖土困难，把第三道支撑下移1.0m，取消第四道支撑。

【问题】

1. 现场围挡不合要求，请改正。

2. 项目经理部由专职安全员对施工安全全面负责是否妥当，为什么？

3. 安全员要求持证上岗的特殊工种不全，请补充。

4. 结合本案例背景，补充基坑监测项目中应测项目其余内容。

5. 指出支撑做法的不妥之处；若按该支撑做法施工可能造成什么后果？

【参考答案】

1. 改正：现场围挡的高度不应低于2.5m，应采用砌体、金属板材等硬质材料。

2. 项目经理部由专职安全员对施工安全全面负责不妥当。理由：应由施工单位主要负责人对施工安全全面负责。

3. 安全员要求持证上岗的特殊工种不全，还需补充：电焊工、爆破工、机械工、起重工、机械司机。

4. 基坑监测项目的应测项目其余内容：地下水位；锚杆拉力；支护桩（墙）、边坡顶部水平位移；支护桩（墙）、边坡顶部竖向位移；支护桩（墙）体水平位移；立柱结构竖向位移；立柱结构水平位移；竖井井壁支护结构净空收敛。

5. 支撑做法的不妥之处：第三道支撑下移1.0m，取消第四道支撑。若按该支撑做法施工可能造成的后果：围护结构和周边土体、建筑物变形过大，严重的可能造成基坑坍塌。

实务操作和案例分析题十一

【背景资料】

某沿海城市电力隧道内径为3.8m，全长4.9km，管顶覆土厚度大于5m，采用顶管法施工，合同工期1年，检查井兼作工作坑，采用现场制作沉井下沉的施工方案。

电力隧道沿着交通干道走向，距交通干道侧右边最近处仅2m左右。离隧道轴线8m左右，有即将入地的高压线，该高压线离地高度最低为15m，单节管长2m，自重10t，采用20t龙门式起重机下管。隧道穿越一个废弃多年的污水井。

上级公司对工地的安全监督检查中，有以下记录：

（1）项目部对本工程做了安全风险源分析，认为主要风险为正、负高空作业以及地面交通安全和隧道内施工用电，并依此制定了相应的控制措施。

（2）项目部编制了安全专项施工方案，分别为施工临时用电组织设计，沉井下沉施工方案。

（3）项目部制定了安全生产验收制度。

【问题】

1. 该工程还有哪些安全风险源未被辨识，对此应制定哪些控制措施？

2. 项目部还应补充哪些安全专项施工方案？说明理由。

3. 针对本工程，安全验收应包含哪些项目？

【参考答案】

1. 该工程未被辨识的安全风险源有：高处坠落、物体打击、机械伤害、起重伤害、坍塌、隧道内有毒有害气体和高压电线电力场。

控制措施：沉井上方设立安全网；龙门式起重机钢丝绳定期检查并且有安全可靠的限位器和制动装置；制定切实可行的机械操作过程；对隧道施工人员加强安全培训；对于顶管前方土体开挖面随时监测；必须制定有毒有害气体的探测、防护和应急措施，必须制定防止高压电线电力场伤害人身及机械设备的措施。

2. 项目部还应补充的安全专项施工方案：降水方案；顶管方案；沉井制作的模板方案

和脚手架方案，龙门式起重机的安装方案；沉井底顶管洞口拆除方案。

理由：沉井深度将达到10m左右，所以需要降水；顶管和龙门式起重机安装本身需要编制安全专项施工方案；本案中管道内径为3.8m，管顶覆土大于5m，这样大径的洞口拆除时需要编制专项施工方案；现场预制即采用分3次预制的方法，每次预制高度仍达3m以上，必须搭设脚手架和模板支撑系统。因此，应制定沉井制作的模板方案和脚手架方案，并且注意模板支撑和脚手架之间不得有任何联系。本案中，隧道用混凝土管自重大，采用龙门式起重机下管方案，按规定必须编制龙门式起重机安装方案，并由专业安装单位施工，由安全监督站验收。

3. 本工程安全验收的项目包括：沉井模板支撑系统验收、脚手架验收、临时施工用电设施验收、龙门式起重机安装完毕验收、个人防护用品验收、沉井周边及内部防高空坠落系列措施验收。

实务操作和案例分析题十二

【背景资料】

某城市环路立交桥工程，长1.5km，其中跨越主干道部分采用钢-混凝土组合梁结构，跨径47.6m。鉴于吊装的单节钢梁重量大，又在城市主干道上施工，承建该工程的施工项目部为此制定了专项施工方案，拟采取以下措施：

（1）为保证起重机的安装作业，占用一侧慢行车道，选择在夜深车稀时段自行封路后进行钢梁吊装作业。

（2）请具有相关资质的研究部门对钢梁结构在安装施工过程中不同受力状态下的强度、刚度及稳定性进行验算。

（3）将安全风险较大的临时支架的搭设通过招标程序分包给专业公司，签订分包合同，并按有关规定收取安全风险保证金。

【问题】

1. 结合本工程说明施工方案与施工组织设计的关系，施工方案包括哪些主要内容？
2. 项目部拟采取的措施（1）不符合哪些规定？
3. 项目部拟采取的措施（2）中验算内容和项目齐全吗？如不齐全，请补充。
4. 从项目安全控制的总包和分包责任分工角度来看，项目部拟采取的措施（3）是否全面？若不全面，还应做哪些补充？

【参考答案】

1. 施工方案与施工组织设计的关系：施工方案是施工组织设计的核心内容。

施工方案主要包括：施工方法（工艺）的确定、施工机具（设备）的选择、施工顺序（流程）的确定。

2. 项目部拟采取的措施（1）不符合《城市道路管理条例》（中华人民共和国国务院令第198号，经中华人民共和国国务院令第710号修订）的规定。

因特殊情况需要临时占用城市道路，须经市政工程行政主管部门和公安交通管理部门批准，方可按照规定占用。

3. 项目部拟采取的措施（2）中验算内容和项目不全，还应对临时支架、支承、起重机等临时结构进行强度、刚度及稳定性验算。

4. 从项目安全控制的总包和分包责任分工角度来看，项目部拟采取的措施（3）不全面，还应对分包方提出安全要求，并认真监督、检查。承包方负责项目安全控制，分包方服从承包方的管理，分包方对本施工现场的安全工作负责。

实务操作和案例分析题十三

【背景资料】

某城市跨线桥工程，主跨为三跨现浇预应力混凝土连续梁，跨径为40m＋50m＋40m，桥宽25m，桥下净高6m。经上一级批准的施工组织设计中有详细施工方案，拟采用满堂支架方式进行主梁施工。为降低成本，项目经理部命采购部门就近买支架材料，并经过验审产品三证后立即进货。搭设支架模板后，在主梁混凝土浇筑过程中，支架局部失稳坍塌，造成2人死亡、4人重伤的安全事故，并造成65万元的直接经济损失。

事故发生后：

（1）事故调查组在调查中发现，项目部的施工组织设计中，只对支架有过详细的强度验算。

（2）调查组也发现项目部有符合工程项目管理规范要求的质量计划及采购计划。

（3）调查组只查到该工程的设计技术交底书面资料。

（4）调查组查实了事故事实后，确定了该安全事故的等级，以便下一步做出处理意见。

（5）在事故调查完毕后，项目总工变更了施工方案，经项目经理批准，立即组织恢复施工。

【问题】

1. 该工程的事故等级应如何划定？

2. 该工程项目部对支架的验算工作是否完整，为什么？

3. 该工程项目部的采购活动中正确与错误的做法各是什么？

4. 该工程项目部只有设计技术交底资料，说明什么？

【参考答案】

1. 安全生产事故分4个等级，该工程的事故等级应划定为一般事故。

2. 该工程项目部对支架只做强度验算，是不完整的；

理由：还应对支架作刚度验算和稳定验算。

3.（1）该工程项目部的采购活动中正确的做法：制定了质量计划和采购计划。

（2）该工程项目部的采购活动中错误的做法：项目部指定就近采购，没有进行招标采购；项目部采购支架时只审查产品三证，而未做质量检验；项目部应在质量检验合格后才能使用。

4. 只有设计交底的资料记载，说明项目部在施工前没有进行施工技术交底或没有施工技术交底的书面记录，也没有安全技术交底的记载。

实务操作和案例分析题十四

【背景资料】

某桥梁工地的简支板梁由专业架梁分包队伍架设。该分包队伍用2台50t履带式起重机，以双机抬的吊装方式架设板梁。在架设某跨板梁时，突然一台履带式起重机倾斜，板梁砸向另一台履带式起重机驾驶室，将一名吊车驾驶员当场砸死，另有一人受重伤。事故发生后，项目经理立即组织人员抢救伤员，排除险情，防止事故扩大，做好标志，保护了现场，并在事故发生后第一时间内报告企业安全主管部门，内容有：事故发生的时间、地点、伤亡人数和事故发生原因的初步分析。在报告上级以后，项目经理指定技术、安全部门的人员组成调查组，对事故开展调查，企业安全部门和企业负责安全生产的副总经理也赶到现场参加调查，调查中发现下述现象：

（1）项目部审查了分包方的安全施工资格和安全生产保证体系，并做出了合格评价。在分包合同中明确了分包方安全生产责任和义务，提出了安全要求，但查不到监督、检查记录。

（2）项目部编制了板梁架设的专项安全施工方案，方案中明确规定履带式起重机下要满铺路基箱板，路基箱板的长边要与履带式起重机行进方向垂直，但两台履带式起重机下铺设的路基箱板，其长边都几乎与履带式起重机行进方向平行，而这正是造成此次事故的主要原因之一。

（3）查到了项目部向分包队伍的安全技术交底记录，签字齐全，但查不到分包队伍负责人向全体作业人员的交底记录。

（4）仔细查看安全技术交底记录，没有发现路基箱板铺设方向不正确给作业人员带来的潜在威胁和避难措施的详细内容。

（5）事故造成的直接经济损失达75万元。

通过调查，查清了事故原因和事故责任者，对事故责任者和员工进行了教育，事故责任者受到了处理。

【问题】

1. 事故报告的签报程序规定是什么？

2. 上述资料中（1）、（2）、（3）、（4）种现象违反了哪些安全控制要求？

3. 对事故处理是否全面？如不全面，请说明理由。

4. 按事故处理的有关规定，还应有哪些人参与调查？

【参考答案】

1. 事故报告的签报程序：安全事故发生后，受伤者或最先发现事故的人员立即用最快的传递手段，将发生事故的时间、地点、伤亡人数、事故原因等情况，上报至企业安全主管部门。企业安全主管部门视事故造成的伤亡人数或直接经济损失情况，按规定向政府主管部门报告。

2. 上述资料中现象（1）违反的安全控制要求是，实行总分包的项目，安全控制由承包方负责，分包方服从承包方的管理。承包方对分包方的安全生产责任包括：① 审查分包方的安全施工资格和安全生产保证体系，不应将工程分包给不具备安全生产条件的分包方；② 在分包合同中应明确分包方安全生产责任和义务；③ 对分包方提出安全要求，并认真监督、检查。

上述资料中现象（2）违反的安全控制要求是，承包方对违反安全规定冒险蛮干的分包方，应责令其停工整改。分包方对本施工现场的安全工作负责，认真履行分包合同规定的安全生产责任；遵守承包方的有关安全生产制度，服从承包方的安全生产管理。

上述资料中现象（3）违反的安全控制要求是，项目经理部必须实行逐级安全技术交底制度，纵向延伸到班组全体作业人员。

上述资料中现象（4）违反的安全控制要求是，技术交底的内容应针对分部分项工程施工中作业人员带来的潜在隐含危险因素和存在问题。

3. 对事故处理不全面。

理由：安全事故处理必须坚持"四不放过"原则，即事故原因不清楚不放过，事故责任者和员工没有受到过教育不放过，事故责任者没有处理不放过，没有制定防范措施不放过。在本工程中没有制定防范措施。

4. 按事故处理的有关规定，还应有质量部门的人员和企业工会代表参与调查。

实务操作和案例分析题十五

【背景资料】

某市新建道路大桥，主桥长500m，桥宽21.5m，桥梁中间三孔为钢筋混凝土预应力连续梁，跨径组合为30m＋40m＋30m，需现场浇筑，做预应力张拉，其余部分为20m的T形简支梁。部分基础采用沉入桩，平面尺寸6m×26m，布置130根桩的群桩形式，中间三孔模板支架有详细专项方案设计，并经项目经理批准将基础桩分包给专业施工队，签订了施工合同。施工过程中发生如下事件：

事件1：为增加桩与土体的摩擦力，打桩顺序定为从四周向中心打。

事件2：施工组织设计经项目经理批准签字后，上报监理工程师审批。

事件3：方案中对支架的构件强度做了验算，符合规定要求。

事件4：施工中由于拆迁原因影响了工期，项目总工对施工组织设计做了相应的变更调整，并及时请示项目经理，经批准后付诸实施。

【问题】

1. 事件1中的打桩方法是否正确？若不正确请改正。

2. 事件3中对支架的验算内容是否全面？如不全面请补充。

3. 施工组织设计的审批和变更程序的做法是否正确，应如何办理？

4. 总包和分包在安全控制方面是如何分工的？

【参考答案】

1. 事件1中的打桩方法不正确；

正确做法：沉桩时的施工顺序应从中心向四周进行，沉桩时应以控制桩尖设计高程为主。

2. 事件3中对支架的验算内容不全面；

工程施工组织设计应经项目经理批准后，必须报企业技术负责人审批；按规定应包括强度、刚度及稳定性3个方面，只对强度进行验算是不全面的。

3. 施工组织设计的审批和变更程序的做法不正确；

正确程序：工程施工组织设计应经项目经理批准后，必须报企业技术负责人审批；施工组织设计的变更与审批程序相同。

4. 总包和分包在安全控制方面的分工：实行总承包项目安全控制由承包方负责，分包方服从承包方的管理。

实务操作和案例分析题十六

【背景资料】

某城市道路改造工程，随路施工的综合管线有0.4MPa的DN500mm中压燃气、DN1000mm给水管并排铺设在道路下，燃气管道与给水管材均为钢管，实施双管合槽施工。热力隧道工程采用暗挖工艺施工。承包方A公司将工程的其中一段热力隧道工程分包给B公司，并签了分包合同。

B公司发现土层松散，有不稳定迹象，但认为根据已有经验和这个土层的段落较短，出于省事省钱的动机，不仅没有进行超前注浆加固等加固措施，反而加大了开挖的循环进尺，试图"速战速决，冲过去"，丝毫未理睬承包方A公司派驻B方现场监督检查人员的劝阻。结果发生隧道塌方事故，造成了3人死亡。

事故调查组在核查B公司施工资格和安全生产保证体系时发现，B公司根本不具备安全施工的条件。

【问题】

1. 燃气管与给水管的水平净距以及燃气管顶与路面的距离有何要求？

2. 对发生的安全事故，A公司在哪些方面有责任？

3. B公司对事故应该怎么负责？

【参考答案】

1. 燃气管与给水管的水平净距不应小于0.5m，燃气管顶与路面的最小覆土深度不得小于0.9m。

2. A公司没有认真审核B公司施工资质，便与之签了分包合同，这是A公司对这起事故首先应负的安全控制失责的责任；其次，A公司虽然采取了派人进驻B公司施工现场，并对B公司的违规操作提出了劝阻意见和正确做法，但未采取坚决制止的手段，导致事故未能避免。这是A公司安全控制不力的又一方面应负的责任。A公司还应统计分包方伤亡事故，按规定上报和按分包合同处理分包方的伤亡事故。

3. B公司不具备安全施工资质，又不听从A公司人员的劝阻，坚持违规操作，造成事故，应承担"分包方对本施工现场的安全工作负责"以及"分包方未服从承包人的管理"的责任。

实务操作和案例分析题十七

【背景资料】

某城市道路有一座分离式隧道，左线起止桩号为ZK3＋640～ZK4＋560，右线起止桩号为YK3＋615～YK4＋670，进出口段为浅埋段，Ⅳ级围岩，洞身穿越地层岩性主要为砂岩、泥岩砂岩互层，Ⅱ、Ⅲ级围岩。

该隧道采用新奥法施工，施工单位要求开挖时尽量减少对围岩的扰动，开挖后及时施作初期喷锚支护，严格按规范要求进行量测，并适时对围岩施作封闭支护。施工监测得出的位移－时

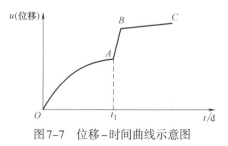

图7-7 位移－时间曲线示意图

间曲线示意图如图7-7所示。

施工单位项目部实行安全责任目标管理，决定由专职安全员对隧道的安全生产全面负责。爆破施工前，招聘了8名员工，并立即由专职安全员进行培训，经项目部考核合格后安排从事爆破作业。施工过程中要求电钻工戴棉纱手套，穿绝缘胶鞋；隧道开挖及衬砌作业地段的照明电压为110～220V。

【问题】

1. 按长度划分，左右线隧道分别属于哪种隧道；按地质条件划分，该隧道属于哪种隧道？

2. 施工单位对隧道的施工要求体现了新奥法的哪些基本原则？

3. 图7-7中的时间点t_1表明当时围岩和支护已呈什么状态；此时在现场应采取哪些措施？

4. 指出施工单位在施工安全管理方面的错误做法并改正。

【参考答案】

1. 按长度划分，左线隧道属于中隧道；右线隧道属于长隧道。

按地质条件划分该隧道属于岩石隧道。

2. 施工单位对隧道的施工要求体现的新奥法的基本原则：少扰动、早喷锚、勤量测、紧封闭。

3. 图7-7中的时间点t_1表明当时围岩和支护已呈不稳定状态。

此时在现场应采取的措施：密切监视围岩动态，并加强支护，必要时暂停开挖。

4. 施工单位在施工安全管理方面的错误做法及改正如下：

错误做法一：由专职安全员对隧道的安全生产全面负责；

改正：应由项目经理对隧道的安全生产全面负责。

错误做法二：由专职安全员对新员工进行培训，经项目部考核合格后安排从事爆破作业；

改正：所有新员工要经过三级安全教育，还要经过专业培训，并取得爆破作业资格。

错误做法三：施工过程中要求电钻工戴棉纱手套；

改正：施工过程中应要求电钻工戴绝缘手套。

错误做法四：隧道开挖及衬砌作业地段的照明电压为110～220V；

改正：隧道开挖及衬砌作业地段的照明电压应为12～36V。

实务操作和案例分析题十八

【背景资料】

某施工单位承接某市的隧道土建及交通工程施工项目，该隧道为单洞双向行驶的两车道浅埋隧道，设计净高5m，净宽12m，总长1600m，穿越的岩层主要由页岩和砂岩组成，裂隙发育，设计采用新奥法施工、分部开挖和复合式衬砌。进场后，项目部与所有施工人员签订了安全生产责任书，在安全生产检查中发现一名电工无证上岗，一名装载机驾驶员证书过期，项目部对电工予以辞退，并要求装载机驾驶员必须经过培训并经考核合格后方可重新上岗。

隧道喷锚支护时，为保证喷射混凝土强度，按相关规范要求取样进行抗压强度试验。

取样按每组3个试块，共抽取36组，试验时发现其中有2组试块抗压强度平均值为设计强度的90%、87%，其他各项指标符合要求。检查中还发现喷射混凝土局部有裂缝、脱落、露筋等情况。

隧道路面面层厚度为5cm、宽度9m的改性沥青AC-13，采用中型轮胎式摊铺机施工，该摊铺机的施工生产率为80m³/台班，机械利用率为0.75，若每台摊铺机每天工作2台班，计划5d完成隧道路面沥青混凝土面层的摊铺。

路面施工完成后，项目部按要求进行了照明、供配电设施与交通标志、防撞设施、里程标、百米标的施工。

【问题】

1. 指出项目部的安全管理中体现了哪些与岗位管理有关的安全生产制度。补充其与岗位管理有关的安全生产制度。

2. 喷射混凝土的抗压强度是否合格？说明理由。针对喷射混凝土出现的局部裂缝、落、露筋等缺陷，提出处理意见。

3. 按计划要求完成隧道沥青混凝土面层施工，计算每天所需要的摊铺机数量。

4. 补充项目部还应完成的其他隧道附属设施与交通安全设施。

【参考答案】

1. 项目部的安全管理中体现了与岗位管理有关的安全生产制度包括：安全生产责任制度；安全生产岗位认证制度；特种作业人员管理制度。

其他与岗位管理有关的安全生产制度包括：安全生产组织制度；安全生产教育培训制度；安全生产值班制度；外协单位和外协人员安全管理制度；专、兼职安全管理人员管理制度。

2. 喷射混凝土的抗压强度合格；

理由：任意一组试块的抗压强度平均值，不低于设计强度的80%为合格。

针对喷射混凝土出现的局部裂缝、脱落、露筋等缺陷，其处理意见：应予修补，凿除喷层重喷或进行整治。

3. 按计划要求完成隧道沥青混凝土面层施工，每天所需要的摊铺机数量为：（1600×9×0.05）÷（80×2×5×0.75）=1.2台≈2台。

4. 项目部还应完成的其他隧道附属设施包括：通风设施、安全设施、应急设施等。

项目部还应完成的交通安全设施包括：交通标线、隔离栅、视线诱导设施、防眩设施、桥梁防抛网、公路界碑等。

实务操作和案例分析题十九

【背景资料】

某公司中标给水厂扩建升级工程，主要内容有新建臭氧接触池和活性炭吸附池。其中臭氧接触池为半地下钢筋混凝土结构，混凝土强度等级C40、抗渗等级P8。

臭氧接触池的平面有效尺寸为25.3m×21.5m，在宽度方向设有6道隔墙，间距1～3m，隔墙一端与池壁相连，交叉布置；池壁上宽200mm，下宽350mm；池底板厚度300mm，C15混凝土垫层厚度150mm；池顶板厚度200mm；池底板顶面标高−2.750m，顶板顶面标高5.850m。现场土质为湿软粉质砂土，地下水位标高−0.6m。臭氧接触池立面如

图7-8所示。

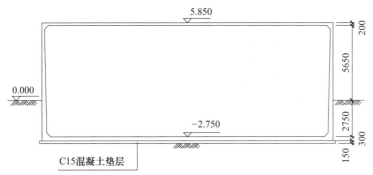

图7-8　臭氧接触池立面示意图（高程单位：m；尺寸单位：mm）

项目部编制的施工组织设计经过论证审批，臭氧接触池施工方案有如下内容：

（1）将降水和土方工程施工分包给专业公司。

（2）池体分次浇筑，在池底板顶面以上300mm和顶板底面以下200mm的池壁上设置施工缝；分次浇筑编号：①底板（导墙）浇筑、②池壁浇筑、③隔墙浇筑、④顶板浇筑。

（3）浇筑顶板混凝土采用满堂布置扣件式钢管支（撑）架。

监理工程师对现场支（撑）架钢管抽样检测结果显示：壁厚均未达到规范规定，要求项目部进行整改。

【问题】

1. 依据《中华人民共和国建筑法》规定，降水和土方工程施工能否进行分包？说明理由。

2. 依据浇筑编号给出水池整体现浇施工顺序（流程）。

3. 列式计算基坑的最小开挖深度和顶板支架高度。

4. 依据《危险性较大的分部分项工程安全管理规定》（中华人民共和国住房和城乡建设部令第37号，经中华人民共和国住房和城乡建设部令第47号修订）和计算结果，需要编制哪些专项施工方案，是否需要组织专家论证？

5. 有关规范对支架钢管壁厚有哪些规定，项目部可采取哪些整改措施？

【参考答案】

1. 依据《中华人民共和国建筑法》规定，降水和土方工程施工可以分包。

理由：因为降水和土方工程都不是建筑工程主体结构，经建设单位认可，即可发包给具有相应资质的分包单位。

2. 水池整体现浇施工顺序（流程）：①→③→②→④。

3. 基坑最小开挖深度：2.75＋0.30＋0.15＝3.2m；

顶板支（撑）架高度：2.75＋5.85－0.2＝8.4m。

4. 依据《危险性较大的分部分项工程安全管理规定》（中华人民共和国住房和城乡建设部令第37号，经中华人民共和国住房和城乡建设部令第47号修订）相关要求：

（1）基坑深度3.2m＞3.0m，小于5m，但土质条件差，应编制深基坑施工专项施工方案。

（2）支架高度8.4m＞8.0m，应编制支架施工专项施工方案。

（3）均已进入超过一定规模的危险性较大的分部分项工程范围，应组织专家论证和履行审批手续。

5. 根据《建筑施工扣件式钢管脚手架安全技术规范》JGJ 130—2011规定，扣件式支（撑）架立杆宜采用厚3.6mm钢管，允许偏差±0.36mm。

项目部可采取的整改措施：可更换为壁厚达标的支（撑）架钢管，或重新设计，选用工具性支架，如盘扣式支架（或碗扣式支架）。

实务操作和案例分析题二十

【背景资料】

某市政工程公司承建一污水管道扩建工作。项目部为赶进度临时招聘了三名劳务工王某、张某和李某。第二天，三名劳务工马上参加现场作业。王某被施工员孙某直接指派下井施工。王某对井下有害气体对人体的危害了解甚少，只打开井盖让井内通风一会儿后马上下井工作，在拆封堵头时吸入硫化氢毒气，昏倒在井内，正在井上守候的李某在既未查明王某昏倒原因，又无防毒措施的情况下立即下井施救。不久，李某也不省人事。张某在井上见下边没了动静，大声呼叫，发现没有任何反应，连忙跑回项目部汇报情况，项目部闻讯全力抢救，二人被救上井。但因现场无急救设备和设施，错过了最佳抢救时机，在送往医院途中，王某死亡，李某经医院全力抢救被救活。

【问题】

1. 从事故直接起因看，本工程事故属于哪一类；孙某和王某在安全管理上各犯了什么错误导致了事故发生？

2. 项目部安全管理上存在哪些问题？

3. 王某在下井前还必须做什么防止中毒的安全准备工作？

4. 下井抢救的李某应配备哪些安全防护器具才能下井施救？

【参考答案】

1. 本工程事故属于中毒与窒息类。

孙某在安全管理上犯的错误有：没有对员工进行上岗前安全教育和培训、安全交底和违章指挥。

王某犯的错误有：不知道施工现场针对性的安全防范措施和设施，未要求进行安全知识培训。

2. 项目部安全管理上存在的问题：

未对从业人员进行针对性的资格能力鉴定、安全教育与培训、安全交底，且未及时提供必需的劳动保护用品、无应急预案。

3. 王某在下井前还必须做的防止中毒的安全准备工作：

学习安全防护与防毒知识、配备安全防护设施。

4. 下井抢救的李某应配备下列安全防护器具才能下井施救：

安全帽、安全带和通风、防毒设施。

实务操作和案例分析题二十一

【背景资料】

某市政桥梁工程，总包方A市政公司将钢梁安装工程分包给B安装公司。总包方A公司制定了钢梁吊装方案并得到监理工程师的批准。

由于工期紧，人员紧缺，B公司将刚从市场招聘的李某与高某经简单内部培训后即组成吊装作业小组。

某日清晨，雾气很浓，能见度较低，吊装组就位，准备对刚组装完成的钢桁梁实施吊装作业，总包方现场监管人员得知此事，通过手机极力劝阻。为了赶工，分包方无视劝阻，对吊装组仅作简单交底后，由李某将钢丝绳套于边棱锋利的钢梁上。钢丝绳固定完毕，李某随即指挥起重机司机高某，将钢梁吊离地面实施了第一吊。钢梁在21m高处因突然断绳而坠落，击中正在下方行走的两名工人，致使两人当场死亡。事后查明钢丝绳存在断丝超标和严重渗油现象。

【问题】

1. 针对本事故，总包方与分包方的安全责任如何划分？说明理由。

2. 本工程施工中的不安全行为有哪些？

3. 本工程施工中物的不安全状态有哪些？

4. 项目部在安全管理方面存在哪些问题？

【参考答案】

1. 由分包方承担主要责任，总包方承担连带责任。理由：分包方没有服从总包方的安全管理，所以，应负主要责任。

2. 不安全行为有：

（1）第一吊时未对钢梁进行试吊。

（2）大雾光线不清进行吊装作业。

（3）李某违章作业、违章指挥。

（4）高某违章作业。

（5）不听劝阻盲目赶工，安全意识不强。

（6）两名工人在吊装区行走。

3. 物的不安全状态有：

（1）吊绳质量不合格，应报废不用。

（2）钢梁边缘锋利，未加衬垫。

4. 项目部安全管理方面存在的问题：

（1）项目部对吊装作业，未坚持持证上岗制度。

（2）吊装系危险作业，现场安全监控不到位。

（3）吊装作业，安全交底制度未落实。

（4）危险作业，现场未设置禁止通行设施。

实务操作和案例分析题二十二

【背景资料】

某市区新建道路上跨一条运输繁忙的运营铁路，需设置一处分离式立交，铁路与新建道路交角 $\theta = 44°$，该立交左右幅错孔布设，两幅间设50cm缝隙。桥梁标准宽度为36.5m，左右幅桥梁全长均为120m（60m＋60m）如图7-9所示，左右幅孔跨布置均为两跨一联预应力混凝土单箱双室箱梁，箱梁采用满堂支架现浇施工的方法。梁体浇筑完成后，整体T形结构转体归位如图7-10所示。邻近铁路埋有现状地下电缆管线，埋深50cm，施工中将有大型混凝土运送车，钢筋运输车辆通过。

工程中标后，施工单位立即进驻现场。因工期紧张，施工单位总部向其所属项目部下达立即开工指令，要求项目部根据现场具体情况，施工一切可以施工的部位，确保桥梁转体这一窗口节点的实现。

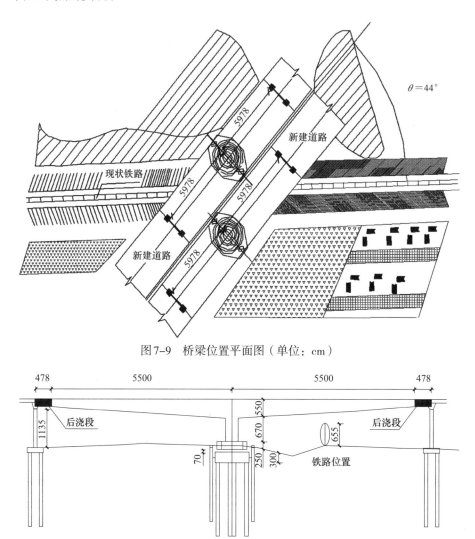

图7-9 桥梁位置平面图（单位：cm）

图7-10 梁体纵断面图（单位：cm）

本工程施工组织设计中，施工单位提出如下建议："因两幅桥梁结构相同，建议只对其中一幅桥梁支架进行预压，取得详细数据后，可以作为另一幅桥梁支架施工的指导依据。"经驻地监理工程师审阅同意后，上报总监理工程师审批，施工组织设计被批准。

【问题】

1. 施工单位进场开工的程序是否符合要求？写出本工程进场开工的正确程序。

2. 施工组织设计中的建议是否合理？说明理由。简述施工组织设计的审批程序。

3. 该项目开工前应对施工管理人员及施工作业人员进行哪些必要的培训？

4. 大型施工机械通过施工范围现状地下电缆管线上方时，应与哪些单位取得联系；需要完成的手续和采取的措施是什么？

5. 现浇预应力箱梁施工时，侧模和底模应在何时拆除？

【参考答案】

1. 施工单位进场开工的程序不符合要求。

本工程进场开工的正确程序：施工单位在完成施工准备后，向监理单位提交开工报告，监理单位审查后由总监理工程师向施工单位发出开工通知（开工令），施工单位收到开工通知（开工令）后方可开工。

2. 施工组织设计中的建议不合理。

理由：

（1）若不对另一幅桥梁支架进行预压，则未消除拼装间隙、地基沉降等非弹性变形。

（2）若不对另一幅桥梁支架进行预压，则未检验支架安全性。

（3）左右两幅桥下地基地质情况不同，地基承载力亦会不同，两幅桥的施工沉降数据会有差别，故左右两幅桥均应检验支架基础的承载能力，均应进行支架基础预压和支架预压。

施工组织设计的审批程序：施工总承包单位技术负责人审批并加盖企业公章，再上报监理单位总监理工程师、建设单位项目负责人审核后方可实施。

3. 对施工管理人员进行的必要培训内容：（1）工地安全制度；（2）施工现场环境；（3）工程施工特点；（4）可能存在的不安全因素等。

对施工作业人员进行的必要培训内容：（1）本工种的安全操作规程；（2）事故案例剖析；（3）劳动纪律和岗位讲评等。

4. 应与下列单位取得联系：建设单位、规划单位、电缆管线管理单位、电缆管线产权单位、铁路管理单位。

需要完成的手续：（1）编制地下电缆管线保护方案并征得管理单位同意；（2）编制应急预案和有效安全技术措施并经相关单位审核。

应采取的措施：（1）与建设单位、规划单位和管理单位协商确定地下电缆管线加固措施；（2）开工前，建设单位召开调查配合会，由产权单位指认所属设施及其准确位置，设明显标志；（3）在施工过程中，必须设专人随时检查地下管线、维护加固设施，以保持完好；（4）观测管线沉降和变形并记录，遇到异常情况，必须立即采取安全技术措施。

5. 侧模拆除时间：非承重侧模在混凝土强度保证结构棱角不损坏时方可拆除，混凝土强度宜为2.5MPa及以上。预应力混凝土结构侧模，应在预应力张拉前拆除。

底模拆除时间：应该在混凝土强度能承受其自重及其他可能的荷载时方可拆除。预应力混凝土结构底模，应在结构建立预应力张拉后拆除。

第八章 市政公用工程实务操作专项突破

大纲是考试的方向，考试用书是出题的载体。大纲明确标明实务科目出现"实操题"，也意味着出题方向将更重视实务操作。

实操题的出现，就是为了更好的规范和适应市场需要，所以未来的考试会越来越贴近施工现场。简单来说，实操题便是结合图纸与施工现场的应用题，在出题时会结合施工平面示意图、施工流程图、施工操作过程等，考核以下几种题型：

（1）本工程合理的施工顺序。

（2）指出图中字母或数字所代表的名称。

（3）指出图中的不妥之处。

（4）判断某示意图是否正确，并要求画出正确的示意图。

（5）所示的图中安装存在哪些错误。

（6）指出图中的安装不符合规范要求之处，并写出正确的规范要求。

解答实操题目，需要在脑海中构建施工现场作答，不能识图将会在实操题上全军覆没。为了便于学习，下面将施工平面示意图、施工流程图、施工操作过程等总结如下。

专项突破一 城镇道路工程

1. 挡土墙基础形式（见图8-1）

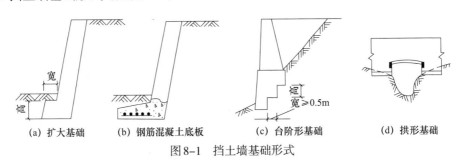

（a）扩大基础　　（b）钢筋混凝土底板　　（c）台阶形基础　　（d）拱形基础

图8-1 挡土墙基础形式

2. 挡土墙结构示意图一览表（见表8-1）

表8-1 挡土墙结构示意图一览表

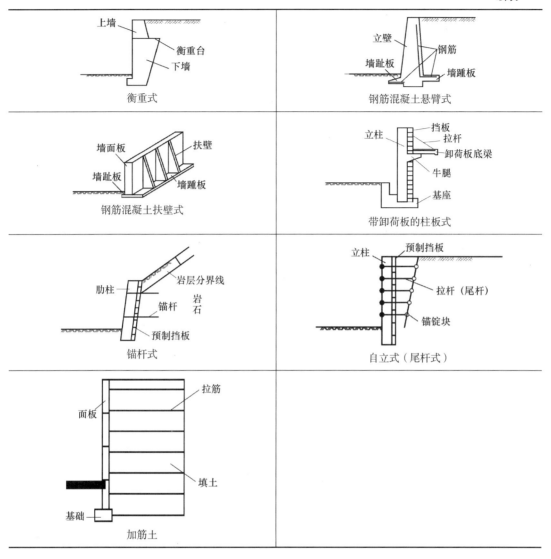

3. 路面横向接缝形式示意图（见图8-2）

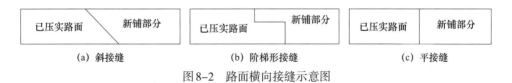

| (a) 斜接缝 | (b) 阶梯形接缝 | (c) 平接缝 |

图8-2 路面横向接缝示意图

4. 重力式挡土墙结构示意图（见图8-3）

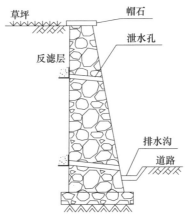

图8-3　重力式挡土墙结构示意图

5. 城市道路横断面示例（见图8-4）

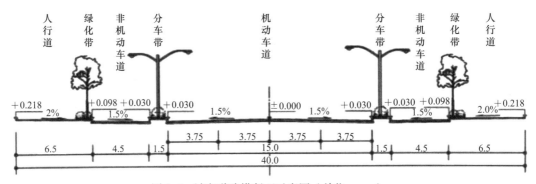

图8-4　城市道路横断面示意图（单位：mm）

6. 胀缝传力杆的架设（钢筋支架法）（见图8-5）

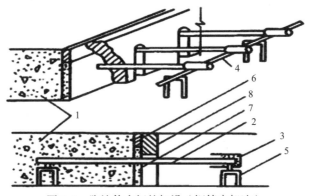

图8-5　胀缝传力杆的架设（钢筋支架法）

1——先浇的混凝土；2——传力杆；3——金属套管；4——钢筋；
5——支架；6——压缝板条；7——嵌缝板；8——胀缝模板

专项突破二　城市桥梁工程

1. 桥梁的基本组成示意图（见图8-6）

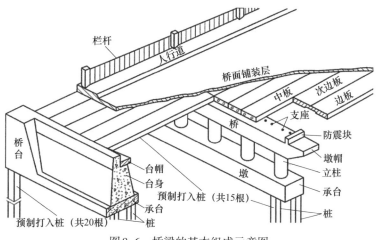

图8-6　桥梁的基本组成示意图

2. 桥梁下部结构示意表（见表8-2）

表8-2　桥梁下部结构示意表

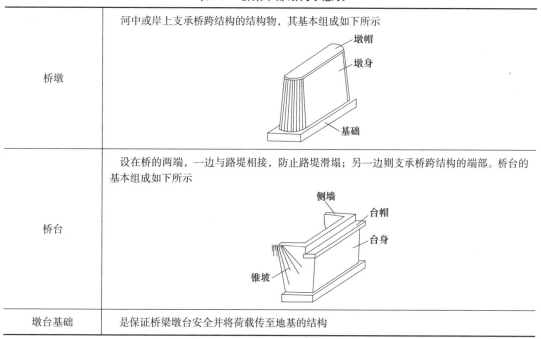

桥墩	河中或岸上支承桥跨结构的结构物，其基本组成如下所示
桥台	设在桥的两端，一边与路堤相接，防止路堤滑塌；另一边则支承桥跨结构的端部。桥台的基本组成如下所示
墩台基础	是保证桥梁墩台安全并将荷载传至地基的结构

3. 桥墩位置图（见图8-7）

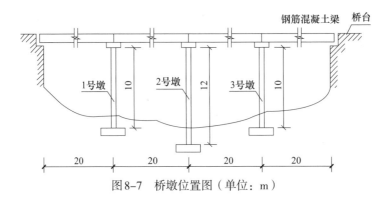

图8-7 桥墩位置图（单位：m）

4. 盖梁立面图（见图8-8）

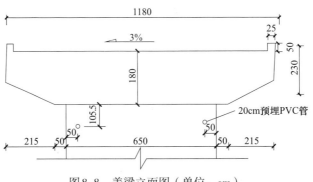

图8-8 盖梁立面图（单位：cm）

5. 重力式桥台及埋置式桥台示意图（见图8-9）

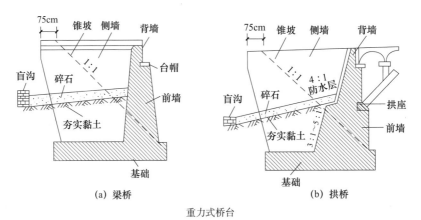

(a) 梁桥　　　　　　　　(b) 拱桥

重力式桥台

图8-9 重力式及埋置式桥台示意图

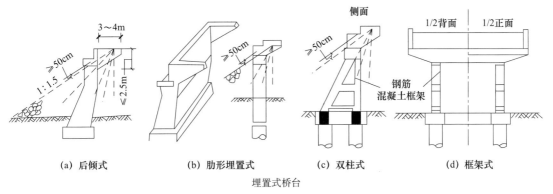

(a) 后倾式　　　(b) 肋形埋置式　　　(c) 双柱式　　　(d) 框架式

埋置式桥台

图8-9　重力式及埋置式桥台示意图（续）

6. 预应力空心板梁模板示意图（见图8-10）

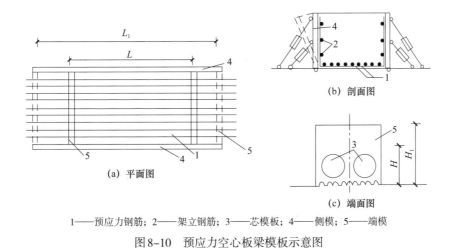

(a) 平面图

(b) 剖面图

(c) 端面图

1——预应力钢筋；2——架立钢筋；3——芯模板；4——侧模；5——端模

图8-10　预应力空心板梁模板示意图

7. 桥梁先张法预应力示意图（见图8-11）

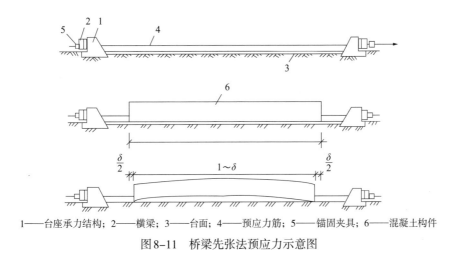

1——台座承力结构；2——横梁；3——台面；4——预应力筋；5——锚固夹具；6——混凝土构件

图8-11　桥梁先张法预应力示意图

8. 桥梁后张法预应力示意图（见图 8-12）

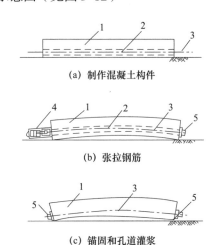

(a) 制作混凝土构件

(b) 张拉钢筋

(c) 锚固和孔道灌浆

1——混凝土构件；2——预留孔道；3——预应力筋；4——千斤顶；5——锚具

图 8-12　桥梁后张法预应力示意图

9. 桥梁悬臂浇筑分段示意图（见图 8-13）

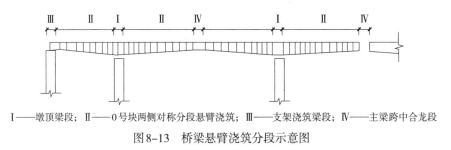

Ⅰ——墩顶梁段；Ⅱ——0号块两侧对称分段悬臂浇筑；Ⅲ——支架浇筑梁段；Ⅳ——主梁跨中合龙段

图 8-13　桥梁悬臂浇筑分段示意图

10. 主桥横断面布置图（见图 8-14）

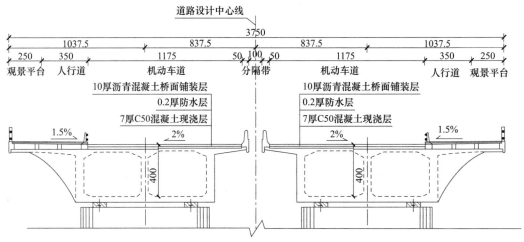

图 8-14　主桥横断面布置图（单位：cm）

11. 钻孔灌注桩施工程序图（见图8-15）

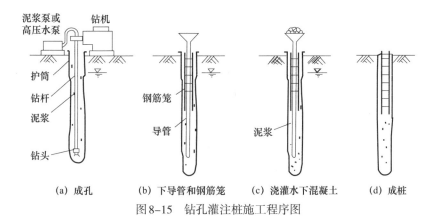

（a）成孔　　（b）下导管和钢筋笼　　（c）浇灌水下混凝土　　（d）成桩

图8-15　钻孔灌注桩施工程序图

专项突破三　城市轨道交通工程

1. 超前小导管注浆预加固围岩原理示意图（见图8-16）

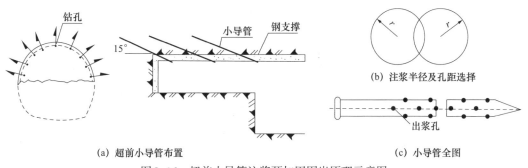

（a）超前小导管布置　　　　　　　　　　（b）注浆半径及孔距选择

（c）小导管全图

图8-16　超前小导管注浆预加固围岩原理示意图

2. 明挖法车站施工顺序示意图（见图8-17）

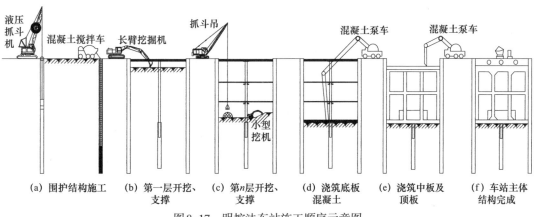

（a）围护结构施工　（b）第一层开挖、支撑　（c）第n层开挖、支撑　（d）浇筑底板混凝土　（e）浇筑中板及顶板　（f）车站主体结构完成

图8-17　明挖法车站施工顺序示意图

3. 喷浆型深层搅拌桩施工顺序示意图（见图8-18）

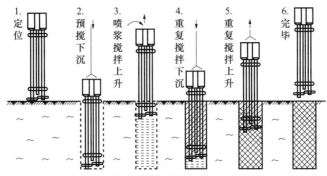

图8-18 喷浆型深层搅拌桩施工顺序示意图

4. 复合式衬砌防水层结构示意图（见图8-19）

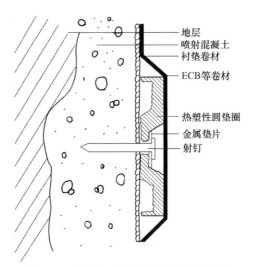

图8-19 复合式衬砌防水层结构示意图

5. 基坑围护结构示意图（见图8-20）

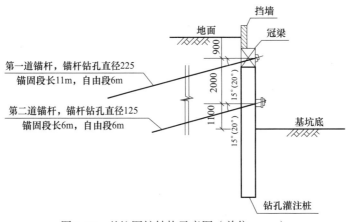

图8-20 基坑围护结构示意图（单位：mm）

专项突破四　城市给水排水工程

1. 一级处理工艺流程（见图8-21）

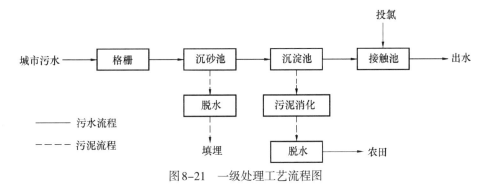

图8-21　一级处理工艺流程图

2. 沉井构造示意图（见图8-22）

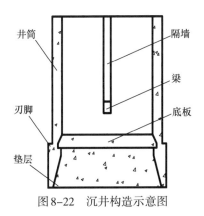

图8-22　沉井构造示意图

3. 刃脚加固构造图（见图8-23）

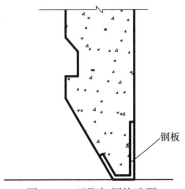

图8-23　刃脚加固构造图

4. 清水池施工缝位置及施工程序图（见图8-24）

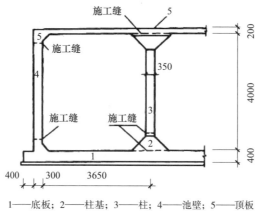

1——底板；2——柱基；3——柱；4——池壁；5——顶板

图8-24　清水池施工缝位置及施工程序图（单位：mm）

专项突破五　城市管道工程

1. 定向钻施工示意图（见图8-25）

图8-25　定向钻施工示意图

2. 沟槽回填土压实度与回填材料示意图（见图8-26）

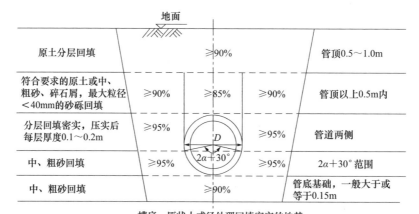

图8-26　沟槽回填土压实度与回填材料示意图

3. 沟槽回填土部位划分示意图（见图8-27）

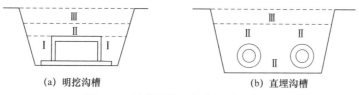

(a) 明挖沟槽　　　　　　　　(b) 直埋沟槽

图8-27　沟槽回填土部位划分示意图

4. 污水管道闭水试验原理图（见图8-28）

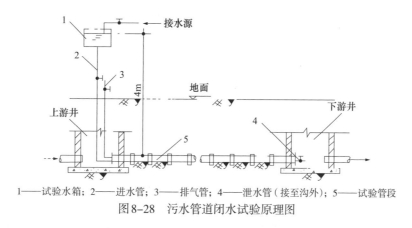

1——试验水箱；2——进水管；3——排气管；4——泄水管（接至沟外）；5——试验管段

图8-28　污水管道闭水试验原理图

5. 沟槽开挖、回填示意图（见图8-29）

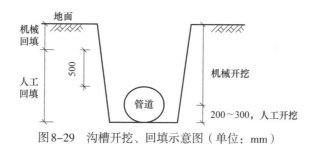

图8-29　沟槽开挖、回填示意图（单位：mm）

专项突破六　垃圾处理工程

1. 垃圾填埋场渗沥液防渗系统、收集导排系统断面示意图（见图8-30）

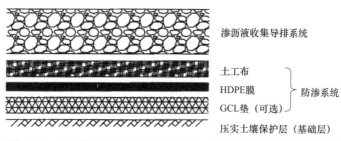

图8-30　垃圾填埋场渗沥液防渗系统、收集导排系统断面示意图

2. HDPE膜施工流程图（见图8-31）

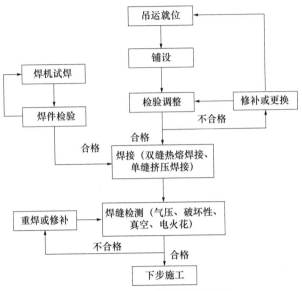

图8-31　HDPE膜施工流程图